해양과학총서 3

해양오염과 지구환경 2판

국립중앙도서관 출판시도서목록(CIP)

해양오염과 지구환경 / 2판 / 강성현, 강동진 엮음. -- 안산 :
한국해양과학기술원(전 한국해양연구원), 2012년 12월 18일
p.232 ; 18.8×25.7cm

ISBN 978-89-444-1025-3 04450 : ₩18,000
ISBN 978-89-444-1022-2(세트) 04450

해양 과학[海洋科學]

539.93-KDC5
628.168-DDC21 CIP2012005922

해양과학총서 3

해양오염과 지구환경

발행인 | 김웅서
발행처 | 한국해양과학기술원
책임편집 | 강성현, 강동진
출판기획 | 한국해양과학기술원
편집디자인 | 모모새비지니스
인쇄 | 팝콘프린팅
표지 일러스트 | 손정호

초 판 발 행 | 1998. 03. 23
2 판 발 행 | 2012. 12. 18
2판 2쇄 발행 | 2021. 10. 06

출판등록 | 1990. 09. 07 안산시 제9호
ISBN 978-89-444-1022-2 (세트)
ISBN 978-89-444-1025-3 (04450) 값 18,000원

한국해양과학기술원 www.kiost.ac
주 소 | 49111 부산광역시 영도구 해양로 385
Tel. 051) 664-3000
주문·보급 | 계백북스
Tel. 02)734-2267, 734-9914 Fax. 02)736-9917

해양오염과 지구환경 2판

강성현 · 강동진 엮음

목 차

1장 바다를 지키고 이해하는 일의 중요성

바다는 마지막 개척의 장이자 무한한 자원의 보고이지만 바다를 어떻게 이용하는가에 따라 인류의 운명이 좌우될 것이다.

2장 해양과 지구환경

바다와 지구 기후변화의 연관성을 정확히 규명하고 기후변화가 미치는 영향을 파악하는 것이 매우 중요하다.

3장 해양오염의 원인과 영향

사람들은 바다가 인간이 배출하는 오염물질들을 모두 정화해 줄 수 있을 것이라고 생각했으나, 그것은 잘못된 생각이었다.

4장 해양환경의 보전

원래 바다가 가진 자원과 가치를 원상복구하는 것은 참으로 어려운 일이지만 우리가 반드시 이루어내야만 할 과제이다.

부 록

바다를 지키고 이해하려는 노력이 인류의 미래를 좌우한다.

정지용 시인의 연작시 '바다'에는 이렇게 감각적으로 포착된 바다가 있다.

"유리판 같은 하늘에 / 바다는 속속 드리 보이오 / 청대잎처럼 푸른 / 바다"

그러나 시인의 눈에 가득찼던 그 순결한 모습을 찾아 바다로 떠나간다면, 그 곳에서 우리는 엉뚱한 바다를 만날 수도 있다. 섣불리 항구나 강 하구로 발을 잘못 들여 놓으면 생각지 않았던 더러운 바닷물을 마주치게 될지도 모른다.

우리나라의 바다는 육상 오폐수의 유입, 수산자원의 남획, 쓰레기와 폐기물의 투기, 기름 유출사고 등으로 지속가능성을 상실해 가고 있다. 자정능력의 한계를 넘는 오염부하와 무분별한 간척과 매립으로 인해 연안에서부터 점차 생명력을 잃어가고 있다. 바다는 지금 위기에 처해 있다. 연안지역은 여전히 개발의 압박에 시달리고 있으며, 막대한 환경개선 비용을 투입해도 수질은 크게 개선되지 않고 있다. 습지와 하구의 서식처 파괴로 인해 바다의 수산자원은 크게 줄어들었고, 연근해의 어업 여건은 날로 악화되고 있다.

오늘날 지구의 기후변화는 인류의 미래에 영향을 미칠 수 있는 가장 중요한 요인 중의 하나라고 할 수 있다. 바다는 지구 전체의 기후 변화에 매우 큰 영향을 미치고 있음에도 불구하고, 이에 대한 일반인들의 인식은 매우 낮은 실정이다. 태평양 먼바다에서 발생하는 엘니뇨로 인해 홍수가 나는 곳이 있는가 하면, 극심한 가뭄이 초래되어 대규모 산불이 발생하는 곳도 있다. 가뭄이나 홍수, 태풍으로 농작물 피해를 입곤 하지만 바다와 대기의 상호작용이 날씨와 기후를 변화시킨다는 것을 아는 사람은 많지 않다. 해양 산성화는 탄산칼슘을 골격으로 하는 생물들에게 심각한 영향을 주게 될 것으로 예측하고 있으나, 해양 산성화가 초래할 피해에 대해 아직 정확한 예측을 하기는 어려운 상태이다. 기후변화가

해양생태계와 수산자원에 미치는 영향에 관한 연구는 육상생태계 연구에 비해 미흡한 실정이다. 기후변화에 의해 발생할 수 있는 영향과 결과들을 많은 사람들에게 알리고, 현명하게 대처할 수 있도록 하는 것은 매우 중요하다.

세계 각국은 지구 기후변화로 인한 영향을 최소화하기 위해 많은 노력을 기울여 왔다. 또한, 육상으로부터 유입되는 각종 오염물질을 통제하고, 해운이나 수산업 등 해양활동을 통해 발생하는 오염을 억제하기 위해 기술을 개발하고, 제도를 만들고, 구속력 있는 국제 협약을 만들어 지역해 차원에서 주변국들과의 협력을 강화해 왔다. 이 책에서는 지구 기후변화와 해양오염의 현황을 살펴보고, 이러한 문제들을 해결하기 위해 어떠한 노력이 이루어지고 있는지를 총체적으로 조망해보고자 하였다.

1998년 3월에 발간된『해양오염과 지구환경』초판은 해양과학총서 시리즈 중에서 1권『해양개발의 현재와 미래』와 함께 가장 많이 판매되었고, 많은 분들에게서 사랑을 받았다. 그동안 해양오염 관련 연구 분야에서도 많은 발전이 있었고, 지구환경분야에서도 새로운 내용을 수록해야 할 필요성이 제기되어 대대적인 개정이 불가피 했다. 개정판에서는 지구 기후변화의 중요성을 반영하여 해양오염과 순서를 바꾸어 앞부분에 구성하였다.

이 책은 바다를 사랑하는 많은 사람들에 의해 쓰여졌다. 가능하면 사진과 그림을 더 많이 넣어 일반인과 학생들이 내용을 부담 없이 읽으면서 이해할 수 있도록 한 페이지 한 페이지에 많은 공을 들였다. 부디 이 책이 바다를 사랑하는 많은 사람들을 잉태하는 조그만 씨앗으로 거듭나기를 기원한다.

소장하신 사진들을 이 책에 사용할 수 있도록 허락해 주신 많은 분들께 진심으로 감사 드리며, 원고 정리를 도와준 정유선, 문초롱, 박은주씨께도 고마움을 표한다. 이 책의 발간을 위해 애써주신 한국해양과학기술원 해양과학도서관의 한종엽, 최형태, 함춘옥 선생님, 그리고 모모새의 편집 디자인실 여러분께 감사를 드린다.

2012. 12

편저자 강성현, 강동진

바다를 지키고 이해하는 일의 중요성

Importance of Conserving and Understanding the Ocean

바다는 마지막 개척의 장이자 무한한 자원의 보고이지만
바다를 어떻게 이용하는가에 따라 인류의 운명이 좌우될 것이다.

지구환경 변화와 해양

바다는 지구 기후와 환경 변화에 절대적인 영향력을 행사하고 있다. 해양이 담당하는 지구환경 변화에 대한 영향을 탐색하고 대응 방안을 마련할 전초기지로 우리의 동해가 있다.

강동진 한국해양과학기술원

영국에서 겨울을 지내본 사람들은 겨울이 그다지 춥지 않다는 것을 실감한다. 하지만 런던이 사할린 북부와 비슷한 위도에 있다는 사실을 깨닫고 나면 영국의 기후는 놀랄 만한 일이 된다. 어떻게 런던은 이런 온난한 기후를 갖게 되었을까? 유럽인들이 바다에 특히 감사해야 할 이유가 여기에 있다. 적도지방에서 출발한 더운 멕시코만류가 북대서양해류로 연장되어 스칸디나비아 반도까지 북상하면서 열기를 운반하여 영국과 서부 유럽의 겨울철을 따뜻하게 유지해 주고 있는 것이다. 그러나 런던이 아주 오래전부터 이런 기후를 향유해온 것은 아니었다. 지금부터 약 300만 년 전, 서로 떨어진 채 움직이던 북미 대륙과 남미 대륙이 파나마지협에서 서로 만나 이어지면서 태평양과 대서양을 분리하는 장벽이 만들어졌다. 이로써 적도지방의 따뜻한 해수가 북미 대륙의 동쪽 연안을 따라 북상하기 시작했고 냉장고 같던 유라시아 대륙이 해빙되면서 런던이 오늘날의 따사로운 곳으로 변화한 것이다. '바다'가 지구기후에 절대적인 영향력을 행사하고 있음을 보여주는 대표적인 예이다.

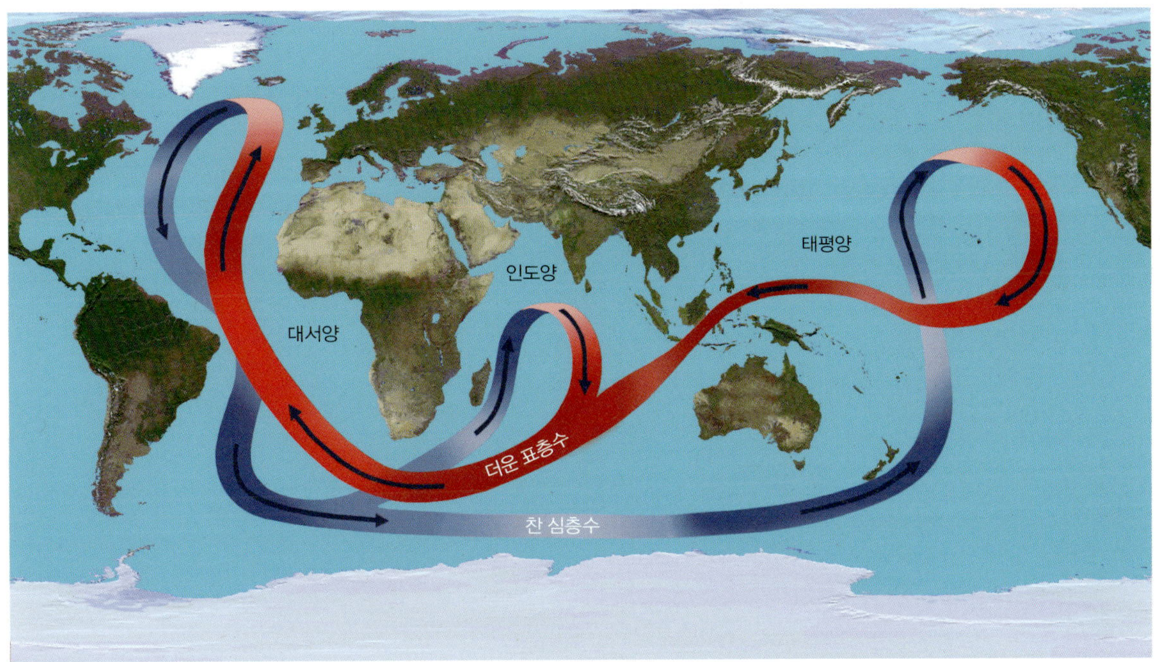

대양의 열염순환
북대서양에서 가라앉은 해수가 대서양을 따라 남하하여 인도양, 태평양으로 이동하다가 표층으로 올라와 다시 대서양으로 이동하는 하나 거대한 순환인 컨베이어벨트는 지구 기후에 중대한 영향을 미치고 있다.

● 해류가 기후를 조절한다

북미대륙의 동쪽 해안을 따라 고위도 지방까지 북상하며 유럽을 데워주던 멕시코 만류는 그린랜드 지역에 도달할 때쯤 되면 이미 온도가 꽤 내려가 밀도가 높아져 심해로 가라앉는다. 또 하나의 거대한 바닷물의 순환이 시작되는 것이다. 심층으로 가라앉은 해수는 미주대륙 동쪽의 해안 지형을 따라 남하한 후 남극해를 거쳐 인도양, 태평양으로 이동하기 시작하며 서서히 다시 해수 표면으로 올라와 본래의 시작점인 북대서양으로 돌아가는 긴 여행을 하게 된다. 고위도 지방에서 차고 짠 해수가 무거워져 가라앉으면서 해저 지형을 따라 거대한 심층해류를 만들어내는 것이다. 온도(열)와 염분(염)이 결정하는 밀도 차에 의해 시작되는 해수의 순환운동인 이러한 흐름을 '열염순환'이라고 부르며 '컨베이어벨트'라는 별명도 붙어있다. 해양학자들은 해수 중의 방사성 동위원소인 탄소-14의 분포 연구를 통해 이러한 컨베이어벨트가 한 번의 순환을 마치는데 자그마치 1천~1천500년이나 되는 긴 시간이 걸린다는 것을 알아낼 수 있었다. 최근의 연구들은 이렇게 느린 순환이 지구의 기후를 결정하는 매우 중요한 역할을 한다는 사실을 보여주고 있다.

지난 2만 1천 년 전 마지막 빙하기의 절정을 지나면서 지구는 따뜻한 기후를 향한 전진을 계속하고 있었다. 그러던 지구 기온이 약 1만 3천 년 전 급격히 떨어지면서 지구에는 다시 약 1천200년 간 빙하기가 도래하였다. '영거드라이아스기'라고 불리는

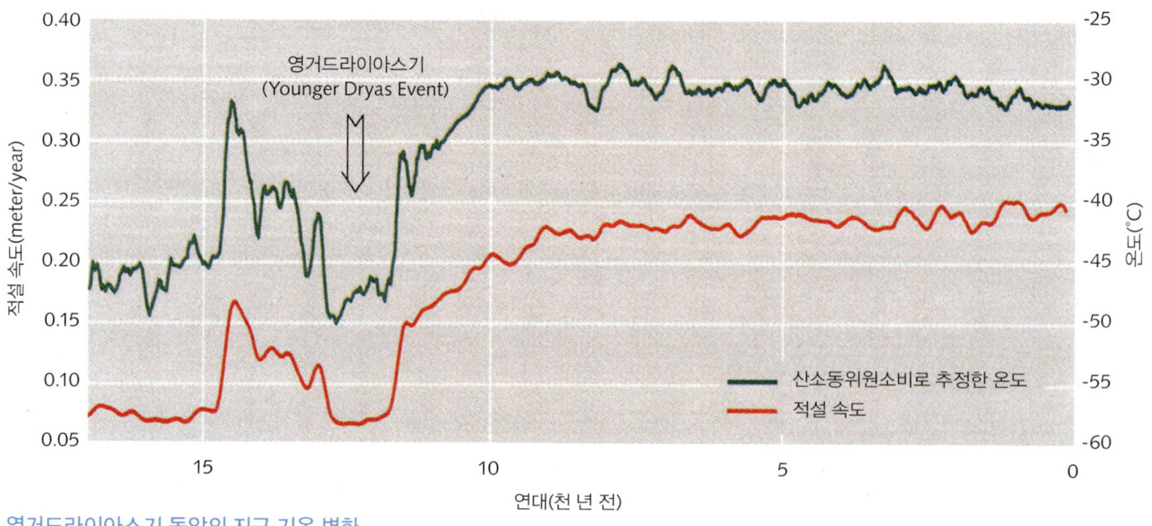

영거드라이아스기 동안의 지구 기온 변화

약 1만3천 년 전 따뜻한 기후를 향한 지구의 온도가 약 1천여 년 동안 갑자기 낮아졌음을 보여주고 있다.

백두산에 서식하고 있는 담자리꽃 (Dryas)

사건이다. 이는 빙하기 시절 지구의 넓은 지역에 번성하던 한 대성 담자리꽃(Dryas)이 지구가 따뜻해지면서 서서히 고위도로 물러나다가 이 시기에 갑자기 다시 번성하면서 붙여진 이름이다. 과학자들은 이렇게 지구를 갑작스레 빙하기로 잠시 몰고 갔던 주범으로 잠시 고장이 났던 컨베이어벨트를 지목하고 있다.

지구가 따뜻해지고 빙하가 녹으면서 캐나다 서부에 거대한 담수호가 만들어지고 있었다. 그런데 빙하가 계속 녹으면서 이 호수는 넘쳐나는 물을 더 이상 견디지 못하고 1만 3천 년 전 무너져 버렸고 한순간에 빙하가 녹은 물을 북대서양으로 쏟아 부었다. 차가운 담수가 북대서양의 짠물을 희석해 해수를 가볍게 만들면서 1천여 년 동안 이곳에서 시작되던 컨베이어벨트를 교란시킨 것이다. 이렇게 컨베이어벨트가 약해지면서 저위도의 따뜻한 해수의 북상이 약해지자 이를 통한 열전달이 줄어들게 되었고 마침내 지구를 냉각시키는 결과로 이어지게 되었다. 영거드라이아스 사건을 통하여 과학자들은 컨베이어벨트와 지구 기후 시스템 사이에 거대한 연결고리가 있음을 이해하게 된 것이다.

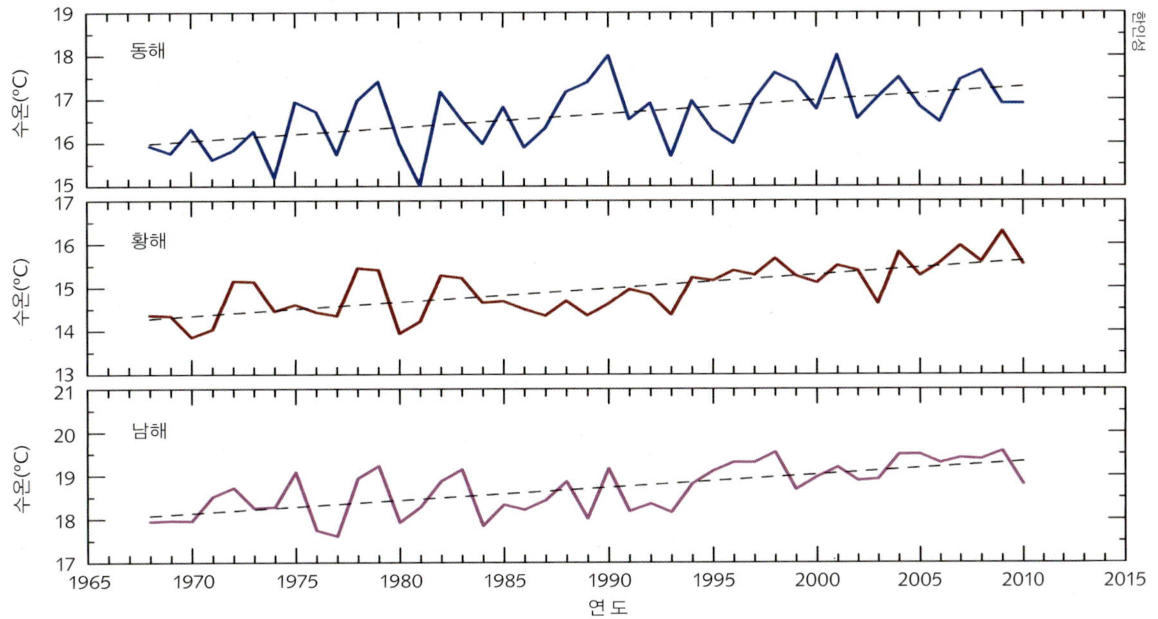

● 동해는 기후변화의 전초기지

우리나라 주변 해역 표층 수온 변화

최근 40년간 우리나라 주변 해역의 표층 수온은 약 1.1도 상승하였고 이는 같은 기간 동안 전 세계 표층 수온에 비해 약 3배 정도 빠른 속도이다.

최근 연구 결과들은 기후변화가 초래할 해양의 미래에 대해 앞다퉈 암울한 전망을 하고 있다. 우리나라 주변 바다 역시 예외가 될 수 없다. 특히 동해는 '작은 대양'이라는 별명이 말해주듯이 대양의 특성을 모두 가지고 있으며 대양에 존재하는 컨베이어벨트와 똑같은 독자적인 열염순환계를 가지고 있지만 이러한 순환이 약 100여 년을 주기로 일어나고 있음이 밝혀졌다. 길어야 100년의 수명을 가진 인류에게 대양의 순환 주기인 1천 500년은 매우 긴 시간이다. 그러나 동해의 순환 주기인 100년은 연구에 도전해 볼 만한 시간일 수 있다. 이러한 이유로 기후변화와 해양과의 관련성을 연구하기 위해 세계의 해양학자들이 동해 연구를 위해 몰려들고 있다. 최근의 연구에 따르면 1985년부터 2003년까지 동해 해수면 온도가 한반도 주변해역 평균보다 6배 이상 상승한 것으로 나타났다.

일본 국립환경연구소는 연구 결과에서 지금처럼 해수온도 상승 때문에 해수순환 양상이 변하는 추세가 계속되면 동해는 100년 후 '죽음의 바다'가 될 것이라는 예측을 하여 논란이 됐다. 그러나 우리나라의 해양학자들은 이 연구 결과에 반론을 제기했다. 1970년대 이후 동해의 산소농도가 감소하는 추세는 맞지만 일본 연구진의 예측이 동해의 역동성을 고려하지 않았다는 이의를 제기한 것이다. 동해의 해수순환 주기는 100년으로 짧으므로 해저부의 산소가 완전히 고갈되기 전에 해수순환에 의해 산소가 풍부한 새 수층구조가 재형성된다. 동해 수층구조의 역동성을 고려하면 현재의 데이터

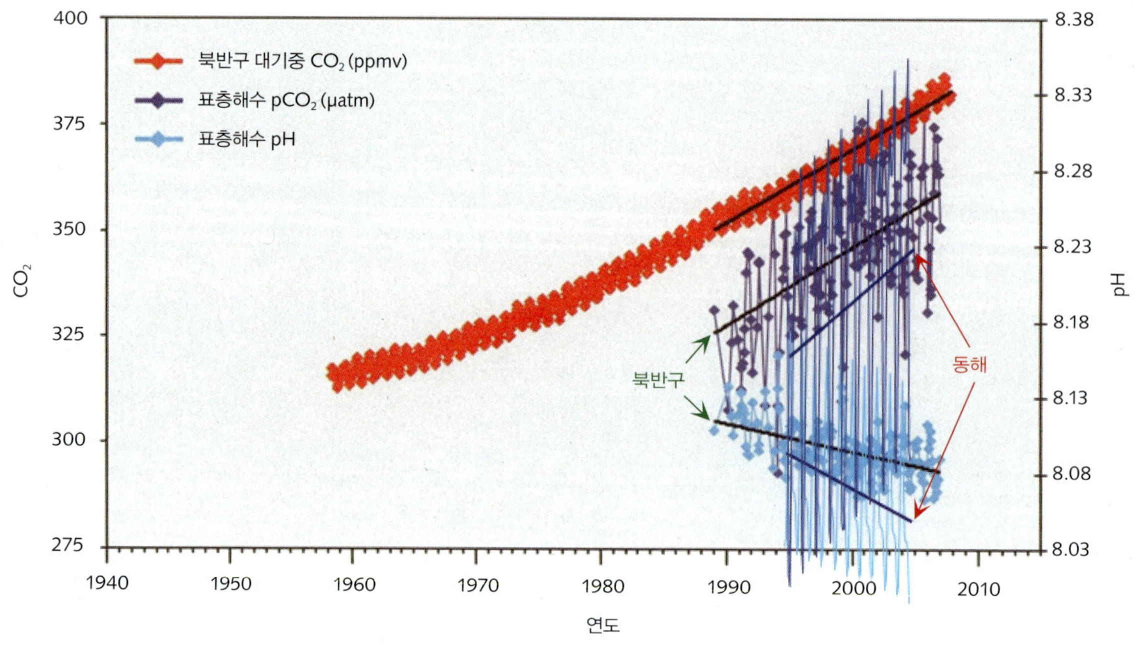

대기와 해수의 이산화탄소 농도와 pH 변화

북반구 평균값에 비해 동해의 변화가 매우 크다.

만으로 섣불리 미래를 예측하는 것은 무리라고 할 수 있다.

동해의 더 심각한 문제는 최근 논란이 된 산소농도 감소가 아니라 급속한 산성화라는 지적도 나오고 있다. 산성화가 전 세계적으로 가속화되는 이유는 이산화탄소 등 바닷물에 녹아 탄산을 만드는 온실기체 배출량이 증가하기 때문이다. 동해는 그 속도가 전 세계 평균보다 2배 정도 빠르다. 바다 산성화는 먹이사슬 하층부를 이루는 갑각류 유생의 탄산칼슘 골격을 녹여 집단폐사에 이르게 해 생태계 기반을 무너뜨린다. 동해는 지구촌에서 인간 활동의 영향을 가장 많이 받는 5곳 가운데 하나이다. 동해가 빨리 산성화되는 것은 이에 따른 이산화탄소 배출량이 현저히 높기 때문일 것이다.

이러한 변화는 동해에서 멀리 떨어진 곳에서 생활하는 일반 사람들도 피부로 느낄 수 있는데, 바로 식탁에서다. 동해에 난류가 유입되면서 한대어종인 명태가 생존하기 어려워져 어획량이 급격히 감소했기 때문이다. 또 제주도 유역에 서식하는 '자리돔'같은 아열대 어종이 동해까지 북상하는 등 어종 변화가 심각하다. 연구자들은 동해 생태계는 1980~1990년대에 비해 상당히 달라졌으며, 이런 기후변화 경향이 계속되면 생태계 균형이 무너질 것이라고 예상하고 있다.

동해가 다른 주변해에 비해 기후변화 징후가 뚜렷한 이유는 대양과 유사한 특성이 있었기 때문이다. 그러나 초기 동해연구는 동해를 대양과 다른 특성의 바다로 인식했다. 1930년대 동해 심층수에 대한 최초의 과학적 연구를 시행한 일본 해양학자 우다는 동해 수심 수백 미터 아래에 수온이 0도 정도로 균일하고 산소가 풍부한 수괴(물 덩어리)가

강동진

1993년 8월 첫 번째 크림스 관측 기념 사진

한 · 일 · 러 국제 공동 연구인 크림스를 통해 동해에 대한 새로운 해석이 이루어졌다.

가득 차 있다고 주장했다. 그 후 약 60여 년간 이를 정설로 보던 해양학계는 1990년대 한 · 일 · 러 공동연구로 전환점을 맞이했다. '크림스(Circulation Research of East Asian Marginal Seas, CREAMS)'라는 이름의 이 프로젝트는 우다 교수의 학설과 달리 동해가 수직 분포에 따라 온도 · 염분 · 산소 농도가 각각 다른 수층으로 나뉜 전형적인 대양의 모습을 갖추고 있음을 밝혀냈다. 또 연구팀은 바닷물이 전체적으로 뒤섞이는 주기가 다른 바다에서보다 동해에서 10배 정도 짧다는 사실을 알아내 기후변화 척도로 동해연구의 가치를 입증했다. 동해는 세계 대양 변화의 '예고편'이라 할 수 있다. 해수순환 주기가 짧아 대양에서 오랜 기간에 걸쳐 일어나는 변화를 단기간에 겪기 때문이다. 기후변화의 징후가 지구 곳곳에서 관찰되는 지금, 해를 거듭해 해양학 연구의 중요성이 부각되고 있다. 면적은 작지만, 대양의 특성이 있는 동해는 수심이 얕은 남해와 황해보다 해양 변화의 추세를 파악하기 좋다. 동해는 앞으로 기후변화의 영향을 탐색하고 대응 방안을 마련할 연구의 전초기지가 될 것이다.

강동진

해수특성 관측 및 채수

일반적으로 해수의 물성관측을 위해 CTD (Conductivity, Temperature, Depth)를 이용하며 동시에 채수도 가능하다.

해양오염의 현황과 대책

계속되는 개발 요구와 환경 보전의 필요 사이에서 어떻게 하면 해답을 찾을 수 있을까? 미래 세대에게 물려줄 건강하고 풍요로운 바다를 위하여 우리는 지금 어떤 일을 시작해야 할 것인가?

강성현 한국해양과학기술원

바다는 그 어마어마한 덩치만큼이나 무던하게 고통을 참아낸다. 웬만큼 맞아서는 끄떡도 없는 맷집 좋은 권투선수처럼 상당한 오염의 압박에도 쉽게 아픈 표정을 짓지 않는다. 바다가 어머니를 닮은 것은 드넓은 포용력과 어떠한 고통도 감내하는 인내심 때문일 것이다.

하지만 계속되는 매 앞에 장사가 없듯이 자정능력의 한계를 넘는 오염부하와 지속가능성을 고려하지 않은 무분별한 개발로 인해 우리의 바다는 연안에서부터 점차 생명력을 잃어가고 있다. 외해와 잘 섞이지 않는 내만이나 항만에서부터 오염의 영향이 나타나고 있으며, 이는 생태계의 변화와 수산자원의 감소로 이어지고 있다.

사정이 이런데도 바다의 오염이 아직 우리에게 절실하게 다가오지 않는 것은 왜일까? 일반 국민은 바다의 오염을 대기나 식수, 음식물의 오염만큼 급박한 문제로 여기지 않는다. 더러운 강물을 보며 마실 물의 오염을 걱정하는 사람도 더러운 강물이 쉬지 않고 바다로 흘러가고 있다는 사실은 간과하고 있다.

● 바다가 우리에게 주는 혜택

우리는 바다가 일상생활에 어느 정도 중대한 영향을 미치는지 종종 잊고 있다. 평소 물과 공기의 중요성을 잊고 살듯이, 바다의 존재 또한 너무나 당연한 것으로 받아들여져 왔다. 평소 바다를 쉽게 접할 수 없는 사람들은 바다를 휴가나 여행을 떠나는 장소 정도로 여긴다. 대부분의 사람들이 바다를 피상적으로 이해하고 있는 것이다. 바다에 대한 몰이해는 바다를 제대로 평가하고 그 가치를 보전하려는 노력이 부족했던 것이 주된 이유였다.

해남군청

해남 땅끝마을에서 바라본 남해바다

바다는 인류에게 너무나 많은 혜택을 제공하고 있지만 우리는 그것을 당연한 것으로 받아들여 왔다.

바다는 지구 전체의 기후 변화에 큰 영향을 미치고 있다. 바다와 대기는 서로 열과 수증기, 이산화탄소 등을 교환하며 바람, 강우량, 해수면의 온도, 해류 순환을 변화시킨다. 가뭄이나 홍수, 태풍으로 농부들은 경작물에 큰 손해를 입곤 하지만 바다와 대기의 상호작용이 날씨와 기후를 변화시킨다는 것을 아는 사람은 많지 않다. 바다는 인류가 대기로 방출한 이산화탄소의 일부분을 흡수하고 있다. 태평양 먼바다에서 발생하는 엘니뇨로 인해 홍수가 나는 곳이 있는가 하면, 극심한 가뭄이 초래되어 대규모 산불이 발생하는 곳도 있다.

바다는 그곳에 사는 생물들에게 다양한 서식처를 제공해 주고 있다. 바다에는 눈에 보이지 않는 플랑크톤에서부터 고래와 같은 포유류에 이르기까지, 육지보다 훨씬 다양한 생물들이 조화롭게 살고 있다.

바다의 생물자원은 인류에게는 없어서는 안 될 중요한 자산이다. 바다는 전 세계의 인류가 소비하는 동물성 단백질의 6분의 1을 공급하고 있다. 우리나라 국민은 동물성 단백질의 40%를 어패류, 해조류 등 수산물에 의존하고 있어, 미국이나 캐나다의 5배, 프랑스나 이탈리아의 2배나 된다. 바다의 생물들은 인류의 건강 문제를 해결하는 아주 유용한 천연물질들을 제공하기도 한다.

해안선에서부터 60km 이내의 연안 지역에는 전 세계 인구의 절반 이상이 살고 있다. 바다는 우리에게 스포츠와 레저, 관광 등 여가를 즐기는 공간을 제공한다. 보트,

수상스키, 스쿠버다이빙, 바다낚시, 해수욕, 유람선, 마리나, 수족관 등 바다를 통해 누릴 수 있는 즐거움은 이루 헤아릴 수 없이 많다. 더욱이 우리나라는 해안선이 길고 섬들이 다양한 풍광을 만들어내고 있어 해양생태관광에 적합한 자연 자원을 가지고 있다.

● 바다가 주는 혜택을 누리려면

미래학자들은 21세기가 바다의 세기가 될 것이라고 예견하고 있다. 바다는 지구 상에 남겨진 마지막 개척의 장이자 무한한 자원의 보고로 여겨지고 있다. 앞으로 바다를 어떻게 이용하는가에 따라 인류의 운명이 좌우될 것이 분명하다. 그러나 이제까지와 같은 형태로 바다의 환경과 자원을 훼손한다면 이러한 예견들은 모두 빗나가고 말 것이다. 지난 수 십 년간의 경험을 통하여 우리는 환경 보전을 고려하지 않는 무분별한 개발이 오히려 삶의 질을 저해하고, 결국에는 우리 모두의 생존마저 위협하게 된다는 것을 알게 되었다. 바다를 지키고 가꾸는 노력 없이는 바다가 제공하는 많은 혜택을 계속 누릴 수 없다는 것도 깨닫게 되었다.

씨프린스호 기름 유출사고

1995년 7월 23일 여수시 남면 소리도 앞에서 14만 톤급 유조선이 침몰하여 원유 98,000톤과 벙커C유 1,000톤이 유출되었다.

해양경찰청

바다는 지금 위기에 처해 있다. 위기의 예감은 곳곳에서 감지된다. 무한하다고 믿었던 바다의 수산자원은 크게 줄어들었고, 어업 여건은 날로 악화되고 있다. 연안은 계속되는 개발의 압박에 시달리고 있으며, 막대한 환경개선 비용을 투입해도 수질은 더 이상 개선되지 않고 있다.

이제까지 우리는 바다가 가진 자원이 무한하다고 여기고, 그것을 누리되 가꿀 필요를 느끼지 않았다. 결국 전통적인 자원남획형 어업에 의존해 온 연근해 어장은 어족이 고갈되었고, 하구의 파괴, 연안 서식처 감소와 맞물려 위기를 맞게 되었다. 이제까지 바다가 우리에게 베풀어주던 그 많은 혜택들을 앞으로 우리가 계속 누릴 수 있을까? 우리가 누렸던 것들을 우리의 후손들에게 하나도 빠짐없이 물려줄 수 있을까? 안심하고 먹을 수 있는 수산물, 가족과 함께 여행할 수 있는 바닷가, 풍요로운 어촌, 해양산업으로 인한 지역경제의 활성화, 이런 것들이 과연 가능할 수 있을까?

● 해양오염의 원인과 결과

오염된 강물은 쉬지 않고 바다로 흐른다
공단에서 흘러나온 폐수로 검게 오염된 낙동강

사람들은 바다가 아주 광활하여 인간이 배출하는 오염물질들을 충분히 정화해 줄 수 있을 것으로 생각했다. 하지만 잘못된 생각이었다. 지난 수 십 년 동안 연안의 인구가 증가하고 도시와 산업이 발달함에 따라 배출되는 오염물질의 양이 급증했고 항만이나 내만, 해안에서 가까운 곳에서부터 바다의 자연환경은 크게 변하기 시작했다.

여러 가지 인간 활동으로 인해 발생하는 해양환경의 오염은 그 원인과 결과가 매우 다양하고 복잡하다. 바다는 인간 활동으로 인해 생겨나는 모든 오염물질이 최종적으로 모이는 장소다. 육지에서 이루어지는 모든 인간 활동은 궁극적으로 바다의 환경에 영향을 주게 된다. 전체적으로 보면 바다로 들어가는 오염물질의 약 80%가 육상에서 온 것으로 추정된다. 모든 더러운 하천과 강물들은 바다로 흐른다. 생활하수와 공장 폐수가 바다로 들어가고, 농사를 짓기 위해 뿌린 비료와 농약들이 빗물에 씻겨 바다로 유입된다. 시원하게 비가 내리고 나면 시야가 좋아지고 공기는 상쾌해 지지만 공기 중에서 사라진 오염물질은 모두 강을 통해 바다로 가버린 후이다.

선박에서는 일상적으로 기름과 쓰레기가 버려지고 있으며, 간헐적으로 기름 유출 사고가 발생하여 집중적인 오염피해가 발생하기도 한다. 우리나라 연안은 이미 각종 양식장으로 가득 차 있다. 물고기를 키우는 해상 가두리 양식장이나 육상 수조식 양식장에서 사용하는 사료나 양식 어류의 배설물들은 직접적으로 연안의 수질을 오염시키고 있다. 양식장에서 사용하는 스티로폼 부이나 플라스틱 어구들이 마구 버려져서 쓰레기 오염을 유발한다. 굴이나 홍합, 우렁쉥이 등을 기르는 패류 양식장에서 양식에 사용하던 로프나 폐기물이 버려져 해저에 쌓이기도 한다. 양식이 과도한 밀도로 이루어지면 점차 생산량은 줄어들고, 해적생물들이 번성하기도 한다.

우리나라에서는 서해와 남해에서 매립과 간척사업이 계속됐으며, 낙동강, 금강, 영산강 등에 하구언을 건설함에 따라 하구 고유의 특성이 변화되고 생물 서식처가 크게

해양경찰청

여수시청

해양오염의 피해
쓰레기, 적조, 폐수 등으로 바다의 환경은 크게 변화하고 있다.

파괴됐다. 최근 개펄이나 습지의 중요성에 대한 인식이 변화되고 있으나 연안 개발은 계속되고 있다. 간척이나 연안개발 과정에서 발생하는 물리적인 해양환경 변화는 서식처의 파괴나 생물자원의 감소를 유발하고 있다. 바다의 오염과 환경의 변화는 어류의 난 · 치어 단계에 나쁜 영향을 줌으로써 수산자원의 변화를 초래하게 된다. 난 · 치어 단계에서는 외부 환경 변화에 적응하는 능력이 작기 때문에 바다의 환경이 변하면 사망률이 증가하여 자원의 감소가 일어나게 된다. 난 · 치어가 서식하기 위해서는 깨끗한 물과 충분한 산소, 그리고 풍부한 플랑크톤의 먹이가 있는 환경이 필요하다. 연근해 어업이 불황을 겪고 있는 것은 연안개발과 오염으로 산란장과 어린 생물들이 자랄 수 있는 환경이 파괴된 것과 밀접한 연관이 있다.

● 바다를 되살리는 노력

바다가 오염되면 우리의 식탁에 오염된 수산물이 오르게 되고, 바다의 생태계가 파괴되고, 더 이상 바다의 아름다움을 즐길 수 없게 된다. 바다로부터 지속적으로 더 많은 혜택을 제공받기 위해서는 바다의 가치를 보전하고 풍요롭게 가꾸어야 할 책임이 있다. 바다가 주는 것만을 수확하고, 바다를 보호하고 가꾸지 않으면 이내 그 자원은 고갈되고 만다. 바다의 생물들이 서식할 수 있는 환경을 만들어 주지 않으면 자원은 되살아날 수 없다.

시화호나 새만금과 같은 간척사업에서 보는 바와 같이, 각종 정책과 사업의 입안단계에서부터 해양환경의 영향을 충분히 고려하지 않을 경우, 적게 얻고 많이 잃는 잘못을 되풀이할 수밖에 없다. 잃어버린 귀중한 것들을 되찾기 위해 많은 희생을 치르기보다는 우리가 가진 귀중한 것들을 잃지 않도록 예방하는 노력이 필요하다. 바다를 오염시키는 원인을 사전에 차단하는 것은 매우 중요하다. 육상으로부터 유입되는 오염부하를 근원적으로 줄이기 위해서는 연안지역의 기초시설을 고도화하고, 연안 비점오염 관리를 강화하는 것이 시급하다.

정부는 2000년 2월 육지부를 포함하는 9곳의 환경관리해역을 지정하였다. 환경관리해역은 환경보전해역과 특별관리해역으로 나뉘어지며, 해역별 특성에 맞는 관리계획을 수립하여 시행 중에 있다. 다양한 이해당사자 간에 발생하는 연안이용의 갈등을 조정하고, 지속 가능한 발전을 이룩할 수 있도록 연안통합관리의 원칙에 기반을 둔 이러한 해역별 관리체계가 확고히 정착되도록 지속적인 투자와 노력이 필요하다.

해역의 자정능력 범위 안에서 육상으로부터 바다로 유입되는 오염물질을 총량으로 관리하지 않고서는 바다의 오염을 효과적으로 제어할 수 없다. 마산만과 시화호에서 연안오염 총량관리제도가 시범적으로 시행되고 있으나, 지자체들로 하여금 총량관리에 참여하게끔 유인하는 방책이 부족한 실정이다. 육상기인 오염 저감을 위한 국가 예산의 지원 없이는 총량관리를 성공적으로 시행해 나갈 수 없다.

한국농어촌공사

연안개발과 생태계 변화

간척 매립, 방조제 건설 등으로 서식처가 감소하고 수산자원이 감소하고 있다.

● 바다를 이해하는 일의 중요성

계속되는 개발 요구와 환경 보전의 필요 사이에서 어떻게 하면 해답을 찾을 수 있을까? 미래 세대에게 물려줄 건강하고 풍요로운 바다를 위하여 우리는 지금 어떤 일을 시작해야 할 것인가? 한 가지 분명한 사실은 바다를 지키고, 바다가 제공하는 혜택을 누리기 위해서는 우선 바다에 대해 더 많이 알고, 잘 이해해야 한다는 것이다.

바다는 모든 사람의 재산이므로 우리 모두가 힘을 합쳐 바다를 지키려고 노력해야 한다. 바다의 환경이 지금 어떤 상태이고 어떻게 변화되어 가고 있는지를 올바로 알고, 이에 대처해 나가는 것이야말로 바다를 살리는 가장 중요한 일이다.

우리는 아직도 오염물질들이 얼마나 많이, 어떤 경로를 통하여 바다로 유입되고 있는지, 해양생태계가 우리의 건강에 얼마만큼 영향을 미치고 있는지 정확하게 이해하지 못하고 있다. 인간 활동이나 개발의 결과로 발생하는 서식처의 파괴는 해양생태계의

해양다큐멘터리 영화 '오션스'

제주환경일보

자정능력과 다양성을 감소시키며 생산력을 크게 떨어뜨려 자원의 감소를 유발하지만 어느 정도의 피해가 발생하고 있는지 추정하기란 매우 어렵다. 현재를 알지 못하고 미래를 예측하지 못하면 불행을 막을 수 없다. 오염과 환경파괴의 영향이 가시화되기 전에 이를 알아내어 사전 예방조치를 취하는 것만이 환경을 지키는 길이다.

인간 활동의 영향으로 바다의 환경이 어떻게 변해가고 있는지를 정확하게 파악하는 것은 바다의 자원과 생태계를 지키는 기초가 된다. 오염으로 인한 해양환경의 파괴를 최소화하고 장기적인 변화를 예측하기 위해서는 여러 해양오염분야의 연구가 더욱 활성화되어야 한다. 이를 위해서는 환경변화의 추세와 진행과정을 규명하기 위한 장기적인 모니터링이 필요하다. 그러므로 정부의 장기적인 투자가 뒷받침 되어야 한다. 또한 해역의 정화능력은 물론 서식처의 감소 추세를 감시하고 서식처의 감소가 생태계에 미치는 영향을 파악하기 위해 보다 정량적인 자료가 필요하다. 해양의 생산력과 관련된 서식처의 기능을 이해하고 인위적인 영향에 대하여 보다 정확하게 이해할 수 있게 된다면 서식처 감소로 인한 영향을 최소화하고 장기적인 측면에서 서식처를 재생시키는 기술을 개발할 수 있게 될 것이다.

① 일본 시도섬 해역의 보름달물해파리
② 제주도 애월 앞바다의 백화현상

● 해양환경복원을 위하여

지속가능한 바다를 만들기 위해서는 과학적인 지식과 기술의 기반 위에 현재를 파악하고 미래를 예측하는 능력을 갖추어야 한다. 정보와 자료를 공개하고, 참여 기회를

김수만

아름다운 제주 해안
해양오염을 방지하고 훼손된 자원을 원상태로 복원하는 노력이 필요하다.

확대함으로써 정부와 국민이 공동으로 노력해야 한다. 원인자 부담의 원칙과 수혜자 부담의 원칙에 근거하여 해양환경 보전을 위한 투자재원을 마련하고, 투자의 효율성을 극대화하여야 한다. 나아가 단순히 바다의 오염을 막는데 그치지 않고, 바다의 자원과 환경을 원상태로 복구하여 우리가 누렸던 것들을 우리의 후손들이 누릴 수 있게 해 주어야 한다.

바다의 자원을 원래 상태로 되돌리기 위해서는 건강한 환경을 만드는 일이 무엇보다도 시급하다. 거대한 바다는 한번 오염되거나 환경이 파괴되면 원상태로 회복시키기 매우 어렵다. 막대한 비용과 노력을 들인다고 해도 파괴된 환경을 되살리는데는 수 십 년이 걸릴 수도 있다. 기름 사고로 피해를 입은 지역이나 난개발로 제 기능을 상실한 하구와 갯벌, 오염된 내만에서부터 적극적인 환경복원사업이 시작되어야 한다. 파괴된 환경을 복원하여 원래 바다가 가진 자원과 가치를 원상복구 하는 것은 참으로 어려운 일이지만 우리가 반드시 이루어내야만 할 과제이다.

해양과 지구환경

The Ocean and The Earth

바다와 지구 기후변화의 연관성을 정확히 규명하고
기후변화가 미치는 영향을 파악하는 것이 매우 중요하다.

엘니뇨

대기와 해양의 상호작용으로 발생되는 엘니뇨는 해수면 온도의 변동으로 인해 대기의 흐름에 영향을 주어 세계 여러 곳에 가뭄, 홍수, 한파 등의 기상이변을 일으킨다.

국종성 한국해양과학기술원

● 엘니뇨란 무엇인가?

남아메리카의 적도 해안가에 위치한 세계 제일의 멸치 어장인 페루 앞 바다에서는 크리스마스를 전후하여 3, 4년에 한 번씩 멸치 떼가 사라졌다. 덕분에 어부들은 고기잡이를 멈추고 집에서 가족들과 크리스마스를 즐길 수 있었다. 어민들은 이렇게 3, 4년에 한 번씩 일어나는 현상을 아기 예수를 뜻하는 말인 엘니뇨(El Niño)라고 불렀다.

엘니뇨는 열대 동태평양의 해수면 온도가 평상시보다 따뜻한 상태로 수개월 이상 지속되는 현상이다. 엘니뇨 해에는 해수면 온도가 약 8~9도 높아지면서 페루 인근의 멸치 어획고가 급격히 떨어지게 된다. 엘니뇨는 학자나 국가에 따라 약간씩 다르게 정의되고 있다. 그러나 대체로 엘니뇨 시기는 적도 동태평양의 해수면 온도를 대표하는 지점의 평균값이 평상시보다 0.5도 이상 따뜻한 상태가 5개월 이상 지속될 때로 정의한다.

월평균 해수면 온도 분포도

정상 해에 비해 엘니뇨 해와 라니냐 해의 동태평양의 더운 부분이 더 확대, 축소되는 것을 볼 수 있다.

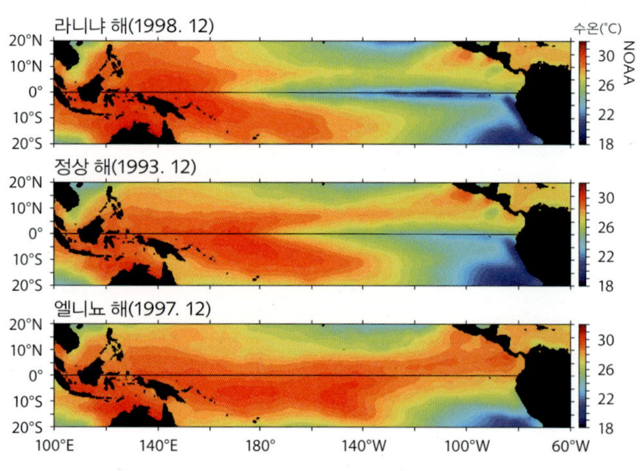

엘니뇨가 해수면 온도가 따뜻해지는 현상이라면, 라니냐는 해수면 온도가 평상시보다 더 낮아지는 현상이다. 라니냐 시기는 엘니뇨와 반대로 해수면 온도의 평균값이 평상시보다 0.5도 낮은 상태가 5개월 이상 지속될 때로 정의된다. 엘니뇨와 라니냐는 별개로 나타나는 현상이

2009년말 엘니뇨 시기의 평년 대비 수온 변화

적도 태평양 중앙부에 수온이 평년에 비해 약 2도 정도 높아진 것을 볼 수 있다.

아니고, 진동하는 추처럼 이쪽 저쪽을 왕복하며 나타나는 현상으로 이해할 수 있다. 엘니뇨는 평균적으로 4년에 한 번 정도 발생한다고 알려져 있지만, 그 주기가 2~7년 사이로 불규칙하다. 엘니뇨의 주기가 일정하지 않은 이유는 현재 많은 논쟁중이다. 하지만 대략적으로, 서로 다른 시간 규모를 갖는 현상들 간의 상호 작용으로 인해 나타난다고 요약될 수 있다.

● El Niño? ENSO?

1923년 위커(Walker)박사는 아주 멀리 떨어져있는 태평양의 타히티와 호주 북부 다윈 지역의 기압이 서로 거의 정반대 방향으로 변화하고 있다는 것을 발견하였다. 그는 이 대규모의 대기압 시소 현상을 남방진동(southern oscillation)이라고 불렀다. 남방진동은 인도양과 남반구의 적도 태평양 사이의 기압이 서로 반대로 오르내리는 것을 일컫는다. 하지만, 남방진동이 일어나는 발생 역학은 그 후 오랫동안 알려지지 않았다. 1960년대 들어 베어겐스(Bjerknes)박사는 오래전부터 알려져 있던 엘니뇨 현상과 남방진동이 서로 밀접한 연관이 있다고 제안하였다. 즉, 엘니뇨는 대기와 해양의 상호 작용에 의해서 발생하는 현상인데, 남방진동은 해수면 온도 변화에 따른 대기의 반응이라는 것이다. 즉 남방진동과 엘니뇨는 독립된 현상이 아니라 서로 결합된 동일한 현상이라는 것이다. 이 사실이 알려지면서, 두 현상은 통틀어 엔소(El Niño/Southern Oscillation, ENSO)라고 불리게 되었다.

● 엘니뇨는 어떤 특징을 가지고 있나?

엘니뇨는 동태평양의 해수면 온도가 평상시 보다 따뜻해지는 현상이다. 그런데 엘니뇨는 단지 동태평양 지역에만 국한되어 나타나지 않는다. 엘니뇨 시기의 따뜻한 해수면 온도는 동태평양을 넘어 날짜 변경선(중태평양)까지 확장되어 매우 광범위하게 나타난다. 뿐만 아니라, 서태평양 지역에서는 엘니뇨 시기에 해수면 온도가 감소하는 경향이 있다. 태평양에서의 평상시 해수면 온도 분포를 보면, 서태평양은 온난지역(Warm Pool)으로 따뜻하고, 동태평양은 한랭지역(cold tongue)으로 차갑다. 따뜻한 해수면 온도는 대기의 대류 활동을 촉진시키므로, 평상시의 대류 활동은 서태평양의 온난 지역에서 활발하게 발생한다. 하지만 엘니뇨 시기에는 상대적으로 동태평양과 중태평양의 해수면 온도가 상승하기 때문에, 대기의 대류 활동이 중태평양 쪽에서도 활발히 나타나게 된다. 따뜻한 해수면에서 데워진 공기가 상승 기류를 만들어 바람의 방향이 결정되는데, 엘니뇨 시기에는 대기의 상승 운동이 주로 나타나는 지역이 바뀌게 되므로 바람이 부는 방향도 변하게 된다. 평상시에는 적도 지역에 편동풍인 무역풍이 불게 되는데 엘니뇨 시기에는 대류 활동 변화로 인해 무역풍이 약화된다.

엘니뇨 시기의 해양의 변화는 대부분 대기 하층 바람의 변화에 의해 결정된다. 평상시 열대 태평양의 온도가 급격히 낮아지는 수온약층(thermocline)의 깊이는 서태평양이 깊고, 동태평양이 얕다. 이는 편동풍의 영향으로 따뜻한 물이 서태평양에 축적되기 때문이다. 이러한 해양의 구조는 동태평양과 서태평양의 해수면 온도를 결정하게 된다.

평상 시기와 엘니뇨 시기의 대기와 해양의 특징 모식도

적도 지역에는 평상시에 편동풍인 무역풍이 불게 되는데 엘니뇨 시기에는 대류 활동 변화로 인해 무역풍이 약화된다.

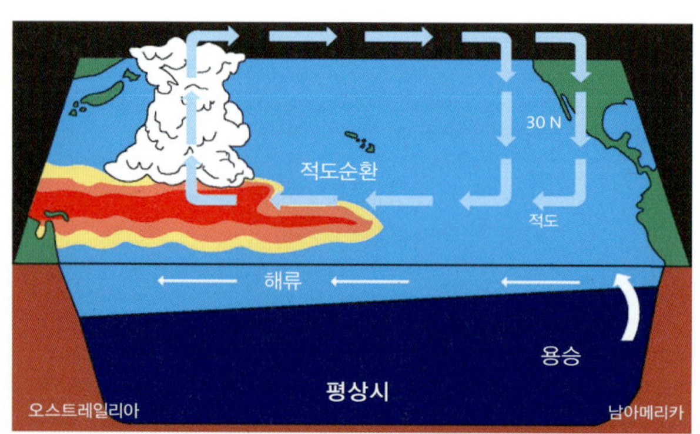

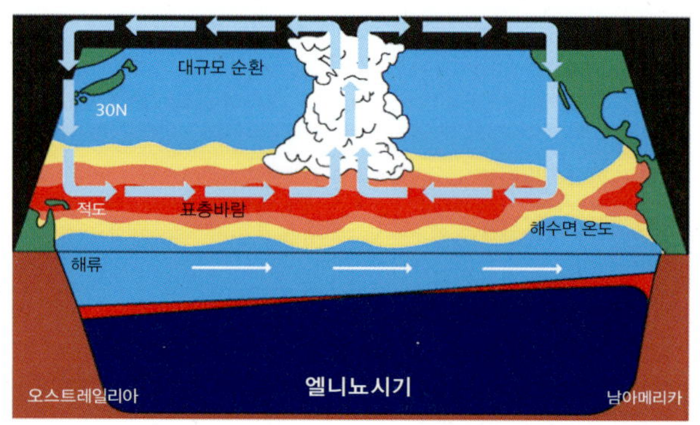

하지만 엘니뇨 시기에는 편동풍이 상대적으로 약화되어, 서태평양에 따뜻한 물이 축척되었던 해양의 구조가 부분적으로 동쪽으로 분포하면서, 동태평양의 수온약층의 깊이가 깊어진다. 이 결과로 동태평양의 해수면 온도가 상승하게 된다. 해양의 동서 구조가 변화되면, 해류의 흐름도 영향을 받게 된다. 적도 태평양의 표면 아래에는 적도 잠류라고 불리는 초속 1m 정도의 강한 해류가 존재하는데, 엘니뇨 시기에는 이 적도 잠류가 크게 약화된다.

엘니뇨의 진행은 계절의 변화와 매우 밀접한 관련이 있다. 몇 가지 예외적인 경우도 있지만, 대개 엘니뇨의 시작은 북반구의 봄철에 시작하여, 여름에 해수면 온도의 상승이 두드러지게 나타나면서 급격하게 발달한다. 이러한 해수면 온도의 상승은 가을을 거쳐 보통 이른 겨울에 최대치를 나타낸다. 대부분의 엘니뇨와 라니냐는 이른 겨울에 절정기를 나타내는데 이를 엘니뇨/라니냐의 계절 잠김(seasonal locking) 현상이라고 부른다. 이러한 현상은 엘니뇨가 계절 변동과 긴밀하게 상호작용하고 있음을 나타낸다. 엘니뇨의 쇠퇴는 발달 과정에 비해서 상대적으로 다양한 양상을 보인다. 하지만 평균적으로, 엘니뇨는 절정기 이후 이듬해 봄철이 되면 쇠퇴하기 시작하여 여름철이 되면 평상시의 상태로 돌아간다.

● 엘니뇨의 전 지구 기후에 대한 영향은?

엘니뇨는 적도 지역 대기의 대류 체계를 변화시키므로 적도 지역에서의 강수 분포도 역시 크게 바뀌게 된다. 그런데, 열대 지역 대류 활동의 영향은 단지 열대 지역에 국한되지 않는다. 마치 연못에 돌멩이를 던졌을 때 물결이 퍼져나가는 것과 비슷하게, 열대 지역에서 나타나는 강한 대류 현상은 대기 중에 파동 운동을 유도하게 된다. 연못을 예로 들기에는 운동의 규모나 힘의 종류에서 차이가 크긴 하지만, 이렇게 강한 대류에 의해 나타나는 대기의 파동 반응은 열대 지역의 현상이 중위도와 같은 다른 지역에까지 영향을 미치는데, 이를 원격상관(teleconnection)이라고 한다. 이러한 파동 운동을 매개로 엘니뇨는 중위도 대기 순환에도 많은 영향을 미친다. 엘니뇨 시기에는 중태평양의 대류 운동이 활발해지므로 강수 또한 증가하게 되는데, 이러한 대류의 영향이 북쪽으로 전파되면서 고기압, 저기압과 같은 대기 흐름을 만들어 낸다. 이와 같은 기압 배치의 가장 대표적인 예는 PNA 패턴(Pacific North America Pattern)이다. 엘니뇨 시기의 PNA 패턴은 북태평양 고기압의 강화, 알루샨 저기압의 동쪽 이동 및 강화, 북아메리카 지역의 고기압성 배치를 의미한다. 이러한 기압 배치와 일치하게 태평양지역의 대기 상층의 제트 기류는 동쪽으로 확장되면서 강화된다. 이러한 기압 배치는 중위도 순환에 영향을 미친다. 엘니뇨는 여러 가지 원격 상관에 의해 전지구의

연합뉴스

연합뉴스

연합뉴스

연합뉴스

기후에 영향을 미친다.

엘니뇨와 관련하여 나타났던 기후 변동의 사례들은 다음과 같다. 엘니뇨 시기에는 적도 지역 중태평양의 강수가 증가하지만, 인도네시아와 필리핀, 북부 오스트레일리아의 강수는 감소한다. 이 지역의 강수 감소는 많은 산불 피해를 유발하기도 한다. 1997년 최악의 인도네시아 산불은 1997/1998년 금세기 최고 엘니뇨의 발생으로 그 지역의 강수가 현저히 감소하면서 피해가 커진 것으로 알려져 있다. 한편 북반구 겨울철에는 남동아프리카와 북부 남아메리카지역이 건조해지고 미국 남동 해안과 아르헨티나 해안, 중앙아프리카 동부와 페루 동안의 강수가 늘어나는 경향을 보인다. 또 극동아시아와 알래스카만을 비롯한 캐나다 동서 해안과 호주 남동부, 남아메리카 동안의 기온이 상승하는데 반해 미국 남동부의 기온은 하강한다. 이러한 변화는 엘니뇨와 관련된 PNA 패턴으로 설명될 수 있다. 엘니뇨와 관련하여 북반구 여름철에는 인도 몬순지역의 강수가 감소하고 카리브해와 호주의 강수 역시 감소한다. 반면 미 서부에는 강수가 증가하는 지역이 있다. 남아메리카 동서 해안과 카리브해에서는 기온이 증가한다. 또한 엘니뇨에 의해 변화된 해수면 온도와 대기의 대규모 순환은 태풍과 같은 열대성 저기압의 생성과 경로를 바꾸어 해일, 홍수와 같은 피해를 입힌다. 또한 변화된 수온은 생물권에 영향을 미친다. 가장 대표적인 예가 세계 5대 어장 중의 하나인 페루 앞바다의

엘니뇨에 의한 영향

엘니뇨는 대기의 대류 체계를 바꾸어 지역에 따라 가뭄, 산불, 폭풍해일, 홍수 등이 발생한다.

멸치어장이 파괴된 일이다. 북동태평양의 연어가 회귀하는 경로도 엘니뇨 시기에 북상하는 경향을 나타낸다. 이러한 변화는 주변의 생태계를 파괴한다.

영화 투모로우 (The day after tomorrow)의 포스터
지구온난화에 시달리던 지구기후가 갑자기 빙하기로 바뀌면서 뉴욕시가 얼음으로 뒤덮이는 기후변화의 대재앙을 소재로 한 영화다.

● 엘니뇨는 어떻게 발생하나?

엘니뇨는 광범위한 지역에서 해수 온도가 상승하는 현상이다. 이를 위해서는 엄청난 양의 에너지가 요구된다. 따라서 외부의 강제력이 전적으로 해수면 온도를 상승시키기는 어렵다. 1960년대 후반, 베어겐스는 대기와 해양의 양의 피드백(positive feedback)에 의해 해수면 온도가 발달한다고 제안하였으며, 그의 가설은 현재까지 일반적으로 받아들여지고 있다.

적도 태평양에는 대기-해양의 상호작용에 의해 강한 피드백이 존재한다. 동태평양의 해수면 온도가 증가하면, 대류 활동이 중태평양 쪽으로 이동한다. 이러한 변화가 대기 하층의 편동풍을 약화시켜, 서풍 아노말리(anomaly)가 발생한다. 이러한 서풍 아노말리는 동쪽의 수온약층을 깊게 만들어 준다. 수온약층의 깊어짐은 해수 혼합층 아래의 해수 온도가 증가함을 의미한다. 이렇게 증가된 해수면 온도는 용승에 의해 혼합층의 온도에 영향을 주게 되므로, 해수면 온도는 초기값보다 좀 더 증가한다. 증가한 해수면 온도는 강수, 바람장을 더욱 바꾸고, 동태평양의 수온약층도 더욱 깊어진다. 결과적으로 해수면온도의 추가적인 상승을 이끄는 것이다. 이러한 과정이 반복되면서 해수면 온도, 강수, 바람장, 수온약층의 깊이의 아노말리들은 엘니뇨 절정기가 될 때까지 계속 발진한다. 이와 같은 대기와 해양의 상호작용을 흔히 베어겐스 피드백이라고 한다. 이 피드백은 매우 강하기 때문에 초기의 작은 해수면 온도나, 무역풍의 감소 등도 엘니뇨의 발달로 이끌어 낼 수 있다. 반대로, 라니냐의 경우에도 부호는 다르지만, 베어겐스 피드백에 의한 같은 역학과정에 의해 음의 해수면 온도가 발달한다.

베어겐스 피드백에 의해 해수면 온도가 발달하지만, 해수면 온도의 상승이 무한히 지속될 수는 없다. 대기의 비선형성과 해양의 적응 과정이 엘니뇨 발달의 반대 방향으로

엘니뇨 시기에 북반구 겨울철과 여름철의 전 지구 기후에 대한 영향 모식도

엘니뇨 시기에 전 세계의 기후가 영향을 받고 있음을 알 수 있다.

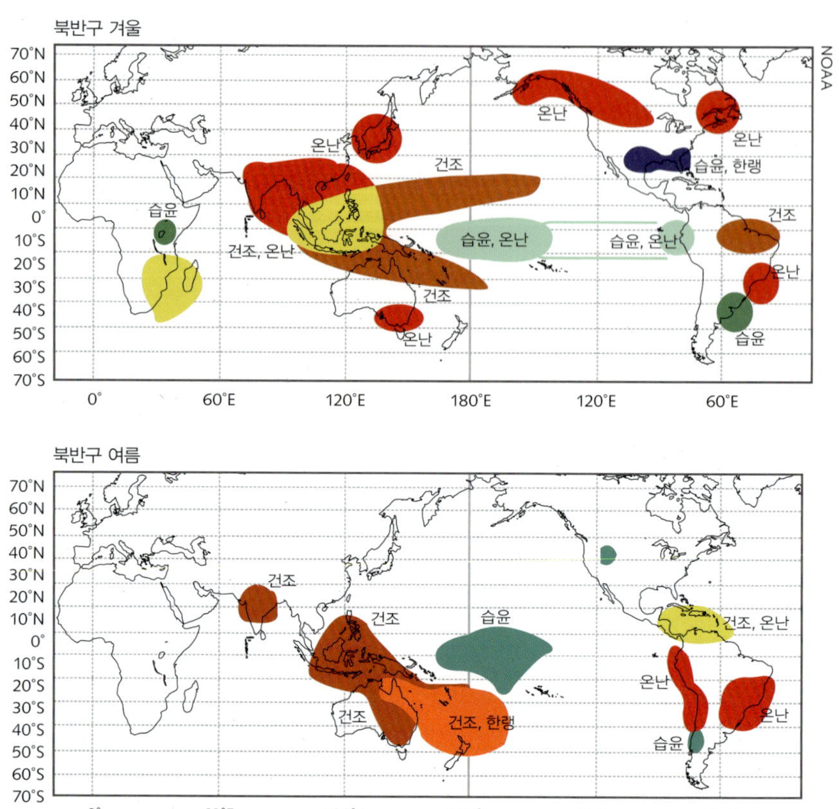

작용하기 때문이다. 엘니뇨에서 라니냐로의 전이 과정에 대해서는 여러 가지 이론이 제안되어 왔다. 그중 질량 교환 진동자(Recharge Oscillator) 이론이 실제적인 역학 과정에 가깝다는 견해가 우세하다.

질량 교환 진동자 이론에 의하면, 엘니뇨에서 라니냐로의 전이 과정은 다음과 같다. 엘니뇨 시기에는 강한 서풍 아노말리에 의해 서태평양에서 축적된 따뜻한 해수가 동태평양으로 재분포된다. 따라서, 평년에 비해 서태평양에서는 수온약층이 얕아지고, 동태평양에서는 수온약층이 깊어진다. 이는 곧 서태평양에서는 수압이 낮아지고, 동태평양에서는 반대로 높아짐을 의미한다. 이러한 기압 배치는 코리올리 힘과 균형을 이루면서 지균류(지형류)를 유도한다. 코리올리 힘이 적도를 지나면서 부호가 바뀌기 때문에, 지균류는 북반구에서 북쪽으로, 남반구에서 남쪽으로 흐르는 해류로 나타나게 된다. 결과적으로 적도상에서는 해수의 발산이 이루어지므로, 상층 해양의 따뜻한 해수들이 아열대 지역으로 이동하게 된다. 이러한 현상은 적도 전체적인 수온약층의 감소를 의미하므로, 해수 온도의 감소를 초래하는 음의 피드백 역할을 하게 된다. 엘니뇨가 진행하면서 해수면 온도가 증가할수록, 서풍 아노말리의 크기가 증가하기

때문에 해수의 이동도 커진다. 결과적으로 이러한 작용은 베어겐스 피드백을 방해하는 역할을 해서, 동태평양 해수면 온도의 계속적인 상승을 저해한다.

이와 같은 효과가 베어겐스 피드백보다 강해지게 되면, 그때부터 엘니뇨는 성장을 멈추고 소멸하기 시작한다. 소멸하는 과정에서도 따뜻한 해수면 온도와 서풍 아노말리는 약해지기는 하지만 계속 존재하기 때문에, 적도에서의 발산은 계속 진행된다. 동태평양의 해수면온도가 점차 소멸하여 해수면 온도와 무역풍이 평년 상태로 돌아오면, 적도에서의 해수 발산은 멈춘다. 하지만 적도에서 해수의 양은 평년에 비해 이미 감소한 상태이다. 즉 적도상의 수온 약층은 평년에 비해 얕아져 있다. 이러한 수온약층은 라니냐 발달의 메모리로 작동한다. 즉 얕은 수온 약층은 동태평양의 해수면 온도의 감소를 유도한다. 동태평양에 음의 해수면 온도가 나타나면, 대기와 해양의 상호작용에 의한 베어겐스 피드백에 의해 해수면 온도가 점차 발달하여 라니냐가 발생한다. 라니냐 시기에는 무역풍이 강화되면서, 따뜻한 해수가 동태평양에서 서태평양 쪽으로 재분포된다. 엘니뇨와 반대로 서태평양에서 고해수압 아노말리가 형성되고, 동태평양에서 저해수압 아노말리가 형성되는 것이다. 이러한 기압 배치에 의해 유도된 지균류는 아열대 지역에서 적도로 해수를 이동시킨다. 이러한 해수운동이 강해짐에 따라, 라니냐는 절정기에서 쇠퇴기로 진행된다. 쇠퇴기에도 동태평양의 해수면 온도가 평년 상태로 돌아올 때까지 적도지역으로의 해수 유입은 계속된다. 따라서, 해수면 온도가 평년 상태로 돌아오면, 적도상에는 따뜻한 해수가 많이 유입되어 평년보다 수온약층이 깊어진다. 이러한 수온약층은 다시 엘니뇨의 발달을 유도한다. 이와 같이 대기-해양의 상호 작용과 해양의 적응 과정에 의해 엘니뇨와 라니냐는 반복해서 나타난다.

NOAA

열대 해양-대기 관측 부이

미국을 중심으로 엘니뇨 관측을 위해 태평양의 적도를 따라 해양-대기 관측 부이를 운영 중이다.

이산화탄소와 해양

해양은 대기로 방출된 이산화탄소를 흡수하고 저장함으로써
대기 중의 이산화탄소 농도를 조절하고 있다.

강동진 한국해양과학기술원

산업 시기 이전인 1750년경, 대기 중의 이산화탄소 농도는 수천 년 동안 280±10ppm이었지만, 그로부터 매년 약 0.35%씩 계속 증가하여 1999년에는 367ppm에 도달하였다. 이것은 시멘트 생산, 화석연료의 연소와 같은 산업활동에 의한 결과이다. 대기 중 이산화탄소 농도는 산업혁명 이전보다 25% 증가했는데, 만약 이러한 추세로 이산화탄소 농도가 증가한다면 21세기 중반에는 산업혁명 이전 농도의 두 배가 될 것으로 추정된다.

전 지구 탄소순환은 지구 기후 시스템에서 차지하는 비중이 크다. 또한, 사람들의 활동으로 탄소순환이 크게 바뀌기 때문에 현재 주목을 받고 있다. 탄소순환에 대한 인간 활동의 잠재적인 영향과 기후변화에 미치는 영향에 대해서는 1896년 스웨덴의 화학자 아레니우스(Svante Arrhenius)의 연구가 최초이다. 그는 대기의 이산화탄소가 온실효과의 중요한 요인이고 이들이 화석연료를 태울 때 나오는 부산물이라는 것을 밝혀냈다. 그는 심지어 대기 중의 이산화탄소가 두 배가 되면 기온이 4.5도 상승할 것으로 계산했는데 놀랍게도 이것은 최근 슈퍼컴퓨터를 작동하여 얻어낸 3차원 기후 모델의 수치와 가깝다.

1990년대 전 지구의 탄소 수지 계산서 (IPCC 보고서, 2007)

배출원	화석연료 연소 및 시멘트 생산	6.4 ± 0.4 Gt/yr
	산림 연소 및 토양 유실	1.6 ± 1.1 Gt/yr
제거원	대기 누적	3.2 ± 0.1 Gt/yr
	해양 흡수	2.2 ± 0.4 Gt/yr
	행방불명	2.6 ± 1.7 Gt/yr

KIOST

산업혁명 이후 지속적으로 증가하고 있는 대기 중 이산화탄소는 주로 석탄, 석유 등의 화석 연료의 연소에 기인한다.

그로부터 60년 뒤 미국의 해양학자 뢰벨(Roger Revelle)은 인류가 대기로 점점 더 많은 이산화탄소를 배출함으로써 기후시스템에 대한 대규모 실험을 하고 있다고 말했다. 그가 깨달은 한 가지 문제점은 이 실험에서 나올 수 있는 결과에 대해서 우리가 무지하다는 것이었다. 그래서 그는 대기의 이산화탄소 농도를 감시하기 시작하는 것이 현명하다고 결정했다. 1950년대 후반에 뢰벨과 그의 동료 킬링(Charles Keeling)은 하와이의 마우나로아(Mauna Loa) 관측소에서 대기의 이산화탄소 농도를 감시하기 시작했다. 이 마우나로아의 기록은 전 세계의 이목을 끈 전 지구적 변화에 대한 극적인 신호였다. 왜냐하면 그것은 우리가 실시한 실험이 명백히 전 지구 탄소순환에 심각한 영향을 주고 있다는 것을 보여주었기 때문이다. 2007년 기후변화에 관한 정부간 패널(Intergovernmental Panel on Climate Change, IPCC) 보고서는 이러한 인류의 실험 결과를 통해 대기로 방출된 이산화탄소가 어떻게 되었는지 예측하였다.

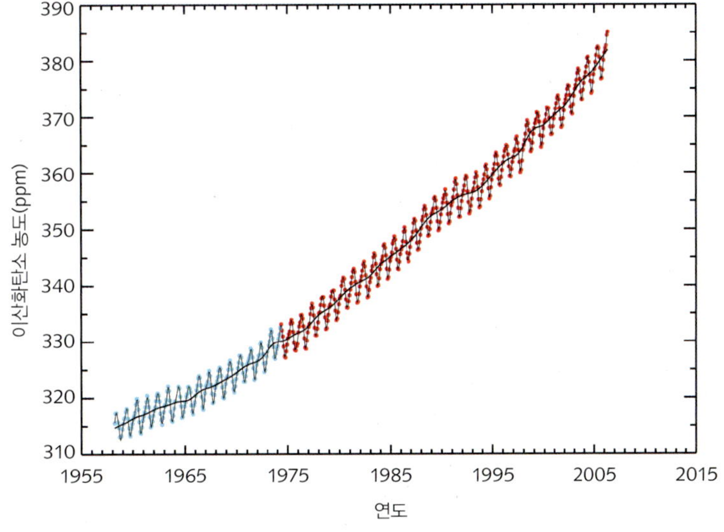

하와이 마우나로아 관측소에서 관측된 대기 이산화탄소 농도 변화

관측이 시작된 1957년부터 대기 중의 이산화탄소 농도는 계절변화와 더불어 지속적으로 증가하고 있다.

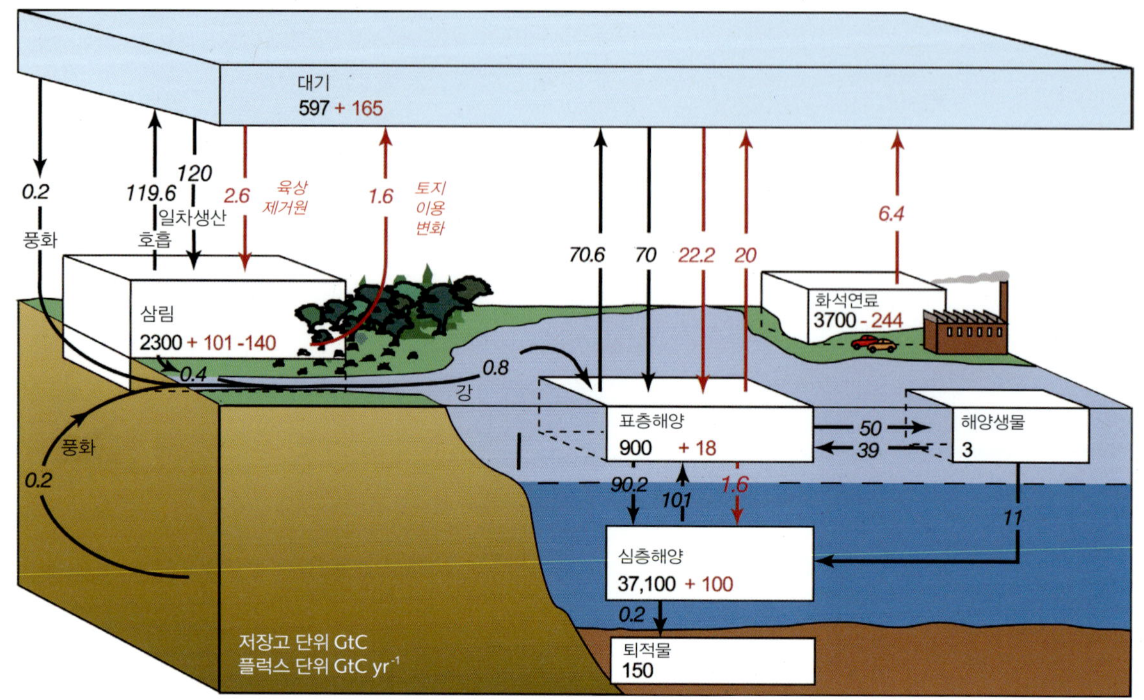

전 지구 탄소순환 모식도

인간 활동에 의한 탄소의 흐름을 붉은 색으로 표시하였다.

● 지구의 탄소순환

지구 상에 존재하는 탄소의 최대 저장고는 암석권이다. 막대한 양의 탄소가 탄산염 또는 유기물로 저장되어 있다. 암석권의 탄소는 화산가스로 대기와 해양에 분출되거나 육상의 풍화작용에 의하여 해양에 유입된다. 암석권의 탄소 저장량은 해양보다 수천 배 이상 크지만, 탄소순환은 수천만 년 이상의 시간이 필요하다.

육상생태계는 광합성을 통해 이산화탄소를 유기물질로 변환시킨다. 생성된 유기물은 분해되면서 이산화탄소를 다시 대기로 되돌려 보낸다. 화석연료는 암석권 탄소의 일부로 산업혁명 이전에는 탄소순환에 기여하지 않았으나, 산업혁명 이후 화석연료가 인류에 의하여 다량으로 사용되면서 탄소순환에 큰 역할을 하게 되었다.

● 해양의 탄소순환과 다양한 탄소 펌프들

해양 탄소의 공급은 대기의 이산화탄소가 표층 해수로 녹아들면서 시작된다고 볼 수 있다. 대기-해양 간에서 이산화탄소의 이동방향은 대기-해양 간의 이산화탄소의 농도 차이에 의하여 정해진다. 기체의 농도는 분압으로 나타낼 수 있으므로 대기의 이산화탄소 분압이 해양표면의 이산화탄소 분압보다 높아지면, 대기에서 해양으로 이산화탄소가 이동한다. 역으로 해양표면의 이산화탄소 분압이 높아지면 해양에서 대기로 이산화탄소가 방출된다. 이때 바람의 세기와 해수의 온도 및 염분 등이 얼마나 빨리 대기와 해양 사이의 이산화탄소를 교환하는가를 결정하게 된다.

이렇게 대기로부터 바다로 들어온 이산화탄소는 다양한 과정을 거쳐서 순환하게 된다. 해양에서의 다양한 탄소순환 과정에는 각각 펌프라는 이름이 붙어 있는데, 앞에서 설명한 대기로부터 해수의 이산화탄소 유입을 '용해 펌프(solution pump)'라 일컫는다.

일단 해수로 들어온 탄소는 크게 두 가지 경로를 통해 심층으로 이동하게 된다. 첫 번째 경로는 생물에 의해 심층으로 이동하는 것으로 이를 '생물 펌프(biological pump)'라 부른다. 해양의 표층에서는 해양의 일차생산 (식물플랑크톤이 태양 에너지를 이용하여 광합성하여 해수 중의 무기 탄소를 유기물로 변화시키는 일)을 통해 유기물 형태로 변환된 탄소가 해양의 먹이사슬을 따라 고차원 영양단계로 이동하면서, 배설물 또는 생물의 유해들이 중력에 의하여 심층으로 떨어지게 된다. 1,000m 정도 하강하는 동안 대부분의 유기물은 산화 분해되고, 극히 일부분의 유기물만이 해저에 도달한다. 또한, 해양에는 유공충과 같이 탄산칼슘 껍질을 가진 생물들이 많이 존재하는데, 이들이 자신의 껍질을 만들 때 사용한 탄소가 죽은 후 심층으로 가라앉는다. 이러한 탄산칼슘은 통산 3,000~4,000m의 심층수에서 용해된다. 생산력이 높은 표층해역에서는 일반적으로

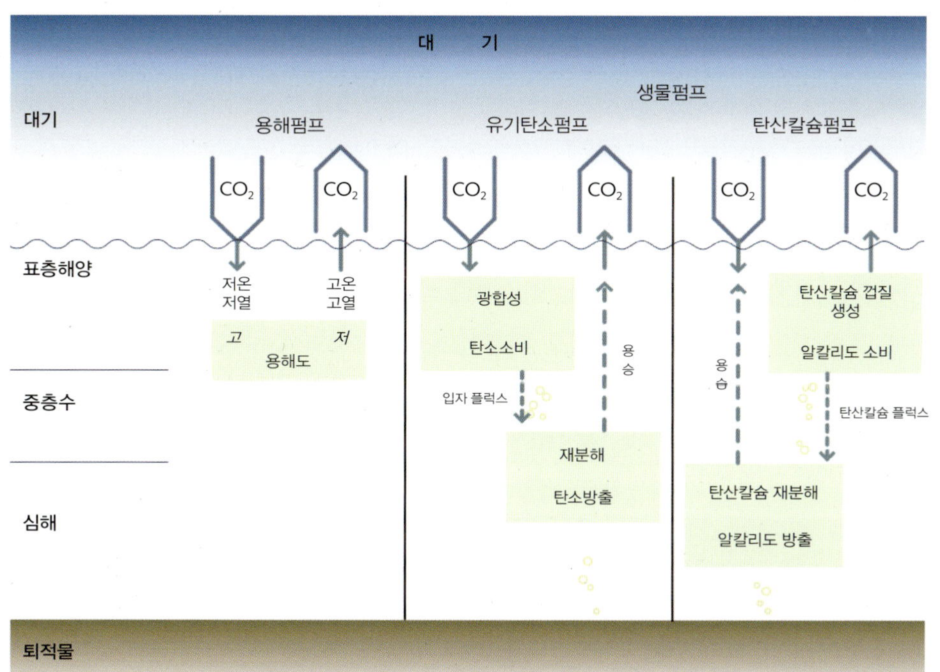

다양한 해양의 탄소 펌프

대기로부터 해양으로 유입된 이산화탄소는 여러 가지 펌프작용을 통해 해양 내에서 순환 과정을 거친다.

생물펌프의 작용이 강하다. 전 세계의 해양에서 약 10Gt/yr의 탄소가 생물펌프에 의하여 해양의 표층에서 심층으로 운반되는 것으로 추정한다.

또 다른 경로는 해수 속에 녹은 탄소가 표층에서 심층으로 이동하는 해수를 따라 이동하는 것인데 이는 주로 극지방 등 심층수가 형성되는 지역에서 일어나며 '역학 펌프(dynamic pump)'라 부른다.

해수의 무기탄소의 총량인 총무기탄소의 농도는 북대서양이 가장 낮고, 남대서양, 인도양, 남태평양, 북태평양 순으로 증가한다. 이러한 농도 증가는 전 해양을 잇는 정상적인 심층의 흐름에 따른 역학 펌프로 설명할 수 있다. 심층순환은 겨울철에 추운 지역에서 냉각되어 생성되는 고밀도의 표층수가 해양 심층으로 가라앉는 현상인데, 북대서양 북부해역과 남극해에서 가라앉은 해수를 각각 북대서양 심층수와 남극 저층수라 부른다. 북대서양 심층수는 대서양을 남하하여 남극 저층수와 합류한 후 인도양, 남태평양에서 북대서양의 심층으로 흘러간다. 심층수가 공급원에서 멀어질수록 심층수 중에는 생물펌프의 작용으로 운반된 무기탄소가 축적된다. 연령이 낮은 대서양 심층수는 탄소를 축적할 시간이 없기 때문에 총무기탄소 농도가 낮고, 연령이 높은 북태평양 심층수에는 총무기탄소 농도가 높아지는 것이다.

● 이산화탄소의 방출과 흡수

해역에 따른 해양표층수의 이산화탄소 분압은 대기 이산화탄소 분압과 다르다. 표층수의 이산화탄소 분압이 높은 해역은 주로 적도 지역에 집중되어 있다. 적도 부근에는 총무기탄소와 영양염이 풍부한 심층수가 상층에서 공급된다. 생물펌프가 가동되고 있지만, 적도 부근의 수온은 매우 높기 때문에 온도 상승에 따른 이산화탄소 분압의 증가가 현저히 일어난다. 실측한 표층수의 이산화탄소 분압이 대기에 비하여 높은 것은 심층수의 용승과 그 온도 상승에 의한 이산화탄소 분압이 생물펌프 작용보다 우월하기 때문이다. 이에 비하여 표층수의 이산화탄소 분압이 대기보다 낮은 곳은 북대서양과 남반구의 고위도 해역이다. 이들 해역에는 열대해역에서 고온의 표층수가 유입되어 온도저하에 따른 이산화탄소 분압은 떨어진다. 또한, 심층수의 상승도 일어나 무기탄소 및 영양염이 풍부하게 표층수에 공급된다. 표층수의 일차 생산력은 높아지고, 생물펌프에 의한 표층에서 심층으로서의 탄소 플럭스도 크다. 이들 효과가 심층으로부터의 무기탄소 공급량을 초과하기 때문에 표층수의 이산화탄소 분압은 대기보다도 낮아지는 것이다.

대기와 해양 간의 이산화탄소 이동량은 대기-해양 간의 기체 교환계수와 분압차에 의하여 계산할 수 있다. 풍속 자료와 기체 교환계수의 관계를 여러 가지 방법으로 추정한

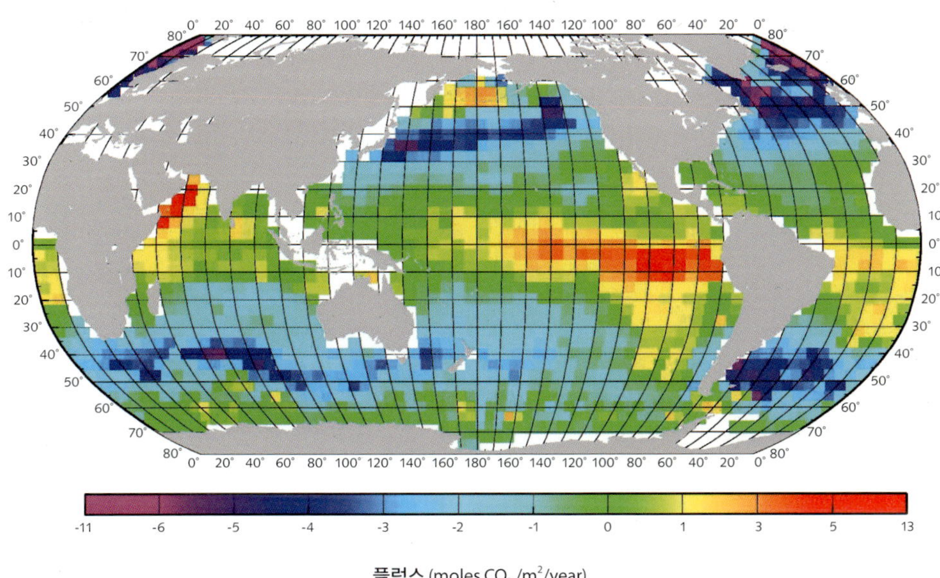

대기-해양간의 이산화탄소 플럭스

적도 지방은 주로 해양에서 대기로 이산화탄소를 방출하고 중위도 지방은 반대로 해양이 대기로부터 이산화탄소를 흡수한다.

결과에 이산화탄소 분압을 곱하고 각 해양의 이산화탄소 플럭스를 구하면 해양에서 대기로 방출한 이산화탄소는 연간 1.8Gt(1Gt : 10억 톤)이 된다. 대기에서 해양으로 흡수된 양은 연간 3.4Gt이다. 따라서 연간 1.6Gt의 탄소가 대기에서 해양으로 흡수되는 것이다. 이 양은 화석연료에 의하여 방출되는 이산화탄소의 약 30%에 해당한다.

IPCC의 보고에 의하면, 지난 30여 년간에 이산화탄소의 증가량은 화석연료 소비량에 비례하는 것으로 나타났으며, 화석연료 소비로 방출되는 이산화탄소는 6.4Gt/yr이고, 대기 중 이산화탄소의 증가량은 4.1Gt/yr이다. 따라서 방출량과 흡수량의 차이는 2.3Gt/yr이다. 화석 연료만이 대기 중 이산화탄소 증가의 원인이라고 한다면, 화석연료에서 방출되는 이산화탄소 중에서 대기에 남는 64%를 제외한 36%는 해양이나 삼림에 흡수되는 것이다. 화석연료만이 방출원이고 해양이나 삼림은 흡수원으로 작용하고 있는 것이 확실하다면, 해양과 삼림이 화석연료에서 방출되는 이산화탄소의 36%를 흡수하는 것은 어렵지 않기 때문이다.

하지만 삼림생태학자들은 삼림이 흡수원이 아니라 방출원이라고 주장한다. 삼림이 파괴되어 없어져 버리면, 수목에 함유된 유기물이 산화되어 이산화탄소로 변하여 대기로 방출된다. 그러나 삼림에서 방출되는 이산화탄소의 양을 추정하는 것은 매우 어렵고 연구자에 따라 큰 차이를 보이고 있다. 삼림에서 방출되는 양은 1.6Gt/yr으로 추산되고 있는데, 화석연료에서 방출되는 양은 6.4Gt/yr이고, 삼림에서의 방출량을

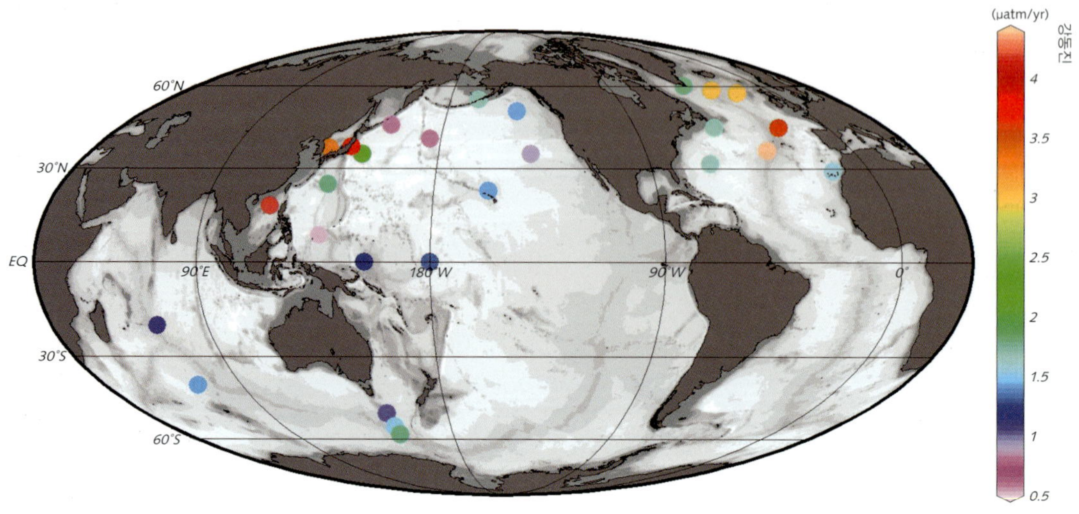

표층 해양의 이산화탄소 증가율
해양의 이산화탄소는 지속적으로 증가하고 있지만 그 속도는 주로 북반구 중위도 지방이 높다. 이는 아마도 해양의 이산화탄소 증가가 인간 활동에 의한 것이라는 증거이다.

합산하면 8Gt/yr이 된다. 탄소량 8Gt/yr은 이산화탄소 농도 약 4ppm에 해당한다. 그래서 실제로 관측되는 연간 1.8ppm의 증가는 전 방출량의 약 45%에 해당하는 것으로 계산된다. 이 경우 삼림은 틀림없는 방출원이므로 나머지 55%는 모두 해양에 흡수된다는 것이다.

여기서 문제가 되는 것은 해양이 대기에 방출된 총 이산화탄소의 55%를 흡수할 수 있는가 하는 점이다. 대기와 해양 간의 이산화탄소 교환이 거의 평형에 도달하는 충분히 긴 시간으로 볼 때, 해양의 흡수 능력은 55%보다 큰 것으로 알려져 있다. 문제는 최근 30년간 혹은 100년 동안의 시간에는 어떠한가 하는 것이다. 대기와 해양간의 이산화탄소 교환모델에 의하면, 약 100년간의 세월에는 해양이 화석연료에 의하여 대기에 가해진 이산화탄소의 30% 정도를 흡수할 수 있는 것으로 나타나 있다.

사라진 이산화탄소

인간활동으로 방출된 이산화탄소의 약 45%는 대기의 이산화탄소 농도를 증가시키고, 약 30%는 해양에 흡수되며 아한대의 수림의 재성장에 약 7% 정도가 사용된다. 그렇다 하더라도 약 18%의 이산화탄소는 행방불명되는 것이다. 이산화탄소가 대기권 밖으로 도망가거나 분해될 리는 없으므로 해양의 흡수량이 더 많던가, 육상 생태계의 어느 곳엔가 흡수원이 있다는 것을 의미한다. 지금까지는 열대림 파괴에 따른 이산화탄소의 방출이 강조되었지만, 열대림의 흡수량은 더 크다는 의견도 있다. 이것은 대기 중 이산화탄소 농도의 증가에 따라 식물의 성장이 촉진된다는 실험 결과가 뒷받침하고

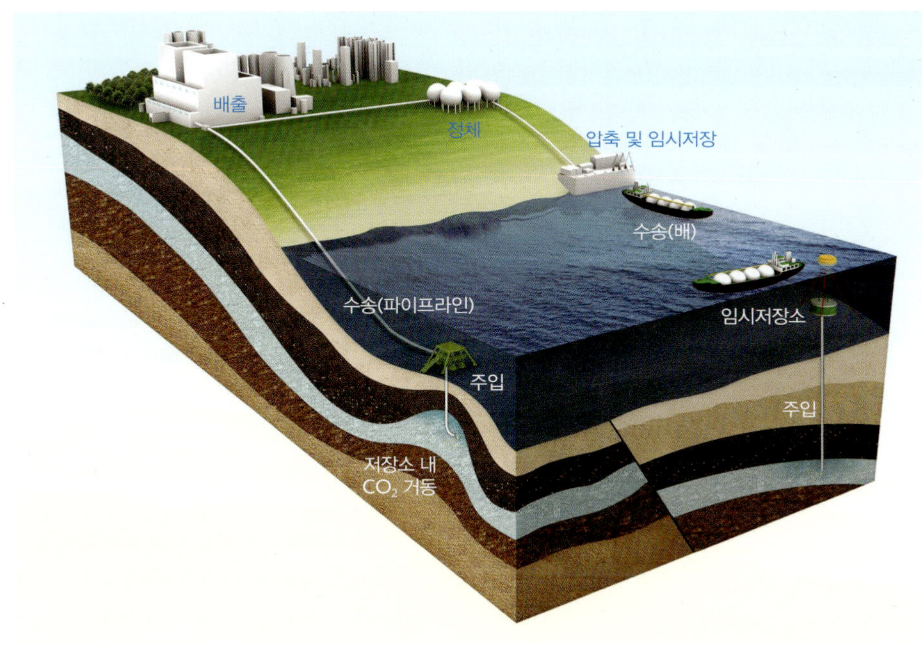

강성길

이산화탄소 해저 지중 저장을 위한 수송 및 저장 시나리오

있다. 또 토양중의 유기물 축적량이 더 크다는 주장도 있으며, 북태평양의 중층수 형성이 대기 중의 이산화탄소의 흡수에 큰 역할을 한다는 설도 있다. 전 지구적인 이산화탄소 모델에서 제외된 대륙붕 해역의 역할이 강조되기도 하면서 사라진 이산화탄소를 찾는 노력이 활발히 진행 되고 있다.

● 인간이 만든 탄소의 또 다른 저장소

국제에너지기구(IEA)는 2050년경까지 지구의 기후변화를 2.5도 이내로 완화시키기 위해서는 전체 온실가스를 감축해야 하는데, 이 때 이산화탄소 포집 및 저장(Carbon dioxide Capture and Storage, CCS)기술이 온실가스의 약 19%를 감축하는 효과를 가져올 것으로 전망하고 있다. 발전소, 제철소 등에서 배출되는 이산화탄소를 대량으로 감축할 수 있는 이산화탄소 포집 · 저장 기술은 교토의정서 이후의 체세하에서 대규모 온실가스 감축수단으로 전 세계의 주목을 받고 있다. 이에 따라 여러 나라들이 이러한 이산화탄소의 저장고로 바다를 주목하고 있으며 우리나라에서도 안전하고 환경 친화적인 이산화탄소 포집 · 저장 기술의 개발 및 보급을 위하여 2011년부터 이산화탄소의 해저 지중 저장을 위한 수송 및 저장 관련 핵심기술을 개발하고 있다. 이러한 연구 개발이 성공적으로 수행된다면 인간이 만들어낸 이산화탄소가 전 지구적인 환경 변화의 주범이라는 걱정으로부터 당분간은 자유롭지 않을까 작은 기대를 해 본다.

해양 산성화

해양 산성화는 산성도의 증가로 인해
대기로 방출되는 이산화탄소의 완충기능 저하,
해양생태계의 변화, 수산자원의 감소 등을 초래한다.

주세종 한국해양과학기술원

산업혁명 이후 급격히 증가한 대기 중 이산화탄소(CO_2)의 약 1/4 이상이 해양으로 흡수되면서 해수의 수소이온 농도가 증가하여 해수의 pH가 낮아지게 되는 현상을 통상적으로 '해양 산성화(ocean acidification)'라 부른다. 그러나 실제로 해양의 pH 수치가 일반적으로 산성이라 일컫는 7 이하로 내려가서 산성화되는 것이라고 혼돈해서는 절대 안 된다. 해수의 pH가 7 이하로 내려가는 것은 현실적으로 거의 불가능하기 때문이다. 즉, 해양 산성화가 일어나더라도 해수는 절대 산성으로 변하지 않는다. 그럼에도 우리는 해수의 pH 감소과정과 이에 파생되는 영향을 적절히 표현하기 위해 '해양 산성화'라는 용어를 사용한다.

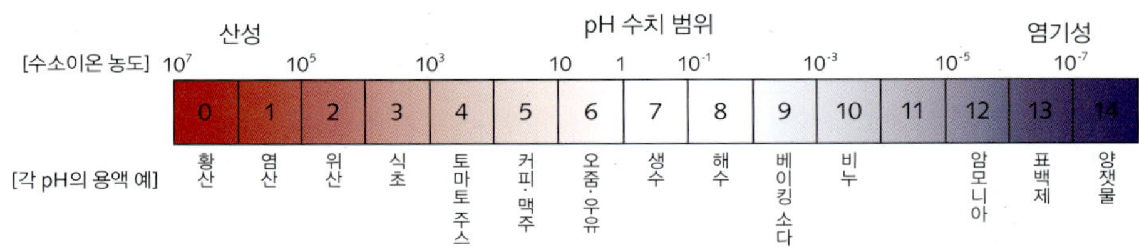

수소이온 농도에 따른 pH 값 및 각 pH 값에 대표되는 용액의 예

● 대기 이산화탄소 증가와 해양 산성화

산업혁명 이후 해양의 산성도는 약 30% 증가하였다. 대기 이산화탄소 농도가 지금과 같은 추세로 지속적으로 증가한다면 21세기 말에는 pH가 0.2~0.4 정도 낮아질 것으로 추정되고 있다. 지질학적 기록에 따르면 해양 산성화는 이미 과거에 수차례 발생하였으며, 약 5천5백만 년 전에 발생했던 해양 산성화는 탄산칼슘을 골격으로 하는

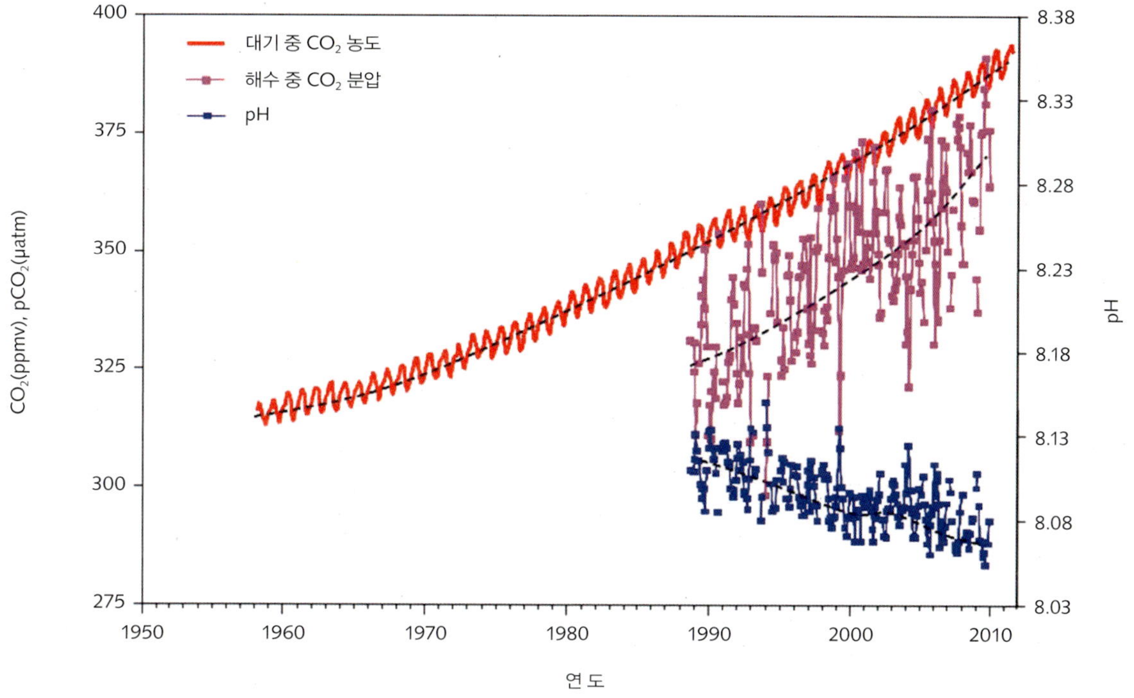

최근 50년간 북반구 대기 및 해수의 이산화탄소 농도와 해수 pH 변화
하와이 마우나로아(Mauna Loa)와 하와이 근해 알로하(ALOHA) 정점에서 관측된 자료로 대기 중 이산화탄소 증가와 해양 산성화를 잘 보여준다.

해양생물들의 대량 멸종과 연관되어 있다. 이 산성화는 수백만 년에 걸쳐 서서히 진행되었음에도 불구하고, 산호초가 이로부터 회복하는 데에는 백만 년 이상이 걸렸다. 현재 해양의 pH는 0.1 정도 낮아졌는데, 이는 산업혁명 이후 약 250년 동안 진행된 것으로 과거의 산성화보다 약 100배 이상 빠르게 진행되고 있는 추세이다. 현재와 같은 속도로 산성화가 진행된다면 몇 세기 안에 열대 해역에서는 산호가 사라지고 대부분 극지해역에서도 탄산칼슘 골격을 가진 해양생물의 골격이 녹기 시작할 것이다. 이러한 변화는 궁극적으로 먹이사슬과 생물 다양성, 수산자원에도 심각한 영향을 미치게 될 것이다.

해양의 이산화탄소 흡수량은 해수온이 낮아질수록 흡수율이 더 높아지는 관계를 맺고 있다. 그러므로 국지적으로 산성화 정도의 차이가 나타나게 되어 해수온이 낮은 극지방이나 심층수가 표층으로 용승하는 해역에서는 해양 산성화가 더욱 심각할 수 있다. 아직 대기 중의 이산화탄소 증가로 인한 기후변화 영향(온난화)에 대해서는 많은 것들이 불확실하지만, 이러한 대기 중 이산화탄소 증가로 인한 해수의 산성화는 현재 진행되고 있으며, 미래 대기의 이산화탄소 변화 양상에 따른 예측도 가능하다.

그러나 지구의 온도를 내리고 이산화탄소를 제외한 온실가스양을 낮춘다고 하더라도 해양 산성화가 멈추는 것은 아니다. 해양 산성화는 기후보다는 과다한 이산화탄소의

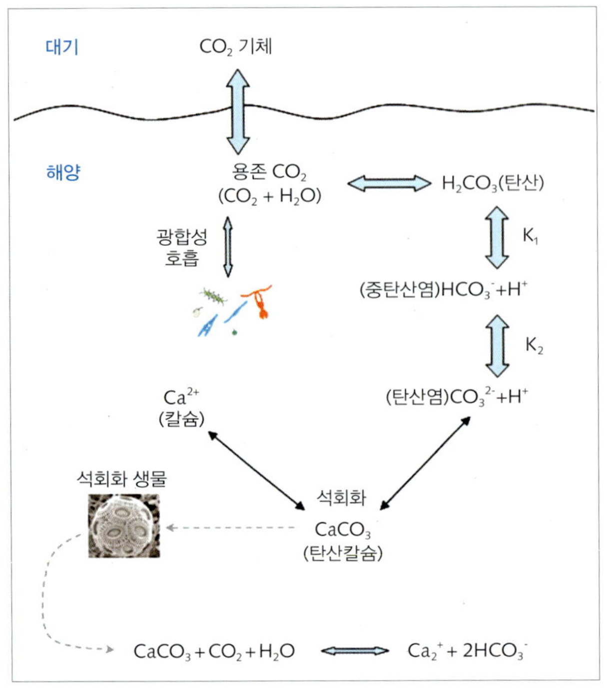

대기 중 이산화탄소의 해양 용존 및 해양에서의 해수 탄산염 화학

복잡한 연쇄 화학 반응 및 화학 평형 : K_1, K_2는 탄산과 중탄산염 해리(解離)평형 상수로서 해수의 물리, 화학적 특성에 영향을 받는다.

배출로 인하여 발생하는 또 다른 환경 문제이다. 또한, 해양 산성화는 해양의 대기 이산화탄소 흡수 능력을 저하시켜 대기 중 이산화탄소 농도의 안정화를 더욱 어렵게 할 것이다. 최근 온실가스 방출 저감을 위한 협의에서 해양 산성화도 하나의 의제로 포함되어야 한다는 주장이 설득력을 얻고 있다.

● 해양 산성화의 생물 및 생태적 영향

해양이 대기 중의 이산화탄소를 흡수함으로 인해 1차적으로 발생하는 현상은 해수 내의 용존 이산화탄소량의 증가이며, 2차적 현상은 pH의 감소, 즉, 산성도의 증가이다. 두 현상을 구분하여 생물이나 생태계에 일어날 변화를 다루는 것은 쉽지 않다. 하지만 굳이 구분한다면 1차적으로 발생하는 해수 중 용존 이산화탄소량의 증가는 어류 등을 포함한 전반적인 해양생물의 호흡이나 에너지 저장, 소모 등 생리, 생태에 영향을 주게 될 것이며, 2차적 현상인 pH의 변화는 탄산칼슘을 골격으로 하는 생물들에게 직접 심각한 영향을 주게 될 것이다. 특히, 이러한 2차적 현상에 따른 생물 영향에 관한 다수의 연구는 산호초 등 즉각적이고 가시적인 타격을 입는 해양생물을 중심으로 진행 중이다. 그러나 해양 산성화 외에도 온난화 등과 같은 다른 환경요인들도 상존하고 있으므로 현장에서 해양 산성화가 해양생물 및 생태계에 직접 미치는 영향만을 파악하기는 쉽지 않다. 현재 가장 우려되는 것은 해양 산성화가 지속적으로 진행될 경우 탄산칼슘을 골격으로 하는 생물이 생존할 수 있는가의 여부이다. 우선 탄산칼슘으로 형성된 껍질이나 골격은 그 구조나 성분에 따라 크게 두 종류인 산석(霰石, aragonite)과 방해석(方解石, calcite)으로 구분된다. 산석을 골격으로 하는 대표적인 해양생물들에는 산호초 및 익족류(pteropods)가 있으며, 방해석을 골격으로 하는 대표적 생물로는 유공충(foraminifera) 및 석회비늘편모조류(coccolithophorids)가 있다. 또한 성게, 해삼, 불가사리 등의 극피동물 및 일부 산호말류 등은 방해석으로 골격을 형성하고 있다.

특히 중요한 것은 해양에서 이들 두 가지 형태의 탄산칼슘은 그 포화도(Ω)와 포화 수심이 해수의 물리 · 화학적 특징에 따라 해역별로 큰 차이를 보이고 있다는 것이다. 예를 들면 한국 동해의 방해석 포화 수심은 산업혁명 이후 약 500~700m 상승하여,

현재 약 수심 1,000m 수준을 유지하고 있는 것으로 관측되고 있다. 포화 수심이 얕아진다는 것은 탄산칼슘을 골격으로 하는 생물이 서식할 수 있는 수심이 점점 얕아짐으로써 그들이 서식할 수 있는 공간이 점점 줄어들게 됨을 의미한다. 이렇게 산성화가 진행되면 위와 같은 일부 생물들의 성장과 발달에 장애가 될 뿐만 아니라 궁극적으로는 멸종 위기에 처할 수도 있다.

또한, 해수가 산성화되면 10KHz 이하의 저주파 음파의 흡수율이 약화되어, 선박 엔진 및 군사용 음파 소음 등이 해수 중에 쉽게 전달된다. 이로 인해 음파를 이용하여 서로 소통하고 먹이를 찾는 해양 포유류, 특히 고래와 돌고래 등은 생활에 심각한 영향을 받게 될 것으로 예상된다.

한편, 매우 제한적이지만 해양 산성화로 인해 혜택을 보는 해양생물들도 있다. 예를 들어 빈영양해역에 서식하는 일명 시아노박테리아 또는 남조류라고도 불리는 질소고정 미생물인 *Trichodesmium*의 질소고정률은 산성화와 함께 증가하며 골격이나 외피를 석회질로 형성하지 않는 불가사리 종(*Pisasater ochraceus*)의 성장도 증가하는 것으로

해양 산성화로 심각한 영향을 받게 될 것으로 예상되는 대표적 탄산칼슘 골격 형성 생물군

① 유공충, ② 익족류, ③ 성게, ④ 홍합, ⑤ 굴, ⑥ 고동, ⑦ 산호, ⑧ 게, ⑨ 바다가재

전 지구 해양 방해석 및 산석 포화 수심 분포

산석의 포화 수심이 방해석에 비해 깊은 곳에 존재한다. 방해석과 산석에 대한 해수 중의 포화도는 칼슘과 탄산염의 농도와 해수의 주어진 온도, 염분, 압력 조건 하에서의 화학적 평형상태의 용존 생산물로 나누어 구해진다. 포화도가 1인 경우 해수에 포화 상태로 용존되어 있으며 만약 포화도가 1보다 크면 과포화되어 있어서 침전현상이 일어난다는 걸 의미한다.

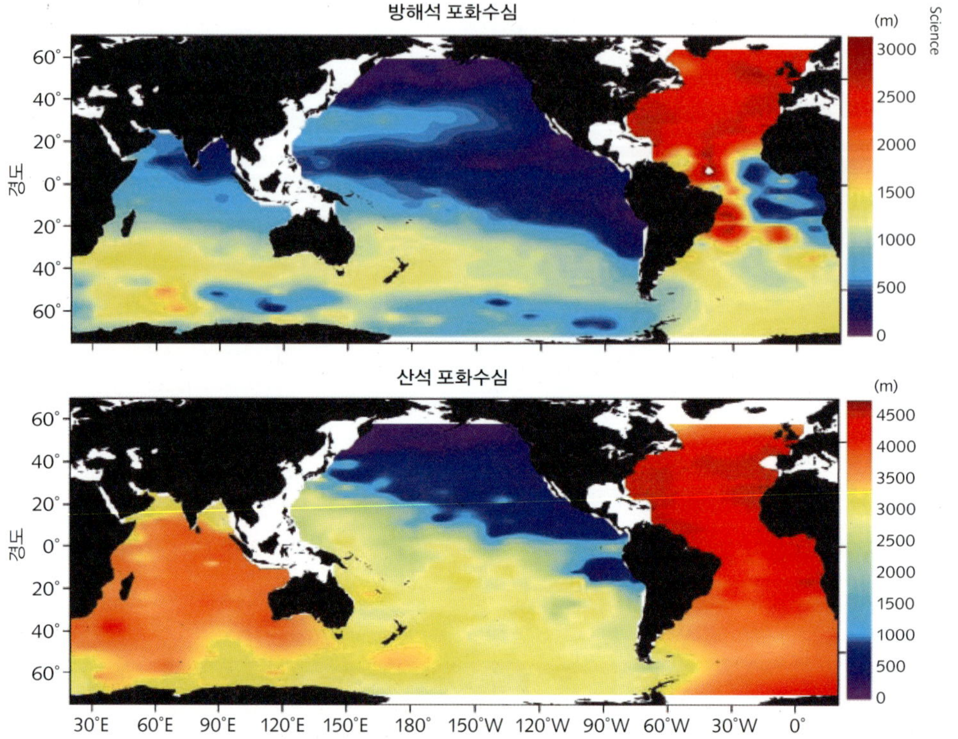

보고되고 있다.

그러나 이러한 산성화의 직접적인 영향 외에 생물 또는 생태계 구조 및 기능에 미치게 될 간접적인 영향을 평가하고 예측하는 것은 이보다 훨씬 더 복잡하고 어렵다. 물론 산성화가 생물체에 미치는 영향에 대한 연구는 다양한 해양생물을 대상으로 진행되고 있지만 대부분이 단일 종을 대상으로 한 산성화 정도, 이산화탄소의 농도, 수온 중 한 가지 환경적 요인에 대해서만 수행되어 왔다. 또한, 해양 산성화의 영향을 적절하게 이해하기 위해 필수적인 기본자료(수세기 동안의 화학, 생태적 관측 자료)를 제공받을 수 있는 지역도 전 세계적으로 매우 드물다. 그러므로 아직은 전체 해양 생태계와 수산자원에 대한 영향을 의미 있게 예측하거나 해양생태계가 회복할 수 없는 산성화 정도를 정의하기에는 역부족이다. 지금부터라도 복합적인 환경요인의 변화(특히 향후 몇 세기 후에 예측되는 환경변화 시나리오)에 전체 생태계가 어떻게 반응할지를 살피기 위한 실험방법의 개발 및 연구가 추진되어야 한다. 더불어 전 지구적인 산성화 조기 경보와 예보를 위한 국제 네트워크의 구축, 그리고 생물의 적응과 진화 방향을 이해하기 위한 장기적인 연구와 이에 따른 유전자 형질 변형 연구는 필수적이다.

● 해양 산성화가 미치는 경제적 영향

해양 산성화로 인해 해양환경이 급격히 변화하면, 바다와 연관된 인간 활동에도 사회·경제적인 영향이 필연적으로 발생할 것이다. 가장 직접적으로는 수산자원, 특히 어패류의 생산량 감소 및 질 하락 등으로 수산업 종사자의 경제활동에 타격을 주게 될 것으로 예상된다. 해양 산성화는 해양먹이망을 통한 연쇄적인 영향으로 패류를 포함한 수산자원에 몇 조원 이상의 피해를 입힐 것이다. 특히 이러한 피해는 빈민국에 심각한 식량문제를 일으킬 것이다. 해양 산성화는 대부분의 해역에서 산호성장을 저해하여 관광, 식량, 해안선 보호, 종 다양성에 영향을 줄 수 있으며, 이와 더불어 수온상승에 따른 산호의 백화현상은 이러한 피해를 배가시킬 것이다. 하지만 해양 산성화에 따른 직접적인 사회·경제적 영향을 정량적으로 예측하는 것은 매우 어렵다. 기후변화 및 여타 해양환경을 변화시키는 요인을 종합적으로 고려하여 해양환경 관리의 차원에서 접근해야 할 것이다.

해양 표층에서 이산화탄소는 생물학적 작용을 통하여 탄소입자 또는 유기물로 전환되어 상당한 양이 심층으로 유입되어 제거되고 있다. 하지만 해양 산성화로 인해 탄산칼슘을 골격으로 하는 생물량이 감소하거나, 비정상적인 골격형성으로 사체의

IPCC 이산화탄소 방출 시나리오에 따른 해수 pH 예측치와 이에 따라 예상되는 주요 해양생물의 생리적 반응 및 피해

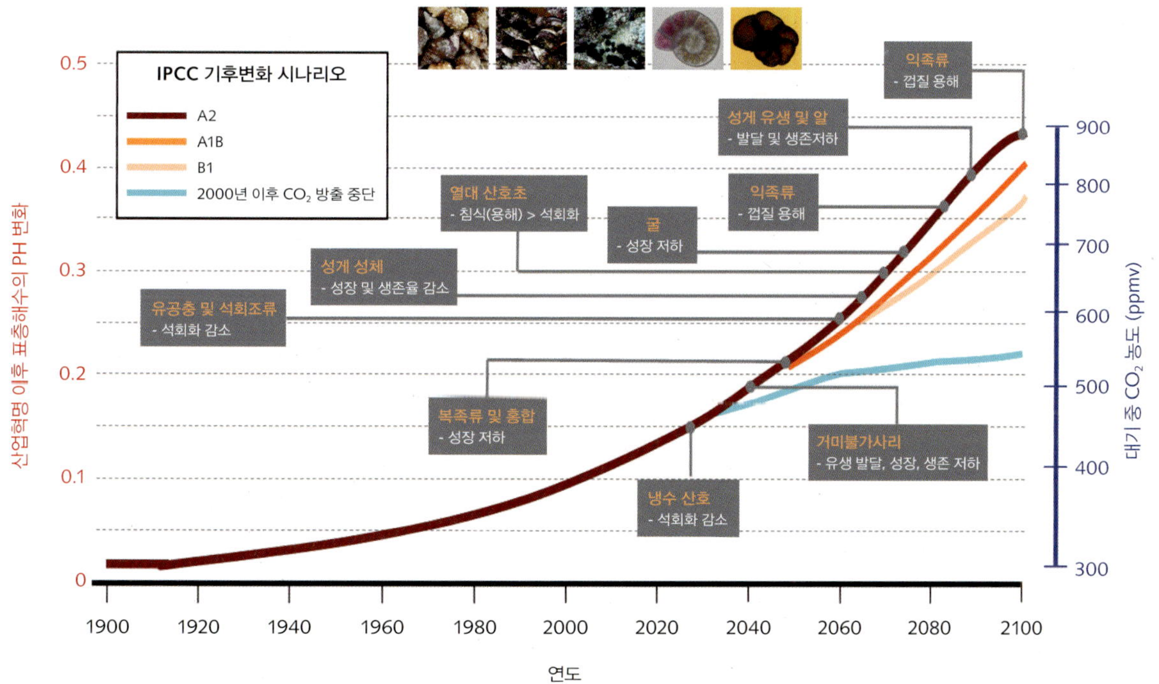

침강 속도가 감소하는 등의 현상은 생물학적 작용을 통해 표층에서 심층으로 제거되는 이산화탄소의 양을 줄여 해양의 대기 이산화탄소 흡수능을 저해시킨다. 그러므로 탄소 배출량을 더욱더 감축해야 할 것으로 보인다. 이를 실제 경제적 가치로 추정해 보면 추가적 탄소 저감 비용(탄소감축 비용 : 톤당 20~200$)은 연간 약 4백~4천억 달러 정도(세계 총 생산량의 0.1~1%) 더 필요할 것으로 추산된다.

● 해양 산성화가 산업에 미치는 영향

어류는 전 지구 어획량의 약 80% 이상을 차지하며 인간이 바다로부터 섭취하는 단백질의 대부분을 공급한다. 대부분 어류는 육식성으로서 복잡한 해양 먹이망의 건강한 기능에 의존하고 있다. 대구와 같은 어종은 체내 pH를 조절할 수 있기 때문에 해수의 산성화가 유영능력에 직접적인 영향을 미치지는 않는다. 하지만 어린 흰동가리의 경우 해양 산성화에 따른 이석 성장률의 변화로 평형 및 위치 감각에 장애가 발생하고 후각기능 약화로 쉽게 포식당해 생존율이 저감하여 궁극적으로는 개체군의 유지가 어려워질 수 있다.

어류에게는 해양 산성화의 간접적인 영향인 먹이의 변화와 서식지의 손실이 직접적인 영향보다 더 심각한 것으로 고려되고 있다. 예를 들면 북태평양 베링해에서 연어, 청어, 고래, 바다새 등 상위포식자의 주요 먹이원인 익족류의 경우 해양 산성화가 진행되면 방해석 껍질의 형성이 어려워져 개체수가 급감할 것으로 예측되며 이에 따라 이들을 먹이로 하는 상위 포식자의 생존에도 치명적인 영향을 미치게 될 것이다.

또한, 해양 산성화는 해파리의 증가와도 연관되어 있어 어류의 주 먹이인 동물플랑크톤과 어란, 치어에 대한 해파리의 대량 포식으로 이어지며, 이에 따라 어류는 정상적인 성장과 생존을 크게 위협받게 될 것이다. 그 외에 성게, 불가사리, 해삼 등과 같은 극피동물은 지역에 따라서는 매우 중요한 수산자원이다. 이들 또한 해양 산성화로 인해 유생의 생존율 감소, 발달·및 성장 저하 등의 영향을 받는 것으로 알려져 있다.

최근 패류와 갑각류 등 해양무척추동물의 양식 산업이 급증하고 있다. 무척추동물들은 여러 성장단계에서 산성화에 대해 민감한 반응을 보이고 있다. 산란부터 성장, 정착하는 유생 단계까지의 생활사는 무척추동물들의 먹이와 포식자처럼 생존에 중요하다. 대부분 부유성인 패류와 갑각류의 알과 유생은 산성화에 심각하게 영향을 받는다.

패류는 전 세계 해양 어획량의 8%이지만 양식 산업에서 차지하는 중요성은 점점 증가하고 있다. 조개, 가리비, 홍합, 굴, 전복, 소라는 여러 섬과 해안 서식 인구의 직접적인 단백질 공급원이며 매우 가치가 높은 상업 어종이다. 식량을 제공할 뿐만 아니라 몇몇 종들은 다른 종을 위한 서식처를 형성 · 유지해 주는 중요한 역할을 한다. 굴의 경우 초기 성장단계에 껍질의 석회화가 감소하며 형태와 크기도 변형된다. 이는 성체까지의 발달과 성장에 심각한 영향을 줄 수 있다.

새우, 바다가재, 게와 같은 갑각류는 현재 자연산과 양식산 통틀어 전 세계 수산물 소비량의 7%를 구성하고 있다. 이들도 물론 지역사회의 중요한 생계수단이며 상업적으로도 중요하다. 하지만 해양 산성화 영향에 관한 연구는 단지 일부 종에 만 국한되어 수행되었으며 일부 연구 결과에 따르면 이산화탄소와 수온이 동시에 증가될 때 더욱 더 취약하게 나타났다.

그뿐만 아니라, 대부분의 연체동물은 다양한 성장 단계에서 해양 산성화에 의한 성장감소와 생리저하를 보였다. 그러므로 해양 산성화 영향은 인간 활동으로 인해 발생하는 오염 등의 다른 환경요인에 의해 더욱더 심화될 수 있다.

산호초 군락은 해양에서 가장 다양한 생태계를 형성하며 열대, 아열대해역에 주로 서식하고 있지만, 고위도의 차가운 해역에서도 서식하고 있다. 열대 해역의 산호초 지역은 해양 어종 약 25%의 서식처와 먹이를 제공하며 전 세계 어획량의 9~12%를 차지한다. 물론 차갑고 깊은 심해에 서식하는 냉수산호도 어류의 산란장과 보육장으로 중요하다. 결론적으로 이들 산호초는 세계 5억 인구를 위한 생계와 식량을 제공하는 것이다. 그러므로 산호초의 심각한 감소 또는 소실은 생물 다양성, 식량 감소와 해안선의 해일 피해에 의한 완충력을 감소시킴으로써 연안 지역사회의 생존을 위협할 것이다. 미래의 해양 산성화는 산호 성장 및 번식, 산호말(coralline algae) 성장, 산호초 구조의 강도 그리고 포식자의 밀도에도 영향을 줄 것으로 예상된다. 산성화 외에도 산호 백화현상의 주요 원인인 수온상승은 산호초 생존에 추가적인 위협이다. 이러한 수온상승과 산성화의 복합적인 영향은 산호초 생태계에 스트레스를 증가시키게 될 것이다. 산호초의 생존을 위해서는 대기 이산화탄소 농도를 450ppm이하로 유지해야 한다.

기후변화 시나리오에 따른 산호초 및 주변 생태계 구조 변동 예측

① 현재, ② 2030~40년, ③ 2050년 이후

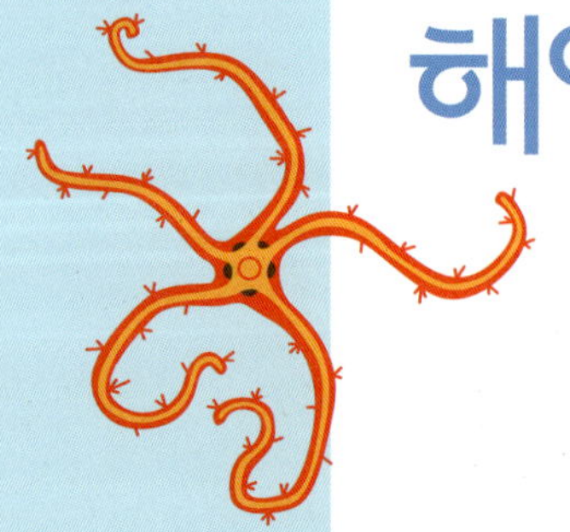

해양생물다양성의 보존

대다수 해양생물들은 오랫동안 안정된 환경에서 살아왔기 때문에 급격한 환경변화나 오염에 따른 해양생물의 다양성 감소는 우리가 생각하는 것보다 심각할 수 있다.

김웅서 한국해양과학기술원

생물의 특징은 종류의 다양함에 있다. 생물의 다양함은 약 30억 년 전 지구상에 생명체가 탄생한 이래 오랜 세월 동안 진화과정 속에서 형성되었다. 생물들은 자신의 고유한 서식처에서 각자의 생태적인 위치를 차지하고 있으며, 생물과 생물, 생물과 환경 간의 상호작용에 의해 생태계를 유지하고 있다. 생물의 다양함은 생명체를 부양하고, 생태계의 균형을 유지하는 근간이므로, 인간의 생존에도 필수적인 요소이다. 그러나 인간의 무분별한 자원 이용과 경제 개발은 생태계와 환경을 파괴했으며, 생태계의 훼손으로 인한 생물다양성의 손실은 위험 수위에 도달하게 되었다. 생물다양성의 손실은 부메랑이 되어 원인을 제공한 인간을 위협하고 있다. 유사이전에도 몇 번에 걸쳐 기후 변화 등과 같은 자연적인 원인으로 대멸종이 일어난 적이 있었지만, 현재 진행 중인 생물다양성의 감소는 인간에 의해 일어나고 있다는 것이 문제이다. 그러나 역으로 생각하면 우리의 노력으로 생물다양성을 보존할 수도 있다. 지금 우리가 당면하고 있는 문제는 어떻게 환경을 복원·보존하고 경제를 지속적으로 발전시킬 수 있느냐 하는 것이다.

바다는 지구 표면적의 71%를 덮고 있으며, 수심까지 고려한다면 생물이 살 수 있는 공간은 육지의 100배도 넘는다. 이렇듯 바다는 지구에서 가장 규모가 큰 생물의 서식지이지만 아쉽게도 해양생물의 다양함과 분포 형태, 그리고 해양생태계에서 일어나는 생명 현상의 과정 등이 과학적으로 잘 알려지지 않았다. 특히 심해는 아직 미지의 세계로 남아있다. 그뿐만 아니라 정량적, 정성적으로 해양생태계가 얼마만큼 훼손되었는지를 평가하기도 쉽지 않다. 우리는 육지보다 바다에 더 다양한 형태의 생물들이 살고 있다는 것을 알고 있다. 이것은 종의 숫자가 많다는 것이 아니고 분류학상 상위 단계에 있는 과, 목, 그리고 문의 숫자가 많다는 것이다. 사실상 모든 종류의 문에

김웅서

속하는 동물들이 해양에서 발견되며, 문의 종류 중 약 1/3은 해양에서만 발견되는 동물로 구성되어 있다.

과학적으로 알려진 생물종은 바다보다 육지에 더 많지만, 이는 단순히 우리와 친숙한 종이 육지에 더 많다는 것을 의미할 수도 있다. 해양에서 과학적으로 밝혀지고 있는 종의 수는 계속 증가하고 있다. 우리가 애초 추정했던 종 숫자는 터무니없이 적은 것이다. 예를 들어 예전에는 생물이 거의 살지 않으리라고 생각했던 심해저를 조사한 결과 발견된 생물들의 종다양성이 열대우림의 종다양성에 필적할 정도였다. 해양생물의 다양성은 위도에 따라 다른 양상을 보이며, 고위도에서 적도 쪽으로 가면서 증가하고 열대해역의 산호초에 이르러 극치를 이룬다. 이와 같은 양상은 육상생태계에서도 마찬가지로 열대우림의 생물이 가장 다양하다.

바다는 생물다양성의 보고

바다는 육지보다 환경 변화가 비교적 적기 때문에 생물이 탄생하기에 적합한 환경으로 마치 어머니의 자궁과 같은 아늑한 장소다.

생물다양성이란?

생물다양성을 한마디로 정의하기는 쉽지 않다. 기본적인 개념은 지구상에 존재하는 모든 생물들의 복잡함을 의미하지만, 구체적으로 보면 생물의 유전자로부터 개체,

이선명

신비로운 바다 속 세계
바다는 항상 우리곁에 있지만 바다 속 생태계의 신비를 밝히는 것은 쉬운일이 아니다.

개체군, 군집, 생태계에 이르는 모든 수준의 다양성을 의미한다. 즉, 분자생물학적 입장에서는 유전정보의 다양성을 말하며, 생물 분류의 기본 단위인 종 수준에서는 종다양성을 뜻한다. 생태계 수준에서는 생태학적 다양성을 말하는데, 서로 다른 생태계 사이의 생물다양성을 비교할 때 사용한다. 생리학적인 측면에서는 환경에 적응할 수 있는 생물의 다양한 생리학적 기능을 의미한다.

생물다양성(biodiversity)이란 용어는 1985년 생물학적 다양성(biological diversity)이란 용어를 줄여서 사용하면서 만들어졌다. 그러나 이 용어가 처음부터 널리 쓰이게 된 것은 아니다. 1986년 생물학적 다양성에 대한 심포지엄이 개최되고 1988년 에드워드 윌슨(Edward Wilson)이 『생물다양성 BioDiversity』이란 책을 출간하면서, 점차 사용되기 시작하였다. 당시까지만 해도 생물학 관련 논문 요약집의 색인에서는 축약해서 만든 생물다양성(biodiversity)이란 용어를 찾아볼 수 없었다. 그러나 1993년에는 생물다양성(biodiversity)이란 용어가 72번 등장하는 반면, 생물학적 다양성(biological diversity)이란 용어는 19번에 그쳤다. 학자들이 생물학적 다양성이란 용어보다는 생물다양성이란 용어를 점점 많이 사용하게 됨을 반증하는 것이었다. 현재는 생물다양성이란 용어가 비단 학자뿐만 아니라 거의 모든 사람들과 언론에서도 널리 사용되고 있다.

모든 생물종은 생태계 내에서 상호작용을 하며 특별한 기능과 역할을 한다. 이는 생태계 유지와 인간의 생존에도 필수적이므로 생물다양성은 중요하다. 한편 생물다양성은 경제적으로는 농업, 수산업, 축산업 등 다양한 식량자원을 생산하는 대상이 되며, 의약품이나 화장품 등 생명공학산업의 재료로 활용되며, 직물과 건축재료 등을 만드는 산업의 원자재이며, 관광산업이나 레저산업의 대상이 되기도 한다. 또 생물다양성은 그 자체가 우리의 문화다양성이나 정신적인 유산의 일부가 되며, 아름다움만으로도 심미안적인 가치가 있다. 인류를 포함한 모든 생물종들은 이 지구에서 우리와 같이 공존할 권리를 가지고 있다.

● 해양생물다양성 조사

바다에 더 다양한 생물들이 살고 있지만, 과학적으로 알려진 생물종의 약 80%는 육상에 사는 종이다. 현재 우리는 바다보다 육지에 사는 생물을 더 많이 알고 있으나, 이것이 육지에 더 많은 종류의 생물이 살고 있다는 이야기는 아니다. 우리는 바다에 사는 생물에 대해 아직까지도 잘 모르고 있기 때문이다. 1850년대 영국의 생물학자 에드워드 포브스(Edward Forbes)는 빛이 도달하지 않는 수심 500~600m보다 깊은 바다에는 생물이 살지 않는다는 무생물론을 주장하였다. 지금은 심해에도 생물이 살고 있다는 것을 알고 있지만, 1870년대까지만 해도 많은 사람이 그의 가설을 믿었다.

해양탐사를 통해 사막과 같은 곳이라고 생각했던 심해저의 생물종다양성이 열대 우림의 생물종다양성에 필적할 정도라는 것이 점차 밝혀지고 있다. 평균적으로 바다 $1km^2$를 조사할 때마다 1종의 새로운 생물이 발견되고 있으며, 매년 약 1,000~1,500 종의 새로운 해양생물이 발견되고 있다. '센서스 오브 마린라이프(Census of Marine Life, CoML)'와 같은 해양생물조사 프로그램으로 새롭게 밝혀낸 결과, 해양생물의 종 수는 계속 증가하고 있다. 세계 해양생물학자들은 지난 10년간 수행된 해양생물센서스 프로그램에 참여하여 북극해에서 남극해까지 전 세계 바다에 사는 생물종을 조사하였다. 2010년 발표된 예비보고서에 따르면 최소한 1,200여 종의 해양생물이 새롭게 발견되었다. 우리나라와 일본 주변 바다에는 해양생물이 약 33,000종 사는 것으로 확인되었지만, 실제로는 15만 종이 넘을 것으로 추정된다. 이러한 추세대로 새로운 해양생물이 계속 밝혀진다면 우리가 애초 예상했던 해양생물의 종류 수가 얼마나 적었던지

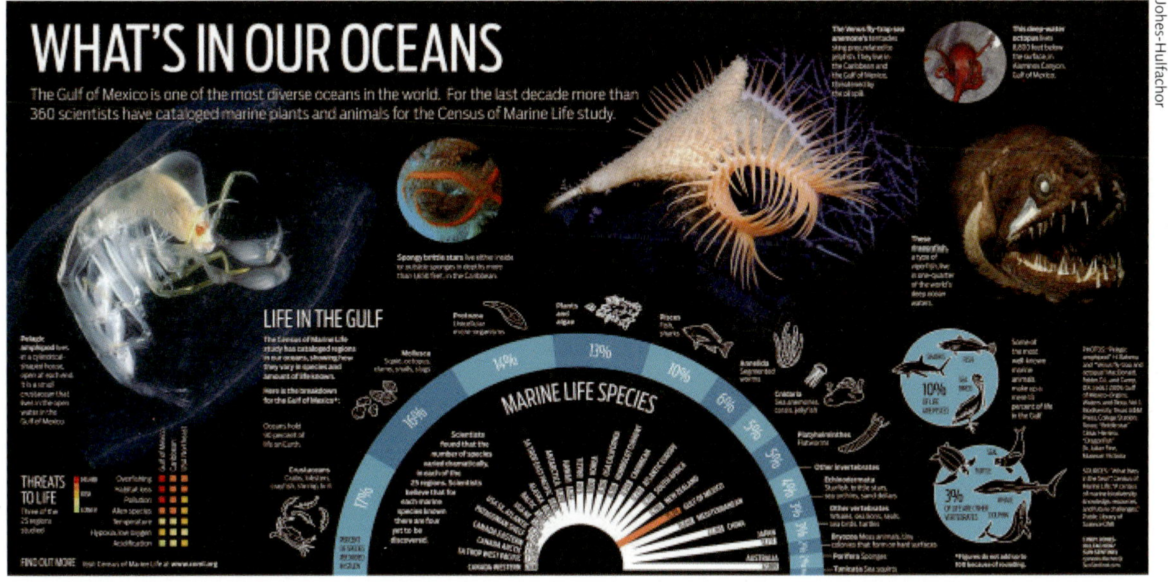

Johes-Hulfachor

센서스 오브 마린라이프
멕시코만은 세계에서 가장 생물다양성이 높은 해역 중의 하나이다. 지난 10년간 360명 이상의 과학자들이 해양 동식물 조사에 참여했다.

김웅서

건강한 산호초

알게 될 것이다.

이처럼 과학조사를 통해 많은 해양생물이 새로이 밝혀지고 있지만, 아직도 바다에 사는 미생물의 종수나 분포에 관해서는 알려진 것이 매우 적고, 형태적으로 같은 종으로 알려진 종이 분자유전학적 기법으로 조사한 결과 다른 종임이 밝혀지기도 한다. 우리가 생각해 왔던 것처럼 해양에서의 희귀종은 실제로는 흔한 것일지도 모른다. 단지 아직 발견되지 않았거나 동정되지 않았기 때문일 수도 있다. 현재까지 알려진 해양생물의 종 숫자는 약 21만 2천 종이고(약 30%의 오차범위), 지구상에 있는 해양생물 종은 140만에서 160만 정도 될 것으로 추정하고 있다. 해양생물 종에 대한 데이터베이스 SeaLifeBase(http://www.sealifebase.org)에는 약 10만 7천 종의 해양생물 학명과 2만 4천5백 개의 영문 일반명 등이 수록되어 있다.

● 해양생물다양성의 훼손

해양은 육상보다 환경의 변화가 심하지 않으며, 특히 심해에서는 계절 변화나 연 변화가 거의 없다. 물리적인 환경변화가 심한 조간대나 하구에 서식하는 생물들은

김웅서

훼손된 산호초

급격한 환경 변화에 대한 적응능력이 크지만, 이들은 전체 해양생물의 극히 일부분에 지나지 않는다. 대다수 해양생물은 오랫동안 안정된 환경에서 살아왔기 때문에 지구적 규모로 발생하는 급격한 환경 변화에 충분히 대처할 능력이 없다. 따라서 환경오염에 따른 해양생물의 다양성 감소는 우리가 생각하는 것보다 심각할 수 있다.

생물다양성 감소에 가장 큰 영향을 미치는 것은 서식지의 파괴일 것이다. 각종 개발 사업이 활발한 연안역에서는 매립으로 인한 해양생물의 서식지 파괴가 심각하다. 육지에서 멀리 떨어진 외양은 대부분 물리적으로 교란되지 않은 채 남아있다. 그러나 앞으로 본격적으로 해저에서 광물자원을 개발한다면 심해의 서식지 파괴가 심각해질 것이다. 수질오염도 생물다양성을 위협하는 요인이다. 육상기원 오염물질로는 용존 영양염류, 독성물질, 부유물질 등이 있다. 이런 물질들은 생활하수, 산업폐수 및 농업용수 형태로 바다로 유입된다. 오염물질은 수층에서 순환되면서 잔류하거나 시간이 지남에 따라 다른 물질로 분해되기도 한다. 오염물질은 먹이망을 통해 모든 생물에게 해를 미친다. 연안역의 퇴적물에는 특히 고농도의 오염물질이 축적되어 있어, 퇴적물에 사는 저서생물에게 직접적인 위협이 될 수 있고, 오염물질이 퇴적물로부터 용출되기 때문에 부유생물이나 유영생물에게도 영향을 미친다. 과다한 영양염류는 적조를 유발하여 생물다양성의 감소를 초래한다.

독성물질은 해양생물에 대한 급성 치사효과도 있으나, 일반적으로 병을 유발하거나 몸의 형태를 변형시키고 조직에 높은 농도로 축적되는 등의 아치사 효과를 일으킨다. 생물들은 생물농축과정을 통해 시간이 지남에 따라 더 많은 독성물질을 몸에 축적한다. 높은 농도의 독성물질이 농축되면 기형, 종양, 기능장애, 질병 등이 발생한다. 이러한 독성물질은 먹이사슬의 상위단계에 속하는 생물에게로 전달될 수 있으며, 이 과정에서 또한 농축된다. 오염도가 증가할수록 해양생물의 생리적, 유전적 건강 상태가 나빠지고 결국 생물다양성은 감소한다. 해양은 유체로 되어 있고 물이 이동하기 때문에 해양환경으로 유입되는 오염물질은 원래 있던 장소에서 널리 퍼진다. 이처럼 오염물질은 물리적인 확산뿐만 아니라 먹이망을 통해 대양이나 심해에도 영향을 미칠 수 있다.

무분별한 남획도 해양생태계와 그 다양성을 위협하는 중요한 요소라고 할 수 있다. 경제성이 있는 종들에 대한 남획은 물론 부수적으로 잡혀서 버려지는 종들의 감소도 해양생태계에는 중대한 결과를 일으킨다. 종다양성은 단지 남획된 종의 감소 이상으로 큰 영향을 받을 수 있다. 만약 생태계 내에서 중추적인 역할을 하던 어떤 종이 남획으로 인해 없어지거나 감소한다면 전체적으로 종다양성의 감소를 초래하는 것은 물론 먹이망을 통해 군집구조 전체에 커다란 영향을 미칠 수 있다.

해양생물학자들은 남획으로 어업 생산량이 급속히 감소하고 있음을 경고하고 있다.

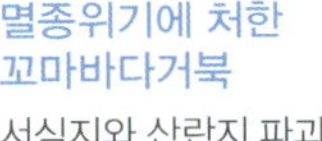

김웅서

멸종위기에 처한 꼬마바다거북
서식지와 산란지 파괴, 인간에 의한 포획, 해양환경변화 등으로 바다거북의 개체수가 크게 감소하고 있다.

그러나 어업생산량이 앞으로 어떻게 변화할 것인지, 어업자원을 보호하기 위해 어떠한 관리를 해야 할지 판단할 수 있는 구체적인 자료는 부족한 실정이다. 충분한 조사와 연구를 통해 자료를 축적하고, 효율적인 자원관리 체제를 구축하는 것만이 자원의 감소를 예방하는 길이다. 수질오염은 해양생물의 다양성에 큰 영향을 미치기 때문에 이를 방지할 수 있는 보다 엄격한 규정을 만들고 실행에 옮기는 것이 필요하다. 생태학적으로 중요한 가치가 있는 해역은 생물보호해역으로 지정하고, 임해공단 인근 해역이나 도시하수가 유입되는 해역은 오염관리해역으로 지정하여 특별 관리해야 한다.

● 해양생물 다양성의 위기와 보존 노력

인간에 의해 훼손된 해양환경으로 인하여 해양생물다양성은 위기를 맞고 있다. 비록 멸종되지 않았다고 하더라도 상당수의 종들은 그 숫자가 급격히 감소했다. 그들의 유전자풀은 상당히 축소되었으며, 이로 인해 미래에 닥칠지 모르는 환경 변화에 적응할 능력도 축소되었을 것이다. 또한, 해양생물들은 각종 오염물질로 인한 만성 독성에 의해 생리적으로 약화되었다. 해양생물에게 가해지고 있는 위협은 멸종위기종 및 위험종에 대한 공식적인 기록으로는 아직 확인되지 않았다. 세계적으로 기록된 위기종 및 위험종 6,691종 중에서 16종이 바닷새를 포함하지 않은 해양종이고, 그중 14종이 해양포유류와 거북류이다. 이런 자료만 놓고 보면, 해양에서의 생물다양성이 위협받고 있지 않다는 잘못된 결론을 내릴 수도 있다. 우리는 해양생물다양성의 위기를 잘 느끼지 못하고 있으나, 늦었다고 생각될 때는 이미 훼손된 생물다양성을 복원하는 것이 불가능하다. 많은 사람이 해양오염과 연안개발로 인한 연안역의 황폐화에 대해서는 우려의 목소리를 높이고 있으나 이러한 황폐화가 바로 해양생물다양성에 큰 손실을 초래하는 중요한 원인이 된다는 것은 잊고 있는 경우가 많다.

생물다양성이 훼손되어 위기에 처해있다는 의식이 팽배해지자, 생물다양성 보전을 위한 노력도 활발히 전개되고 있다. 1992년 브라질 리우데자네이루에서는 리우 지구정상회의라고도 불리는 UN 환경개발회의(UNCED)가 열렸다. 이 회의에는 170여 개 국가 대표단과 수천 개의 민간단체가 모여 지구 온난화, 오존층 파괴, 삼림 훼손, 생물다양성의 손실, 대기와 수질오염, 독성물질 투기 등에 관한 문제를 논의하였다. 여기에서 채택된 환경과 개발에 관한 리우선언의 세부 실천사항이라고 할 수 있는 의제21은 생물다양성을 지구의 모든 생명체를 유지시켜 주는 근본으로 간주하고 구체적인 생물다양성의 보전 지침을 밝히고 있다. 생물다양성협약(CBD)은 리우 지구정상회의에서 168개국의 비준을 받아서, 1993년 12월 29일부터 효력이 발생하였다. 이 협약은 생물다양성 보전, 생물다양성의 지속가능한 이용, 생물다양성으로부터 발생하는 이익의 공정한 분배 등 3가지를 목적으로 하고 있다.

2012여수세계박람회 기간 동안 개최된 세계 어류 DNA 바코드 컨퍼런스 포스터

해양생물다양성에 관한 관심도 점차 고조되고 있다. 1994년 7월 프랑스 파리에서 열린 제27차 정부 간 해양과학위원회(IOC) 집행이사회에서는 해양생물다양성이 IOC의 중요한 관심사라는 것에 의견을 모으고,

이 분야에 관한 연구를 기본 프로그램에 포함하기로 하였다. 2006년 3월 브라질의 쿠리치바에서 열린 제8차 생물다양성협약 당사국회의(COP8)에서는 도서생물다양성에 대한 연구 프로그램을 채택하였으며, 선박 평형수를 통해 유입되는 외래종 방지 및 감소에 대한 활동을 계획하는 등 해양생물다양성과 관련된 주요 의제가 다루어진 바 있다. 2010년 10월 일본 나고야에서 열릴 생물다양성 제10차 당사국 회의(COP10)에서도 해양과 연안 생물다양성에 대한 의제가 상정되었다.

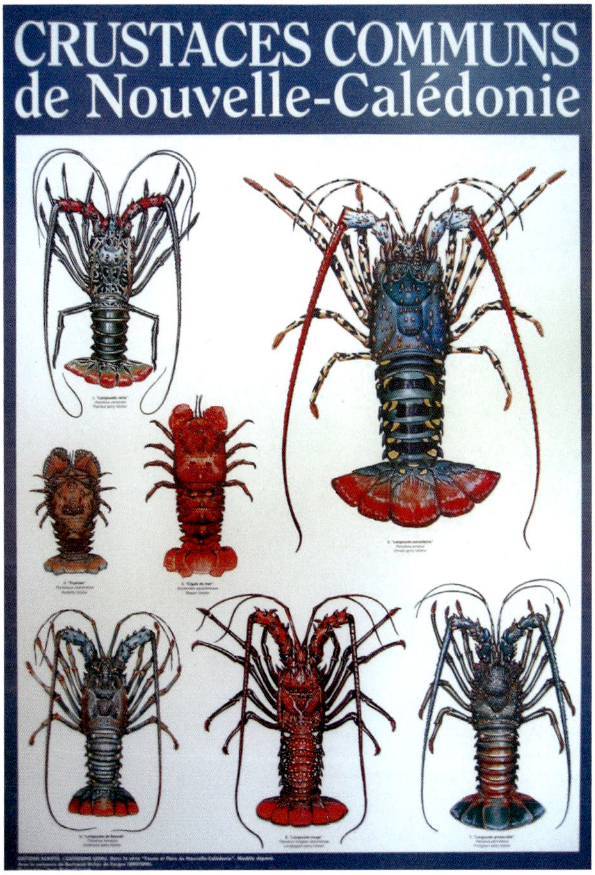

우리나라는 1994년 생물다양성협약 비준서를 제출하였으며, 1995년부터 생물다양성협약 정식 회원국이 되었다. 전 세계인들에게 생물자원을 체계적으로 조사하며 자원을 고갈시키지 않고 환경을 파괴하지 않는 범위에서 효율적으로 생물자원을 이용하겠다고 약속한 것이다. 우리나라도 세계적인 노력에 동참하는 의미에서 생물다양성에 관심이 있는 전문가들이 모여 '한국의 생물다양성 2000'이라는 과제를 수행하였다. 그 결과는 1994년에『한국의 생물다양성 2000』이라는 단행본으로 출간된 바 있다.

뉴칼레도니아에 서식하는 갑각류 포스터

생물다양성은 원시생명이 탄생한 이래 약 35억 년 동안 진화를 거듭하며 형성되었으며, 약 5억 4천만 년 현생대동안 급격히 늘어나게 되었다. 이런 과정에서 생물들은 각기 고유한 서식지와 생태학적 지위를 갖게 되었으며, 생물 간의 상호작용과 물리·화학적 환경 요인과의 상호영향을 통해 생태계의 균형과 생물다양성이 유지되고 있다. 그러나 무분별한 생물자원의 이용, 경제개발로 인한 생태계의 파괴로 인해 생물다양성의 훼손이 점차 심각해져 위험 수위에 도달하고 있다. 앞으로 적절한 대응책이 없다면 이러한 추세는 계속되리라 예상되며, 그 결과가 어떠하리라는 것은 불 보듯 자명하다. 환경보호단체인 세계자연보호기금(WWF)의 문구에 'They die, You die.'라는 것이 있다. 아주 간결하면서도 의미심장한 이 말은 생물다양성이 감소하면 인류도 멸망한다는 것을 경고하고 있다. 생물다양성을 보전하려는 노력은 우리가 생존하기 위한 전제 조건임을 인지하여야 할 것이다.

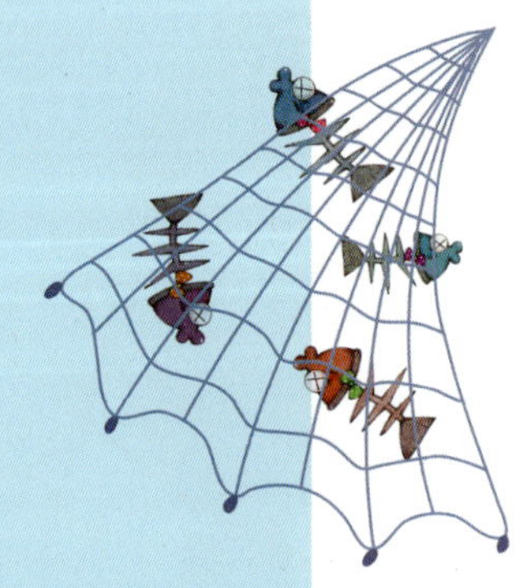

기후변화와 수산자원의 변동

기후변동에 의해 생태계가 변화하면 생태계 구성원의 종류, 해양생산력, 생물량 등이 함께 변화하며, 이는 수산자원의 변화를 유발하게 된다.

김수암 부경대학교 · 강수경 국립수산과학원

지구의 기후는 50억 년 동안 계속 변화해 왔으며, 그 환경 속에 사는 생명체들 역시 자연의 변화에 적응해 왔다. 하지만 인간의 산업활동으로 말미암아 지구는 과거의 자연적인 기후변화보다도 훨씬 빠른 속도로 새로운 변화를 경험하게 되었다. 2007년 '기후변화에 관한 정부간 패널(IPCC)'에서 발간된 제4차 보고서에서는 금세기 말까지 최대 약 6.4도의 기온 상승이 일어나고 최대 59cm나 해수면이 상승할 수도 있을 것으로 예측했다. 지구의 반 이상이 얼음으로 덮여 있던 빙하기와 현세와 같은 간빙기 시기 지구의 평균 기온 차이가 5도 미만이었으며, 빙하기와 간빙기의 교대기간이 수만 년 이상 걸린다는 점을 고려할 때 향후 100년 동안에 발생할 기후온난화는 매우 급속한 변화라고 할 수 있다.

해양은 기후를 조절하는 가장 중요한 요소 중의 하나이지만, 동시에 기후의 변화에 따라 직접적인 영향을 받는 대상이기도 하다. 기후가 바뀜에 따라 해양의 표층수온이 직접적으로 영향을 받게 되고, 그 결과 해수면이 상승하고 해류의 흐름이 변경된다. 이에 따라 해양에 서식하는 생물들의 자원량과 서식지의 변화 등이 동반된다. UN 식량농업기구(FAO)는 2007년 '기후변화에 의한 적응 능력 향상'이라는 보고서에서 향후 기후변화에 따라 수산 생태계와 수산업은 크게 영향을 받을 것으로 예측하였다.

● 기후 변화와 해양생물

46억 년의 지구 역사를 살펴보면 기후변화는 특이한 현상이 아니다. 하지만 과거에 일어났던 대부분의 기후변화는 장기간에 걸쳐 서서히 진행되었기 때문에, 생물들은 바뀌어 가는 환경에 충분히 적응할 수 있었다. 그러나 오늘날의 기후변화는 역사 속의

동원산업

변화들과는 달리 인간의 자연 파괴 혹은 과도한 산업화의 결과로 엄청나게 빠른 속도로 진행되어, 생물들이 적응할 시간적 여유가 없다는 것이 문제이다.

산업화에 따라 인간이 배출하는 이산화탄소 등의 온실가스는 지구온난화를 일으키고 극지방의 빙하를 녹여 해수면을 상승시킨다. 이러한 현상은 해안지역을 침수시키고, 해안 부근에 서식하는 생물상을 변화시킨다. 해수 수온의 상승은 어류를 더 고위도 쪽으로 분포하게 만들거나 회유 경로를 바꾸어 궁극적으로 수산자원량의 변화를 유발시킨다.

100년 전까지만 해도 해양에는 무궁무진한 생물자원이 있어서 인류가 아무리 소진한다고 하더라도 고갈되지 않을 것이라는 주장이 있었다. 그러나 20세기 초 · 중반에 걸쳐 이루어진 과도한 남획의 결과 그와 같은 주장이 틀렸다는 것이 증명되었다. 불과 30년 전까지도 해양학자들은 해양생태계가 지탱할 수 있는 환경수용력(특정 해역에서 서식할 수 있는 생물들의 총 중량)이 시대에 따라 변동할 수 있다고 생각하지 못했기 때문에 기후변화에 따른 해양환경의 변화를 예상할 수 없었다. 하지만 1980년대에 접어들면서, 기후 변동에 따라 그 해역에 서식할 수 있는 생물량이 증감할 수 있다는 것을 알게 되었다. 이러한 과학적 연구결과는 세계의 해양에서 인류가 생산할 수 있는 수산물의 한계치를 계산하는 데 도움이 되며, 기후가 바뀜에 따라

바다의 어업 활동
100년 전까지만 해도 바다에는 무궁무진한 생물자원이 있어 절대 고갈되지 않을 것이라는 주장이 있었지만 20세기 들어 과도한 남획의 결과 그 주장이 틀렸음이 증명되었다.

꽃게
인류는 필요한 동물 단백질의 약 16%를 해양 수산물로 충당하고 있으며, 어류가 그중 약 80%를 차지하고 있다.

수산생물종의 변화가 일어날 것을 예측하는 근거가 된다.

인류는 필요한 동물단백질 공급량의 약 16%를 해양 수산물로 충당하고 있으며, 어류가 그중 80% 이상을 차지하고 있다. 해양생태계는 광합성을 하는 식물플랑크톤을 기반으로 하고, 수산생물들은 대부분 이들을 직접 혹은 간접적으로 포식하는 생물들로 구성되어 있다. 그러므로 해양생태계를 유지하는 원동력은 식물플랑크톤의 기초생산력이라고 할 수 있으며, 기초생산력의 변화가 수산자원을 포함한 해양생태계 전체의 생산력을 좌우하게 된다. 하지만 최근까지 대부분의 과학자들은 해양생산력이 시대에 따라 변화할 수 있다는 생각을 하지 못했다. 1980년대 후반에 이르러서야 비로소 해양의 물리적 조건은 기후의 변동에 의하여 항상 변화하고 있고 해양생태계 또한 이에 반응하면서 균형을 이루고 있다는 인식이 본격적으로 전파되기 시작하였다.

기후와 해양환경의 변화가 해양생태계의 구조와 기능에 영향을 미치면, 수산자원이 증가하거나 감소할 수 있다. 해양생태계의 생산력에 영향을 주는 요인은 해수온도, 강수, 바람, 해류, 해수면, 염분, 용승, 해빙, 자외선 등이 있으며, 이들은 여러 과정을 거쳐 플랑크톤 생태계에 막대한 영향을 미치고 있다. 일례로, 성질이 다른 두 해류가 만나는 전선 지역은 치어가 먹을 수 있는 충분한 양의 먹이생물이 존재하며, 전선 부근에 형성되는 소용돌이는 치어의 성장과 생존에 중요한 역할을 하고 있다. 이처럼 수산자원량 변동을 이해하기 위해서는 플랑크톤의 변화뿐만 아니라 이들에 영향을 미치는 해양의 물리적 요인을 함께 고려하여야 한다. 기후변동에 의해 생태계가 변화하면, 생태계 구성원의 종류, 먹이 전달 체계, 분포, 풍도, 생산력, 생물량, 어업으로 가입(recruitment) 등이 함께 변화하며, 이는 수산자원의 양적 변화를 유발하게 된다.

● 환경변화에 따른 어류자원 변동

생물들은 환경조건의 변화에 따라 번성과 쇠락을 반복한다. 세계사를 살펴보면, 어업의 번성 정도에 따라 나라의 부와 권력이 결정되기도 했다. 중세 유럽의 권력은 청어의 어획량과 관련이 있었다. 청어는 10세기부터 15세기 초까지 발트해에서 주로 어획되었다. 그러므로 이 해역에 인접한 덴마크와 스웨덴이 청어 어획과 가공기술을 이용해 번성할 수 있었다. 하지만 청어 떼가 발트해로부터 북해로 이동한 16세기와 17세기에는 유럽의 경제 중심이 네덜란드로 이동했다. 자료에 의하면, 당시 네덜란드 인구의 5분의 1에 상당하는 45만 명 정도가 청어산업에 종사하고 있었다. 농업에 종사하는 인구가 불과 20만 명이었던 것에 비하면 엄청난 숫자이다. 스코틀랜드의 작가 사무엘 스마일즈가 '암스테르담은 청어의 뼈 위에 건설되었다'고 한 말은 결코 과장이 아니다.

과거 수십 년 동안 축적된 해양 및 수산자료를 분석한 결과, 세계 도처에서 플랑크톤 생물량과 어류의 자원량이 시대에 따라, 혹은 환경의 변화에 따라 현저하게 다르게 나타나고 있다는 것이 알려졌다. 예를 들면, 세계에서 가장 비옥한 해양 중의 하나인 베링해는 1970년 초반까지만 해도 지금보다는 한랭한 환경이었으며, 어류보다는 무척추동물인 새우류가 많았다. 그러나 1970년대 중반에 이르러 기후가 따뜻하게 바뀌면서 어류들이 많이

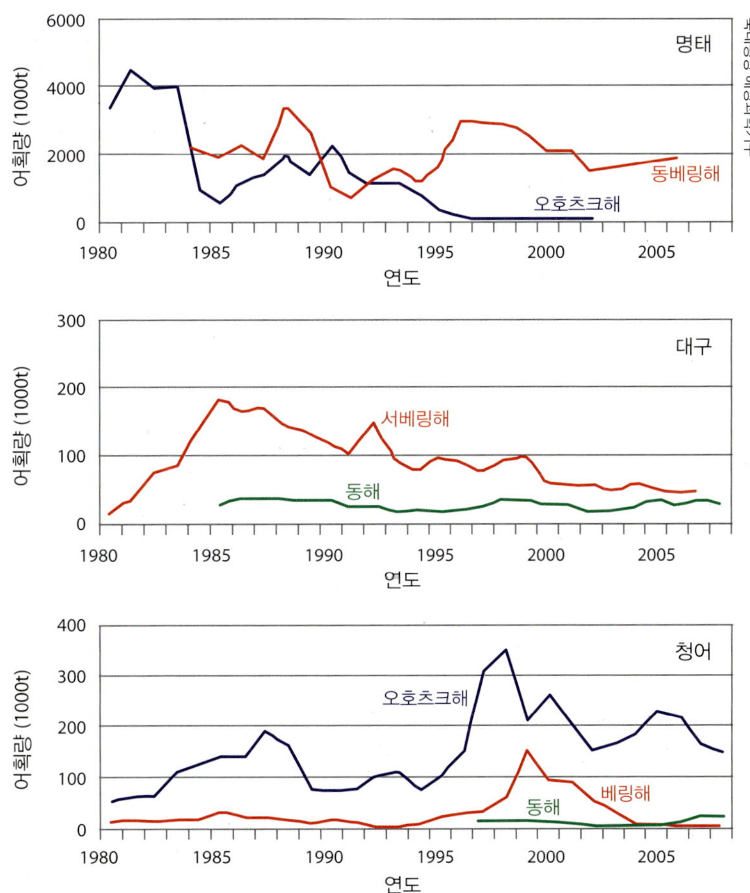

태평양 여러 해역의 어종별 어획량 변화
남획이나 해양환경의 변화가 어획량 변동을 유발한다.

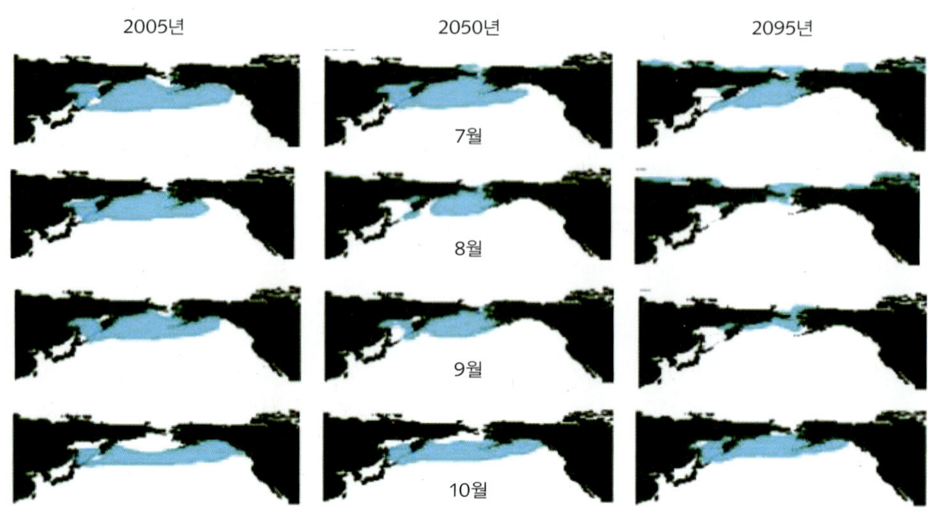

지구온난화에 따른 연어의 분포역 예측
수온이 상승함에 따라 냉수성 어류인 연어의 분포역은 점점 북쪽으로 이동할 것으로 전망된다.

출현하게 되었으며, 1990년대 이후에는 새우류가 자취를 감추고 어류가 주요 수산 자원이 되었다.

기후변화는 시간이 지남에 따라 바다 깊숙한 곳까지 영향을 미치지만, 그래도 가장 민감하게 작용하는 곳은 공기와 접하고 있는 바다의 표층 부분이다. 이곳에 서식하는 해양생물은 기상 혹은 기후의 영향을 많이 받게 된다. 기후변화의 영향을 받는 대표적인 어종은 표층성 어종인 연어다. 태평양 연어류는 모천회귀라는 그 신비로운 생활사 때문에 어느 다른 어류보다도 과학자들과 일반인들의 관심이 높은 어종이다. 연어류는 우리나라 동해를 포함해 오호츠크해, 북태평양, 베링해에 서식하는데 여러 나라의 경계를 드나들며 서식한다. 그러나 경제에 미치는 영향이 크기 때문에 종종 국제적인 문제를 일으키기도 한다. 국경이 인접한 미국과 캐나다는 연어의 어획량, 분포 등에 매우 민감하여 연어에 대한 양국의 분쟁을 연어 전쟁(salmon war)으로 부르곤 한다. 양국으로 소상하는 연어 자원은 연안 해양환경(수온 등)의 변동에 따라 달라진다. 예를 들어 엘니뇨가 발생하여 연안 수온이 높아지면 냉수성 어종인 연어는 북쪽으로 이동하여 캐나다의 어획량이 증가하고, 수온이 낮아질 경우 반대의 경향이 나타나기도 한다.

최근 수온 상승과 함께 연어의 분포지역은 점점 북상하고 있는데, 연어 분포의 남방한계선인 우리나라, 일본의 쿠슈 및 미국의 캘리포니아, 오레곤 지역에서의 연어 회귀율은 감소하는 반면, 러시아와 미국 알라스카 지역의 어획량은 증가하는 추세이다. 지구온난화에 따른 연어의 분포를 예측한 모델에 따르면, 남방한계선이 2050년경에는 남방한계선이 오호츠크해까지 분포하고, 2095년에는 베링해와 북극해로 북상하여 우리나라 해역에서는 더 이상 연어를 볼 수 없을 것이라고 한다.

● 우리나라 주변 해역의 수산자원 변화

우리나라가 위치한 북서태평양은 세계 전체 해양 면적의 약 6%를 차지하고 있으나, 세계 어류 어획량의 20% 정도를 차지하는 가장 생산성이 높은 해역이다. 우리나라 주변 바다에서 일어나는 온수성 어종(따뜻한 물에 사는 어종)과 냉수성 어종(찬물에 사는 어종)의 교대현상은 어획의 대표적 특징이다. 따뜻한 물에서 사는 멸치, 고등어, 오징어는 1970년대에는 우리나라 전체 어획량의 40% 전후를 차지하다가 1990년대 이후 60% 가까이 어획되고 있다. 반면, 찬 물에서 사는 명태는 1990년대 후반부터 우리 바다에서 자취를 감추었다. 최근에는 아열대성 어종인 참다랑어의 어획량 증가가 눈에 띈다. 2003년도에 연간 약 84톤씩 어획되던 참다랑어는 2008년에는 자그마치 1,536톤이 어획되어 어민들의 새로운 소득원으로 등장했다.

우리나라에서 어획되는 주요 수산자원을 시대별, 해역별로 살펴보면, 수온이 비교적 낮았던 1980년대 동해에서는 노가리(어린 명태), 오징어, 명태가 주로 어획되었으나, 수온이 상승한 2000년대에 들어서는 오징어, 붉은 대게, 청어로 어획종이 바뀌었다. 남해에서도 어종 교체 현상이 나타나는데, 간식으로 주로 먹었던 쥐치의 어획량은 급격히 감소하고, 멸치, 고등어, 오징어의 어획량은 증가했다. 황해의 경우 갈치, 동죽, 꽃게 등이 주요 어획 대상이었으나, 최근에는 멸치, 굴류, 꽃게로 어획 대상이 달라졌다. 전체적으로는 온수성 어종인 오징어와 고등어의 어획량은 해양이 따뜻한 기간에는

월간 우리바다

윤성도

김상수

기후변화와 수산자원 변동

수온변화는 어획되는 수산물의 종류와 양에 크게 영향을 미친다.

KIOST

국립수산과학원

참다랑어 어획 증가
최근 우리나라 해역에서 대형 참다랑어의 어획이 증가하고 있다.

증가하였고, 찬 기간에는 감소하였다. 하지만 모든 온수성 어종과 냉수성 어종이 같은 성쇠 형태를 보이지는 않는다. 이러한 사실은 생물종 각각의 성쇠에 복잡한 생태학적 과정이 관여되어 있음을 의미한다.

기후변화에 따른 연근해 해역의 수온상승은 수산업에 있어서 냉수성 어종의 감소와 같은 악영향을 주는 점도 있지만 새로운 기회를 제공해준다는 점에서 기대가 크다. 우리나라 연근해 어획량의 과반수를 차지하는 고등어, 멸치, 오징어, 전갱이, 갈치 등 난류성 어종이 우리나라 주변해역에서 머무는 시간이 길어지게 되면 어장 형성 기간이 늘어나 어획에 유리하게 작용할 수 있다. 그리고 연안 양식어장의 월동문제 해결에도 좋은 조건이 될 수 있다. 특히, 참다랑어나 고등어 같은 난류성 어종에 대한 새로운 형태의 시장수요가 유발될 수 있을 것이다.

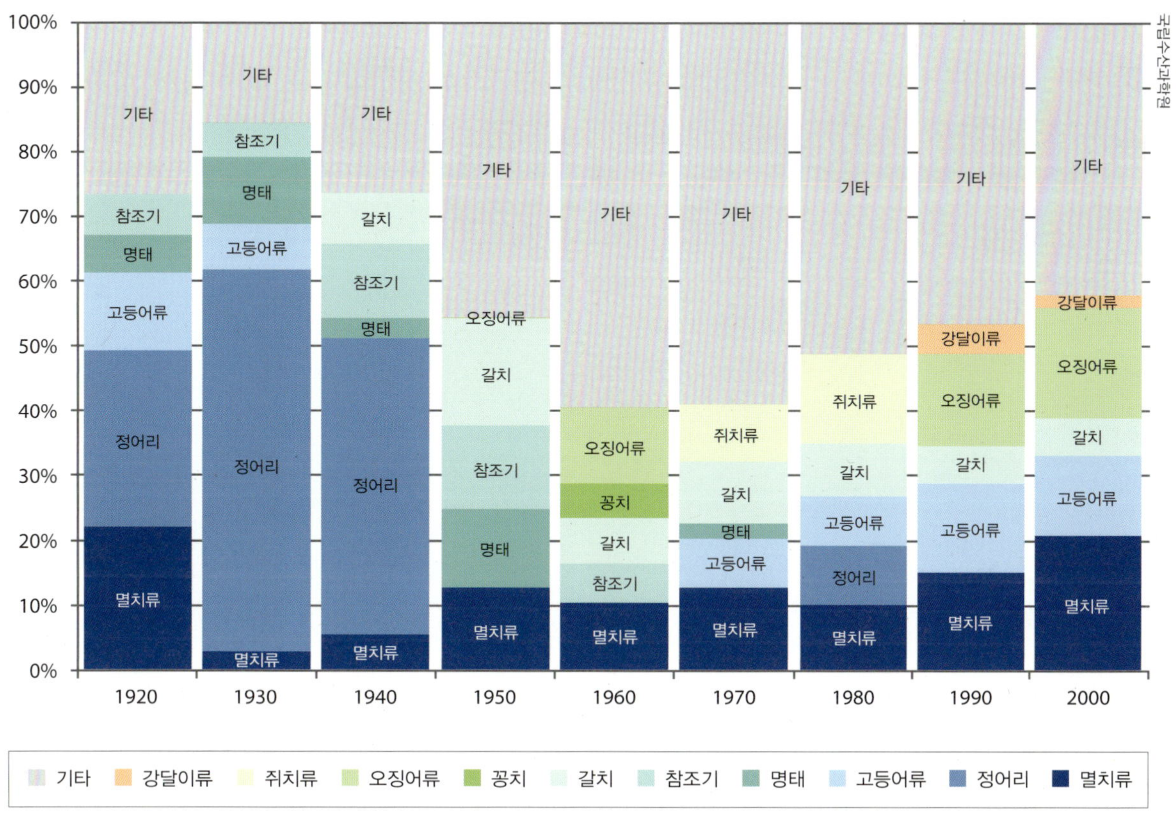

기후변화의 영향이 가장 뚜렷하게 관찰되는 곳은 제주도 인근 해역이다. 제주도 앞바다에서는 과거 무성하게 분포하고 있던 감태 군락지가 아열대 해역에서 서식하는 말미잘(*Entacmaea* sp.)의 군락지로 변화하고 있으며, 깃털제비활치, 귀상어, 민전갱이, 남방주걱치, 납작금눈돔 등 이름도 생소한 어류들이 출현하고 있다. 또한 한반도 연근해에서 거의 출현하지 않았던 아열대성 어종인 흑새치, 보라문어, 백미돔, 날새기 등이 제주도를 포함한 남해, 동해에서도 출현하고 있다.

기후변화는 어종의 교체뿐만 아니라 각 어종의 서식 해역도 바꾸고 있다. 제주도 연안에서 주로 발견되던 자리돔, 횟놀래기, 줄도화돔 등 아열대성 어종의 분포역이 남해연안은 물론 동해의 왕돌초 및 독도 주변해역까지 북상하였으며 출현 빈도도 증가하고 있다. 최근에는 독도 주변해역에 자리돔의 산란장이 존재하는 것으로 밝혀지기도 했다. 이러한 추세가 지속된다면 머지않아 우리의 밥상에 자주 오르던 대중성 어종인 고등어, 멸치, 오징어, 대구, 조기, 명태 등 온대 및 한류성 어종은 밥상에서 사라지고 새로운 아열대성 어종이 그 자리를 메울 날이 올 수도 있을 것이다.

시대별 주요 어종의 변동

1920~1940년대는 정어리가 우점하였으나 1990년대 이후에는 멸치, 오징어, 고등어가 주로 어획되고 있다.

해양에서의 황 순환과 기후변화

최근 태양 복사 에너지의 균형과 기후변화에 있어서 황화합물 에어로졸의 중요성이 부각되고 있다.

김은수 한국해양과학기술원

황은 지각에 함유된 원소 중 14번째로 많은 원소로서 지구의 화학적 기능에 중요한 역할을 한다. 환원된 형태의 황은 생명체의 단백질을 함유한 조직을 구성하는 중요한 영양소이며, 산화상태인 황산염(sulfate)은 자연수 및 강우의 산성도를 조절한다. 지구상에서 황은 산화 · 환원 상태에 따라 +6가인 황산염에서 -2가인 황화물까지 여러 가지 형태로 존재한다.

대기권, 수권, 생물권에 다양한 형태로 저장된 황은 여러 경로와 반응을 통하여 서로 교환되고 있다. 그러나 해양에서 황이 어떻게 순환되는지 관심을 갖게 된 것은 불과 약 40년 전에 지나지 않는다.

● 해수 중의 황화합물

해수 중에는 황이 풍부하게 존재하고 있으며, 대부분이 무기형태이지만 생물학적 활동에 의하여 유기형태의 황화합물이 생성된다. 최근에는 대기로 방출된 황화합물이 주목을 받고 있는데, 대기 중의 산염기 화학과 에어로졸 입자의 형성에 영향을 미치고, 특히 기후변화에 작용하기 때문이다.

해수 중 대부분의 황은 황산염(SO_4^{2-})으로 존재하며, 그 농도는 35‰ 염분에서 2.712g/L이다. 황산염은 다른 양이온과 쉽게 결합하는데, 해수에서는 나트륨과 마그네슘 이온과의 화합물이 30% 이상을 차지한다. 해양표면에서 파도나 바람에 의하여 해염(해수의 미립자)으로 부터 생성되는 황산염은 해염황산염(seasalt sulfate)이라 부른다. 해염황산염은 기체상 황화합물의 산화에 의하여 생성된 에어로졸중의 황산염, 즉 비해염황산염(non-seasalt sulfate)과 구분된다.

USGS

갈색 구름

식물플랑크톤으로부터 생겨나는 이메틸황화물과 구름 응결핵의 반응으로 기후변화에 영향을 주는 것이 밝혀지면서 관심의 초점이 되어 왔다.

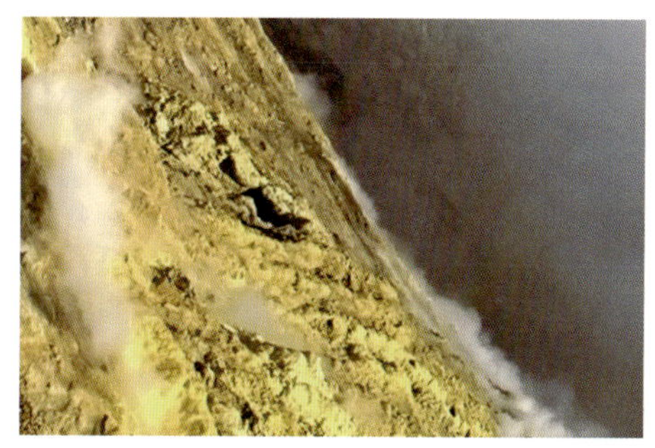

유황 광산

황화수소(H_2S)는 전 해양에 널리 존재한다. 총용존 황화물(total dissolved sulfide)의 약 12%는 황화수소와 같이 자유상태로 존재하며 그 나머지는 대부분 금속과 결합 상태로 존재한다. 황화수소는 환원환경의 해역에서 존재하며, 해양표면에서 산소나 요오드산염(iodate)에 의하여 빠른 속도로 산화된다. 흑해(Black Sea)와 같은 환원환경의 해역에서는 많은 양의 황화수소가 존재하는데, 500~2,000m 수층에서 30~50Tg(S)/yr의 황화수소가 생성된다(T는 tera, Tg은 10^{12}g). 이 양은 전 지구적 황 퇴적량 120~140Tg(S)/yr의 약 1/3에 해당한다. 또한, 흑해의 수층에서 황화수소는 철과 반응하여 안정한 상태의 황철광(pyrite, FeS_2)을 생성한다.

황화카르보닐(carbonyl sulfide, COS)은 유기황화합물의 광화학 반응에 의하여 생성되는데 유기물이 이 반응에 촉진작용을 한다. COS의 농도는 하루 주기에 따라 변화하며 주간에 농도가 가장 높다. (농도범위는 0.03~0.1nmol/L : n은 nano, nmol은 10^{-9} mol). 대기로 방출되는 해양 기원의 COS는 전 지구적 COS 수지의 약 1/3을 차지한다.

해수중 이황화탄소(carbon disulfide, CS_2)의 농도는 약 10^{-11}mol/L이다. 해양의 CS_2는 대기 CS_2의 중요한 기원으로 밝혀졌으나, 그 생화학적 순환은 아직 명확하지 않다. CS_2는 이메틸황화물(dimethyl sulfide, DMS), DMSP(dimethyl sulfonio proprionate,

DMS의 전구물질)와 같은 물질의 광화학 반응에 의하여 생성되며, 환원 환경이나 해양조류 배양과정에서 발생하는 것으로 알려져 있다.

식물플랑크톤으로부터 생겨나는 휘발성 황화합물인 DMS는 기후변화에 영향을 주는 것이 밝혀지면서 관심의 초점이 되어 왔다. DMS는 해수 중에 가장 높은 농도로 존재하는 휘발성 황화합물로서, 대기로 방출되는 지구규모의 생물기원 황 수지의 절반을 차지한다. 조류(藻類)로부터의 DMS 방출은 1935년에 처음 알려졌는데, 해양 조류의 체내에서 삼투압을 조절하고 추위를 방어하는 역할을 하는 DMSP가 분해되면서 DMS가 생성되는 것으로 알려져 있다. DMSP는 DMS lyase 라는 효소에 의해 DMS와 아크릴산(acrylic acid)으로 분해되며 이 과정에서 DMS가 발생하게 된다. 발생한 DMS는 대기로 이동한다.

이 분해 과정은 포식자, 바이러스 등에 의하여 가속화되며, 식물플랑크톤의 최대 번성 후 쇠퇴기에 DMS의 발생이 더 많아지는 것으로 밝혀졌다. 외양의 표층 해수에서의 DMS농도는 0.5~5nmol/L 정도로서 일반적으로 겨울에는 감소하고 여름에는 증가한다. 중위도 및 고위도 지역에서는 계절에 따라 50배 이상 차이가 나기도 한다. 연안에서는 DMS의 농도 변화가 매우 심한데, 동일한 장소에서 2주일 동안 10배 이상 변하기도 한다. DMS 방출량은 식물플랑크톤의 종에 따라 큰 차이가 있으며, 동물플랑크톤이 식물플랑크톤을 잡아먹는 과정에서도 크게 증가하는 것으로 알려져 있다. 실험 결과를 보면 동물플랑크톤으로 존재할 때보다 생성량이 30배 증가하는 것으로 나타났다.

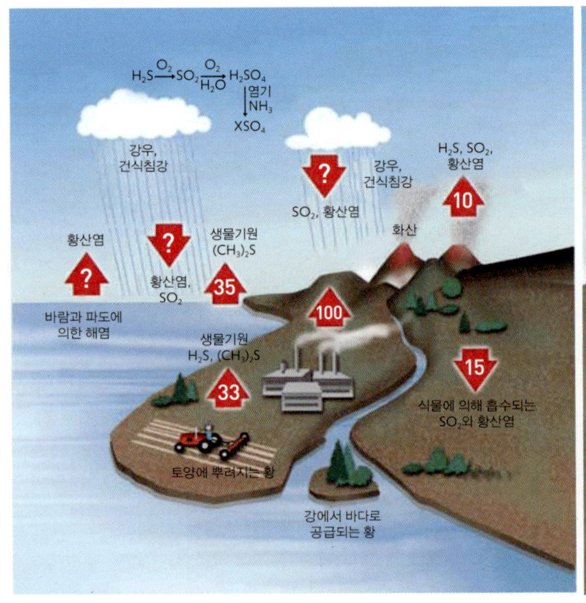

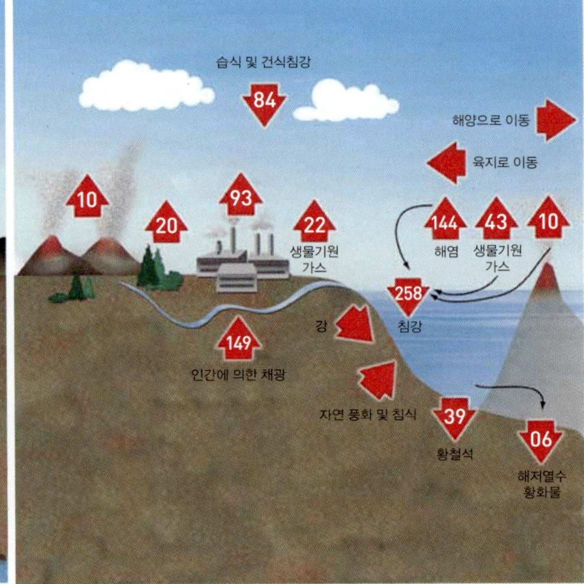

전 지구적인 황의 순환 모식도
단위는 Tg(S)

● 해양의 DMS 방출과 지구 기후 변화

이제껏 지구 기후의 변화와 관련한 중요 연구과제는 이산화탄소나 메탄 문제였다. 하지만 최근에는 태양과의 방사 균형에 있어서 대기 중 에어로졸의 중요성이 부각되고 있다. 황을 함유한 기체들의 대기 중 산화에 의해 생성되는 에어로졸이 기후에 큰 영향을 미칠 수 있다는 것이 밝혀졌기 때문이다.

지구 상에서 황의 순환을 이해하기 위해서는 기체 상태의 황이 해양에서 육상으로 수송되는 경로를 밝히는 것이 필요하다고 인식되어 왔다. 1970년 초에 해양 대기 중에서 DMS가 발견됨으로써 지구규모의 황의 순환에 새로운 변화를 가져오는 계기가 되었다. 1980년대 말에는 생물유래의 황화합물이 기후를 제어하는 인자라는 CLAW 가설(Charlson, Lovelock, Andreae, Warren이 주장한 DMS-구름 응결핵-기후에 관련된 가설로 저자들의 이름의 첫 글자를 따서 붙여진 이름)이 제안되어 해양화학 및 대기학을 비롯한 지구 과학 관련 분야를 놀라게 하였다. 해양 대기 중에서의 DMS 등 생물기원 황화합물의 측정이 본격적으로 이루어진 결과, 생물기원의 황화합물(DMS, H_2S, CS_2, COS)의 배출량은 화석연료에 의한 인위적 기원의 황 배출량의 1/3 정도인 것으로 밝혀졌다. 이들 중 해양에서 생성되는 DMS는 생물기원 황화합물의 약 90% 이상을 차지한다. 그러나 DMS의 수명이 길기 때문에 대기 중의 황에 기여하는 비율은 오히려 인위적 기원의 황보다 크다(생물 기원 황의 총황에 대한 기여율은 약 40%임).

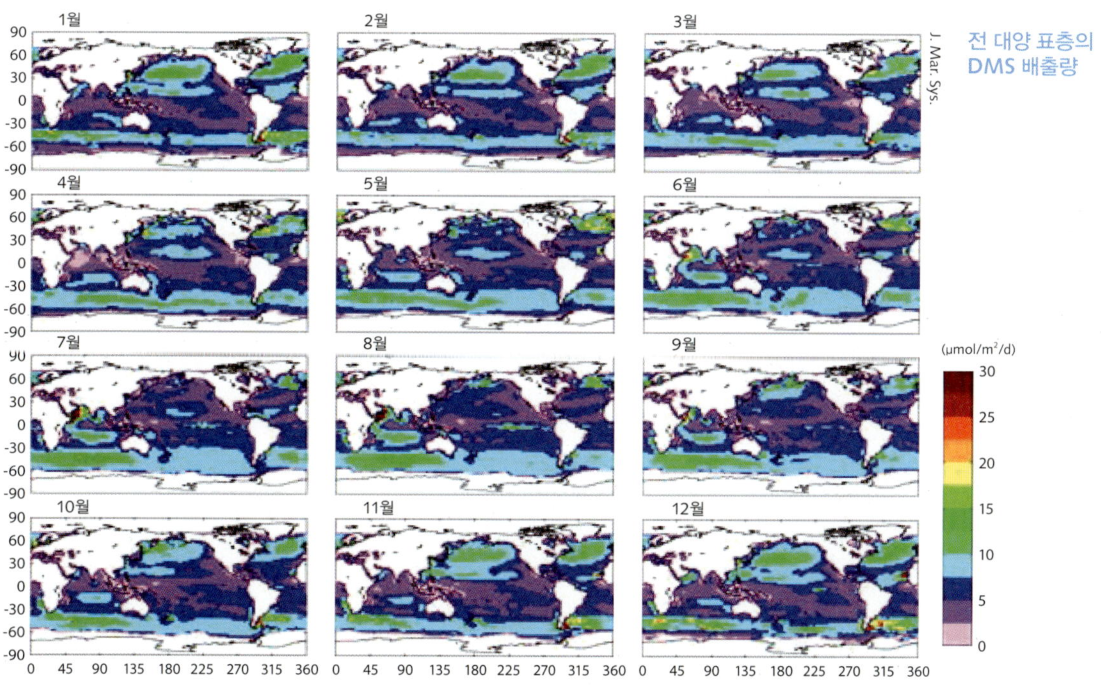

전 대양 표층의 DMS 배출량

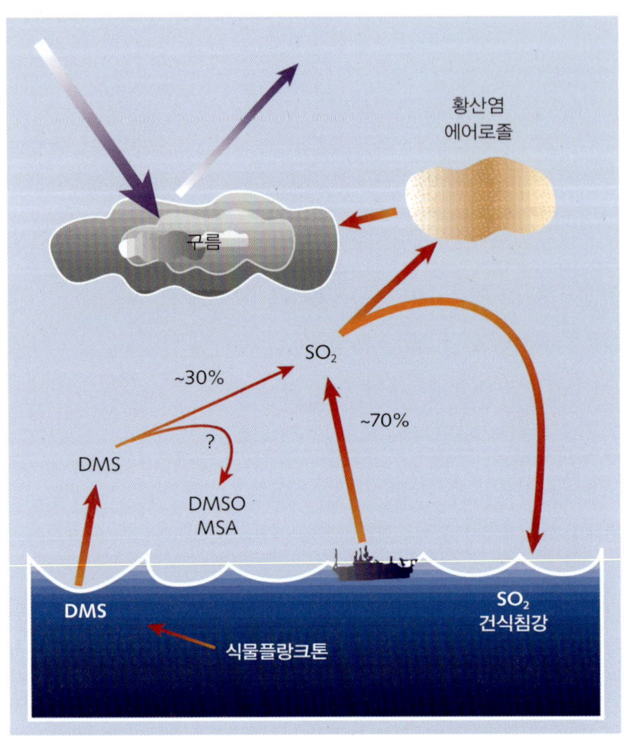

해양-대기 경계면 에서의 황화합물 순환 모식도

DMS는 대기 중에서 수산기라디칼에 의한 광화학적 산화반응을 받아 SO_2, 메틸슬폰산(CH_3SO_3OH : methanesulphonic acid, MSA), 황산(H_2SO_4)을 생성하는 것으로 알려져 있다. CLAW 가설에 의하면 해양의 식물플랑크톤들이 방출하는 막대한 양의 DMS는 대기 중에서 광학적 산화반응을 거쳐 MSA, 황산염 등을 생성한다. 이들은 입자상으로 존재하고 강한 흡습성을 갖기 때문에 구름의 응결핵(cloud condensation nuclei, CCN)으로 작용하여 구름의 생성을 촉진시킨다. 그 결과, 구름 응결핵은 구름의 알베도(albedo : 입사광 광도에 대한 반사광 광도)를 증대시켜 지표면을 냉각시키는 작용을 한다. CLAW 가설은 해양 대기 중 구름 응결핵의 주요 기원은 생물기원의 DMS가 산화되어 생성된 황산 에어로졸이라고 주장하는데, 이와 같은 기후 변화는 다시 해양 생물에 영향을 주게 되어 DMS의 발생량에 영향을 미치게 된다. 즉 해양 생물과 지구 규모의 기후 변화가 대기-해양간의 경계를 두고 피드백을 주고 있다는 것이다.

이 CLAW 가설은 현재의 해양대기의 관측, 과거 대기성분을 갖고 있는 빙하코아의 연구, 백악기와 제3기 경계층(약 6,500만 년전)에서의 기후 변화 연구 등 생물활동과 기후에 관한 연구에 이용되고 있다. 이 가설에서는 대기 중의 황화합물을 대부분 생물기원으로 가정하고 있는데, 일부 학자는 인위적으로 방출된 황(SO_2 등)도 대기 중에서 산화되므로 구름 응결핵으로서 고려해야 한다는 주장을 하고 있다. 해양 생물기원 DMS의 대기로의 방출량은 해양의 많은 부분을 차지하는 남반구에서 높은 값을 나타내고, 인간 활동에 의하여 방출되는 황(SO_2)의 방출량은 북반구에서 높게 나타난다. 이들 화합물은 SO_4^{2-}로 산화되어 구름핵을 형성하며, 강우 등에 의하여 대기 중에서 쉽게 제거된다. 인위적으로 발생한 황은 화학적으로 불활성인 이산화탄소와 같이 지구 전체에서 균일하게 분포하지 않고, 북반구에서 높게 나타나기 때문에 북반구에서의 구름 응결핵을 증대시킨다는 것이 CLAW 가설의 주장이다. 그러나 인위적으로 발생한 황의 영향은 구름 응결핵의 성분이지만 과거 약 100년간의 기후 기록에서 찾지 못하고 있다.

최근까지 CLAW 가설에 관한 연구가 꾸준히 진행되어 왔다. 그러나 생물권-기후간 작용에서 해수중의 DMS 농도를 조절하는 인자, 대기-해양 경계면에서의 이동 속도 및 기작, DMS 산화로 부터의 구름 응결핵의 생성, 해양에서 DMS 생산에 미치는 기후의 영향 등과 같은 기본적인 쟁점은 해결되지 않고 있다. 결론적으로, 아직 모든 반응 과정을 정량적으로 예측하는 모델을 구현하지 못하고 있다는 것이다. 온난화가 DMS 방출량의 증가 및 감소에 의하여 변화하는지 확신하지 못하기 때문에 피드백의 신호를 추론할 수 없는 것이다.

● 빙하기의 DMS

약 10만 년을 주기로 하는 빙하기와 간빙기의 반복은 지구궤도의 변화에 따른 태양으로부터의 입사열 변동에 의한 것으로 설명되고 있다. 그러나 입사열의 변동만으로는 빙하기의 원인을 설명하기 어렵고, 지구가 한랭화 된 시기에 어떠한 피드백 기작이 작용한 것으로 추정되고 있다.

과거의 대기에 관한 정보를 얻기 위해 남극 빙하코아를 분석한 결과, 대기 중의 이산화탄소 농도가 낮았던 빙하기에는 알루미늄, 비해염성 칼슘 농도가 높고, 육상기원 물질의 대기 수송량이 증가한 것으로 나타났다. 이것은 빙하기의 풍속이 현재에 비해 높았다는 추정과 일치한다. 빙하코아의 알루미늄 농도에서 환산한 철의 농도는 간빙기에 비해 빙하기에 약 50배가량 높은 것으로 나타나고 있다. 지구가 냉각되기

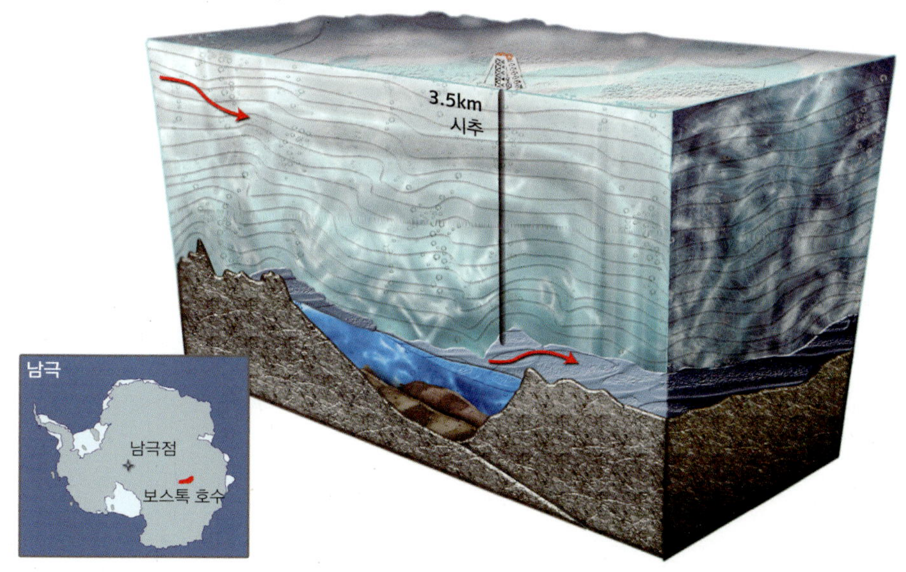

남극의 얼음 밑의 보스토크 호수

보스토크는 러시아어로 '동쪽'이라는 뜻으로 여기서 현재까지 약 3.5km 이상의 시추작업이 이루어지고 있다.

남극에서 빙하코아 시료를 처리하는 모습

극지방의 얼음을 뚫는 빙하코아로부터 과거의 환경에 대한 다양한 정보를 얻을 수 있다.

시작했을 때, 철이 결핍된 해역으로 바람에 의한 대량의 철이 공급되면 생물생산은 증가하고, 해수중의 이산화탄소는 감소할 것이다. 이 결과 온실기체인 대기 중의 이산화탄소는 해양에 흡수되고, 한랭화는 가속화되었을 것이다. 동시에 빙하기에는 식물플랑크톤에서 유래된 DMS가 대기 중으로 많이 방출되어 구름 응결핵으로서 작용하는 MSA, SO_4^{2-}농도는 증가했으며, 그 결과 알베도가 증가하여 한랭화가 가속화되었을 것으로 추정한다.

● 남극의 빙하 속에 감춰진 증거

이와 같은 추정이 사실이라면 빙하기에는 해양생물생산이 증대하고, 대기 중으로의 DMS 공급량이 증가했을 것이다. 이러한 현상에 대한 증거가 지구 상의 어디엔가 존재할 것이라는 가정하에 극지방의 빙하코아에 대한 연구가 활발하게 진행되었다.

빙하코아의 분석결과, 빙하기의 남극 보스토크(Vostok) 빙하코아 중의 비해염성 황산염은 간빙기에 비하여 20~46% 높은 농도를 보이는 것으로 나타났다. 비해염성 황산염은 대부분이 식물플랑크톤에서 유래한 DMS이므로, 이 결과는 빙하기에 해양의 생물생산이 증대했다는 것을 의미한다. 또, 최종 빙하기(110,000~70,000년 전)의 남극 빙하코아 중의 MSA도 현재보다 2~5배 높았던 것으로 보고되었다. MSA는 식물플랑크톤에서 기원한 DMS의 산화 생성물이고, 화산성 SO_2로부터는 생성되지 않는다. 그러므로 식물플랑크톤 기원의 MSA 증가는 빙하기에 해양의 기초생산이 현재보다 높았다는 것을 의미한다는 것이다.

그러나 이와 다른 연구 결과도 발표되었는데, 남극 빙하코아의 과거 8차례의 빙하시대(74만 년 전)에서 생물기원 DMS 방출은 기후변화에 영향을 주지 않는다는 것이다. 또한, 북극 빙하코아에서 MSA가 기후변화와 밀접한 관계를 나타내는 지역이 있는 반면, 지역에 따라서는 오히려 빙하기에 MSA의 농도가 2~2.5배 낮게 나타나는 경우도 보고되었다.

이처럼 빙하기와 간빙기의 MSA의 농도 변화가 CLAW 가설에 대한 대답을 주지 못하고 있는 이유는 MSA 농도가 DMS 생성이나 대기에서의 이동 양상 등 다양한 원인에 의해 달라지기 때문이라고 알려져 있다. 기후변화에 있어서 비해염성 황산염, DMS의 역할은 아직 가설에 불과하며, 앞으로의 연구결과에 따라 증명될 것이다.

● 황산 에어로졸과 강우 중의 동위원소비

황산 에어로졸은 에어로졸 중에서 가장 중요하며, 대기 중의 구름이나 빗방울의 생성원인이 된다. 황산의 기원은 해수로부터 온 것과 대기 중의 기체 황화합물이 산화되어 생성된 것의 두 가지로 크게 나눌 수 있다.

이들 황산 에어로졸은 강우나 입자성 강하물에 의하여 대기에서 제거되는 한편, 생물활동, 화산활동, 인간활동 등에 의하여 지표로부터 방출된다. 황산 에어로졸과 강우 중의 황산의 황 동위원소비에 관한 연구는 1960년대부터 시작되었다. 해수의 황산염 동위원소비는 +20.3‰에 가까운 값을 가지고 있으며, 해양에서 방출된 DMS는 해양생물과 비슷한 +13~+19‰의 값을 보인다. 반면, 담수기원의 DMS는 0~+10‰을 나타낸다. 황화수소 같은 생물 기원황은 생성된 지역의 환경에 따라 크게 변화하는데, 호소, 논에서 발생하는 것은 -10~+10‰의 범위를 가진다. 또한, 화석연료에서 발생되는 SO_2는 화석 연료와 비슷한 +2~+20‰의 값을 가진다. 강수중의 황 동위원소비는 이들의 구성 비율에 따라 변하므로 동위원소비를 측정함으로써 황의 기원을 추적하는 것이 가능하다.

강우중의 황 동위원소비는 +2~+9‰의 변화 폭을 보이는데, 동위원소비는 여름철에 낮고 겨울철에 높은 경향을 보인다. 동위원소비가 계절에 따라 변동하는 중요한 원인은 다음과 같다. 여름철에는 생물활동이 활발해짐에 따라 동위원소비가 낮은 황화수소, DMS의 발생이 증가하고, 겨울철에는 화석연료 사용이 많으므로 무거운 동위원소비를 갖는 황을 많이 방출하기 때문이다.

에어로졸

에어로졸은 해양환경의 다양한 방면에서 매우 중요한 역할을 하며 대표적으로는 기후변화와 해양생산성에 기여한다.

이강웅 한국외국어대학교

바람이 강한 날, 부서지는 파도에서 물방울이 떨어져 대기 중으로 흩어져 날리는 장면은 항상 바다에 대한 경외감을 준다. 이처럼 대기 중에 떠있는 상태로 존재하는 매우 작은 크기(수nm~수십μm)의 액체나 고체상 물질을 에어로졸이라고 하며, 자연적인 것과 인위적인 활동에서 발생하는 물질로 구성된다.

에어로졸은 화학적 성질이나 기원에 따라 먼지(dust), 훈연(fume), 미스트(mist), 매연(smoke), 스모그(smog), 박무(haze), 검댕(soot) 등 다양하게 세분되기도 하는데 모두 한 범주이다. 특히 에어로졸은 해양환경의 다양한 방면에서 매우 중요한 역할을 하며 대표적으로는 기후변화와 해양생산성에 기여한다.

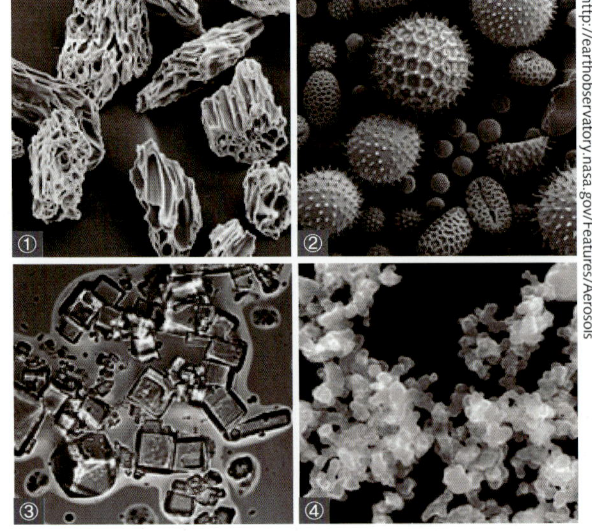

에어로졸의 전자현미경 사진
① 화산재, ② 꽃가루, ③ 해염, ④ 검댕

http://earthobservatory.nasa.gov/Features/Aerosols

● 에어로졸의 종류와 발생

에어로졸은 입자의 크기에 따라 조대입자(1μm 이상), 미세입자(0.1~1μm), 극미세입자(0.1μm 이하)로 구분한다. 극미세입자는 에이트킨(Aitken) 영역 또는 핵 영역이라고 불리기도 하는데 주로 연소과정이나 고온의 증기가 식어서 응결할 때 초기에 나타나는 크기이다. 이보다 큰 미세입자는 주로 증기나 기체가 반응하여 형성된 작은 입자들이 모여서 이루어지기 때문에 집적영역이라고 불리기도 한다. 일반 대기환경에서 많이 사용하는 용어인 PM10이나

부서지는 파도
데이비드 제임스 작, 1894

PM2.5는 10μm 또는 2.5μm보다 작은 모든 입자의 총량을 지칭하는 것으로 보통 보건 환경적인 중요성 때문에 대기오염 관리 목적으로 규정한 크기이다. 이들 크기의 에어로졸은 호흡할 때 기관지에 걸러지지 않고 폐에 축적되어 건강에 지대한 영향을 줄 수 있기 때문에 국가가 일정한 기준을 가지고 관리하게 된다. 초기에는 PM10을 많이 사용했으나 건강에 실질적으로 유해한 크기가 1~2μm 이내의 작은 크기인 것으로 알려지면서 PM2.5 나 PM1을 적용하는 추세이다.

조대입자는 주로 바람 등 기계적 작용으로 발생한 먼지 등이 직접 대기 중으로 유입되어 나타나며 대체로 가장 큰 조대입자의 주성분이다. 대기 중에 유입된 비교적 무거운 에어로졸은 점진적으로 중력에 의해 지상으로 떨어져 대기 중에서 소멸한다. 가장 작은 크기인 극미세 에이트킨(Aitken) 영역 에어로졸은 활발한 분자확산으로 지표면으로 빠르게 이동되거나 병합과정을 통해 좀 더 큰 크기인 미세입자로 자라게 된다. 에어로졸 중에서 가장 중요한 크기는 미세입자이다. 미세입자 에어로졸은 중력의 영향이 미비하고 분자확산도 잘 일어나지 않아 대기 중에 오랜 시간 머물 수 있기 때문이다. 특히 우리 눈에 가장 잘 띄는 가시광선 영역에서는 미세입자 크기의 에어로졸을 통해 빛의 산란이 가장 많이 발생한다. 오염이 심한 날은 이러한 에어로졸 때문에 가시도가 나빠진다. 에어로졸은 대기 중에서 주로 강우에 의해서 제거되며, 일부는 중력이나 분자확산에 의해서도 제거된다. 대기 중으로 유입되는 양과 제거되는 양의 균형에 의해서 해양대기에는 비교적 일정한 수의 에어로졸의 농도가 유지된다. 청정한 해양대기에서는 1cm^3 당 100~400개 정도의 에어로졸이 존재한다.

다양한 과정을 통해 형성되는 에어로졸의 크기 분포와 제거 작용

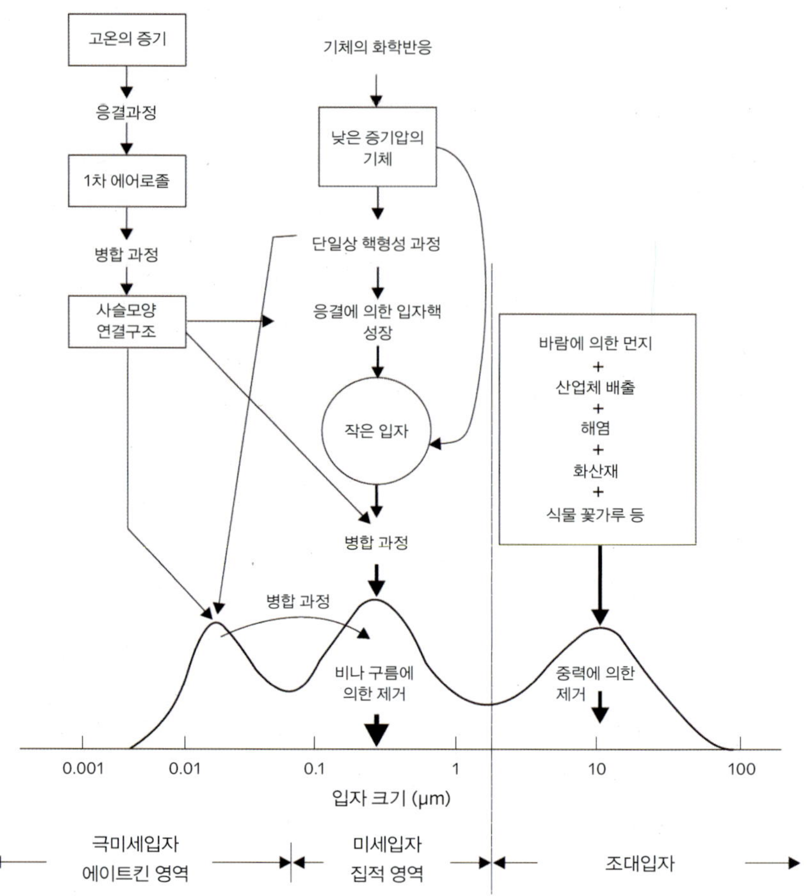

가장 흔한 에어로졸의 성분은 바닷물에서 대기 중으로 배출된 미세한 물방울에서 물이 빠른 속도로 증발하고 남은 해염(소금결정)이다. 해양 대기환경에서는 파도에서 깨져 흩날리는 물방울이 우리에게 가장 익숙한 에어로졸처럼 느껴지지만 실제로 파도가 부서져 발생하는 에어로졸의 양은 매우 작은 양이다. 파도가 일 때 많이 발생하는 물속에 갇힌 미세한 크기의 수많은 공기 방울이 수면 위에서 터질 때 다량의 물방울을 대기 중으로 배출한다.

해수면 경계부분에서 공기 방울의 수막이 터질 때 2μm 정도 크기의 물방울이 다수 방출되는데 이를 막 물방울(t_1)이라 한다. 이후 왕관 현상에 의해 수 백μm 크기의 큰 물방울이 2~3개 정도 배출되는 것을 제트 물방울(t_3) 이라 한다. 습도가 80% 정도 되는 해양 대기 중에서는 이들에 포함된 물이 일부 증발되어 크기는 원래의 반 정도로 줄어들고 좀 더 건조한 환경에서는 원래 물방울 크기의 1/4 정도인 해염 에어로졸이 된다. 해염 에어로졸은 보통 단일 결정 형태보다는 다른 물질과 혼재되거나 해양생물

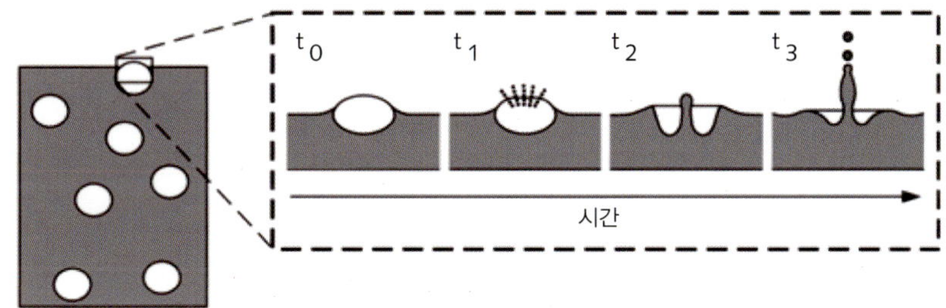

에어로졸의 생성
파도가 일 때 물속에 갇힌 공기 방울이 해수면 위로 상승하고 해수면 경계면에서 깨지며 미세한 물방울이 공기 중으로 부상하게 되는 과정

에서 배출된 유기물과 결합하여 나타나는 경우가 많다.

이외에 화산활동에서 나온 재나 식물의 꽃가루 등도 발견되곤 한다. 청정한 해양 환경과 달리 육지와 가까운 환경에서는 자연적인 성분 이외에도 인위적인 성분이 다량으로 존재하는데 대부분 인간이 산업시설이나 자동차 등에서 배출한 오염물질로부터 유래한 황산염, 질산염, 검댕이나 유기물질성분이다. 에어로졸은 자연적인 것과 인위적인 것으로 구분한다. 또한, 대기 중에서 원래 시작부터 같은 형상, 즉 처음부터 동일한 물질의 액체나 고체로부터 출발한 에어로졸(primary aerosol)인지 원래 대기 중의 기체상 물질이 물리화학적 반응을 거쳐 다른 에어로졸로 전환된 2차적으로 생성된 에어로졸(secondary aerosol)인지 분류하기도 한다.

● 전 지구적 생지화학 순환에 있어서의 중요성

에어로졸은 전 지구적인 규모에서 토양-대기-해양이 연계된 주요 영양염 물질의 생지화학순환에 중요한 역할을 하고 있다. 육상에서 발원한 먼지는 대부분 대기를 통해 이동한 후 해양에 침착된다. 실제로 북태평양에서만 평균적으로 5억 톤에 가까운 육상 먼지가 대기를 통해 이동한 후 해저에 침적되는 것으로 알려져 있다. 이 과정에서 육상의 먼지에 다량 포함된 풍부한 철 이온이 바닷물에 용해되어 식물플랑크톤의 생장과 성장에 지대한 영향을 주는 것으로 알려져 있다. 1994년 미국의 마틴 박사는 대기에서 이동하는 육상 기원 에어로졸 중에서 철이 광대한 해양의 일차 생산성을 결정하는데 결정적인 역할을 하는 기작이라는 것을 처음 제안하였다. 이후 다양한 연구를 통해 이 사실이 확인되었다. 또한, 에어로졸에 포함된 질산염이나 암모늄염은 해양에 침적될 경우 즉시 식물플랑크톤에 의해 흡수되어 일차 생산에 사용될 수 있는 중요한 영양염이라는 것이 밝혀졌다. 해양에서 질소동화작용을 통해 질소 영양염을 생산하는 남조류의 생장에 에어로졸의 철이온이 중요한 요인이며 이로 인해 에어로졸이 해양의 일차생산에 매우 중요한 역할을 하는 것으로 밝혀졌다. 에어로졸이 이와 같은 전 지구적인 생지화학순환의 기작을 통해 기후변화와 의미 있는 상관성을 맺고 있다는 연구가 최근에 많이 보고되고 있다. 대기를 통해 다량의 육상 먼지가 해양으로 유입되면 육상의 생산성이 증가하며 이는 곧 대기 중의 CO_2 농도를 감소시키는 역할을 할 수 있다. 과거 빙하기 동안은 현재보다 훨씬 많은 양의 에어로졸이 발생했는데 이는 곧 해양생산성이 현재보다 현저히 높았을 가능성을 지시하며 결과적으로 대기 중의 CO_2 농도를 낮게 유지한 원인이 되었다.

● 연안환경의 부영양화

에어로졸에 포함된 질산염은 대부분 인위적으로 자동차나 공장 굴뚝에서 배출되는 산화질소 기체가 대기 중에서 화학적으로 반응하여 입자상의 에어로졸로 축적된 물질이다. 이미 언급된 바와 같이 영양염이 고갈된 먼 해양에 에어로졸에 포함된 질산염이 침적될 경우 식물플랑크톤의 영양염이 되지만 영양염이 비교적 풍부한 연안지역에 침적될 경우에는 오히려 부영양화를 일으키는 요인이 될 수 있다. 미국의 워싱턴시에

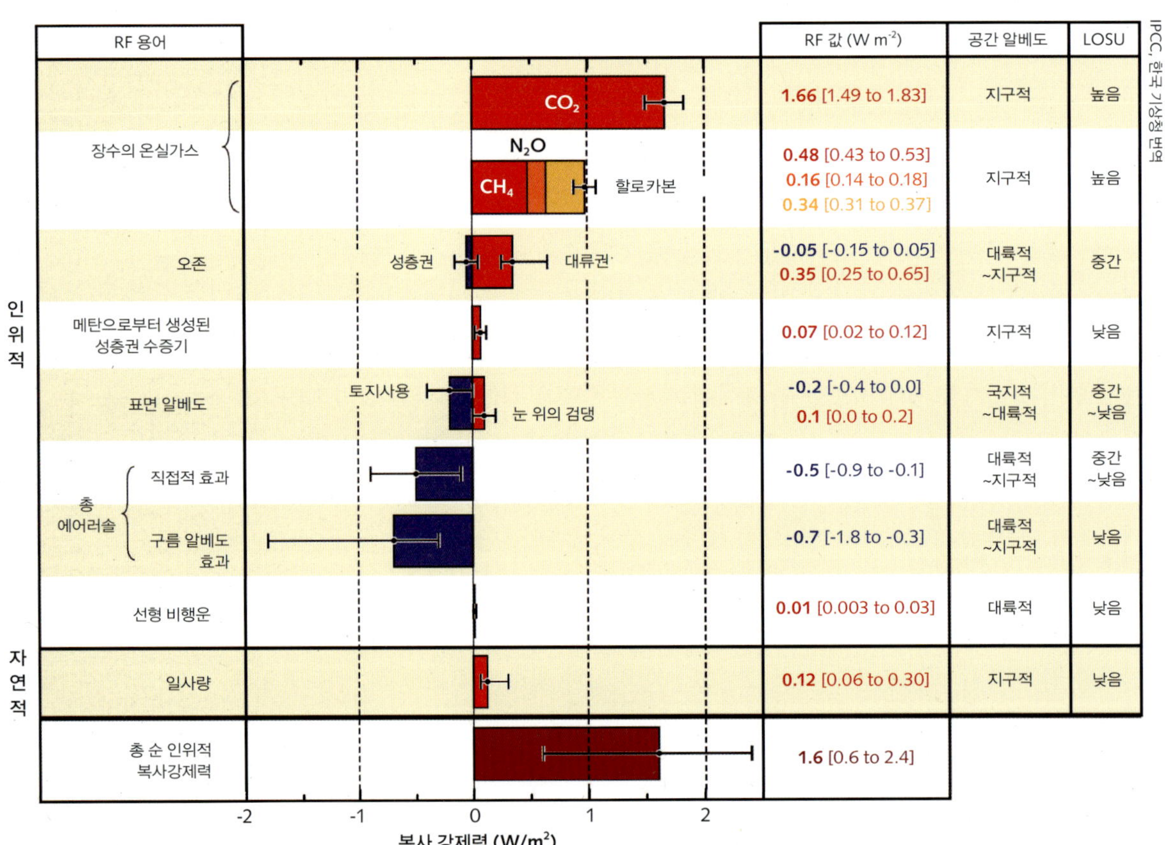

각종 온실기체의 복사강제력

인접한 체사피크 만 유역, 우리나라의 시화호 유역 등 하천을 통한 영양염의 유입이 비교적 높은 환경에서도 에어로졸의 침적이 연안 환경의 부영양화에 상당한 영향을 미치는 것으로 보고되고 있다.

● 에어로졸이 기후에 미치는 영향

에어로졸은 직간접적으로 기후에 많은 영향을 준다. 기후변화에 관한 정부 간 패널(IPCC)에서 발간한 종합보고서(2007)에 따르면 에어로졸이 기후에 주는 영향은 온실기체에 의한 온난화 효과에 비교될 수 있을 정도로 중요하다.

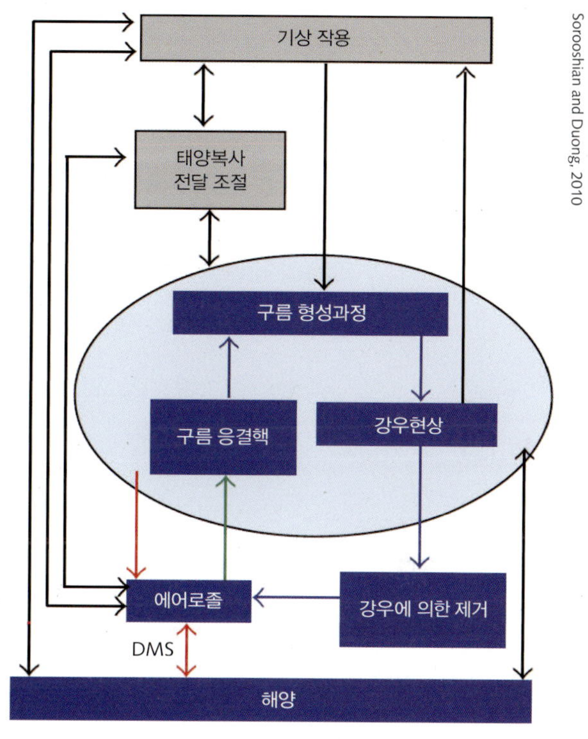

해양과 에어로졸 및 기후변화의 상관관계

대기 중의 에어로졸은 태양에서 지구로 유입되는 태양 빛을 산란하거나 반사해 지표면을 냉각시키는 역할을 한다. 보고서에 따르면 온실기체에 의한 기온 상승효과의 1/4 정도를 에어로졸이 냉각효과로 상쇄시키고 있는 것을 알 수 있다. 상식적으로 상대습도가 100%가 되면 물이 응결하는 것으로 알고 있지만 물을 응결시켜주는 응결핵인 에어로졸이 없으면 상대습도가 600~700% 될 때까지 물의 응결이 발생하지 않는다. 그러나 구름 응결핵으로 작용하는 에어로졸이 있을 경우 습도가 80~90%만 되어도 물의 응결이 일어나 구름이 형성될 수 있다. 결국 에어로졸이 구름의 발생을 촉진하고 그에 따라 태양입사의 일부를 반사해 기온을 낮추는 역할을 하는 것이다. 이러한 냉각효과 (간접효과)는 에어로졸에 의한 태양 빛의 직접 반사효과보다 크다. 에어로졸의 간접효과와 직접효과의 합은 온실기체에 의한 기온상승효과의 70% 정도를 상쇄시키고 있는 것으로 알려져 있다. 만약 대기 중에 에어로졸이 없었다면 지구온난화 속도는 지금보다 훨씬 빠르게 진행되었을 것이다.

연구에 의하면, 에어로졸이 기후에 미치는 영향은 해양과 연계되어 좀 더 복잡하게 진행되기도 한다. 대기를 통해 해양으로 침적되는 에어로졸은 해양의 식물플랑크톤에 영양염의 공급원이 되고 일차생산력을 증가시킬 수 있다. 식물플랑크톤 세포 내부에는 짠 해수환경에 적응하기 위한 삼투압조절 물질이 다량 함유되어 있는데 이 삼투압조절물질에서 기원한 이메틸황(dimethyl sulfide, DMS)이 결국에는 대기 중으로 배출된다. 배출된 이메틸황 기체는 대기 중에서 화학반응을 통해 빠르게 산화되어 미세입자크기의 에어로졸로 전환되고 이들은 구름의 응결핵으로 작용하여 구름의 발생을 증가시키는 역할을 한다. 해양의 에어로졸 증가나 지구온난화에 의해 해양의 일차생산이 증대되면 DMS 배출이 증가한다. 이는 미세먼지 크기의 에어로졸 농도 증가, 구름응결핵 증가, 구름 형성 증가를 초래하고 태양복사열을 반사하여 결국은 기온을 낮추는 과정으로 작용할 수 있다. 이러한 해양과 대기의 피드백 과정(feedback mechanism)에 가장 핵심적인 역할을 하는 것이 해양의 에어로졸이다.

● 황사의 영향

황사는 중국과 몽골의 사막지대와 황화 중류의 황토지대에서 강력한 저기압에 동반하는 모래먼지이다. 입자의 크기가 매우 큰 발원지 인근에서는 대부분 가라앉고 나머지 작은 크기의 입자가 저기압의 상승기류를 따라 우리나라와 일본 심지어 미국까지 장거리로 이동한다. 황사 중 에어로졸의 크기는 미세먼지보다 약간 큰 1~10μm이며 이 정도 크기의 에어로졸은 강우가 없을 경우 수 일에서 수 주 이상 대기 중에 머물 수 있다. 황사와 유사한 먼지폭풍은 사하라사막에 인접한 대서양에서도 지속적이고 좀 더 큰 규모로 나타난다. 동북아시아 지역에서 심각한 대기오염 문제로 인식되고 있는 황사는

3~5월 중 육상기원 먼지의 해양환경 중 농도 분포

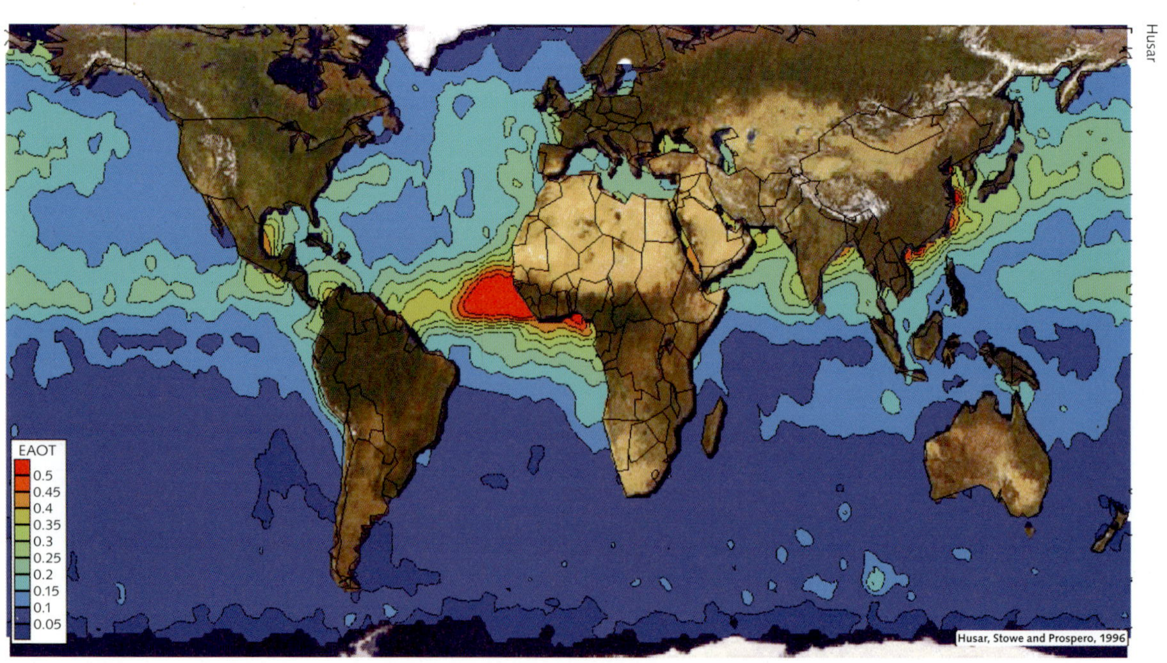

연합뉴스

황사
중국과 몽골의 사막지대와 황하 중류의 황토지대에서 유래한 황사 중 작은 크기의 입자가 상승 기류를 따라 우리나라와 일본 심지어 미국까지 장거리 이동한다.

단지 인간에게 유해할 뿐만 아니라 해양 생태계에 지대한 영향을 줄 수 있다. 황사 중에 존재하는 광물성 입자의 경우 이미 언급된 바와 같이 해양생태계에 미량으로 존재하는 철과 인 등 영양염의 중요한 공급원으로 밝혀져 해양의 탄소순환에 영향을 줄 수 있고 나아가 대기 중 온실기체의 농도를 조절하여 전 지구적인 기후에 관여할 수 있다. 지구온난화에 따라 황사의 발생 빈도와 규모가 점차 증가할 것으로 예상되기 때문에 이에 대한 대책도 마련되어야 한다. 특히 해양환경에서 관측되는 황사는 단지 육상의 먼지성분만이 아니라 해양환경으로 이동하는 경로 중에 발생한 다양한 오염물질을 포함하고 있는 경우가 많다. 그러므로 연안 및 해양환경의 추가적인 오염원으로도 무시할 수 없는 수준이다.

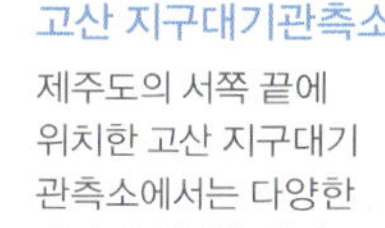

제주시

고산 지구대기관측소
제주도의 서쪽 끝에 위치한 고산 지구대기관측소에서는 다양한 대기의 성분을 상시 관측하고 있다.

해양오염의 원인과 영향

Causes and Impacts of Marine Pollution

사람들은 바다가 인간이 배출하는 오염물질들을
모두 정화해 줄 수 있을 것이라고 생각했으나, 그것은 잘못된 생각이었다.

해상 유출 사고에 의한 기름오염

바다에서 발생하는 기름 유출 사고는 대표적인 환경 재앙으로 꼽힌다.
기름 오염 사고는 해상으로 기름이 수송되는 한 계속될 수밖에 없다.

임운혁 · 강성현 한국해양과학기술원

바다를 검게 뒤덮으며 해안으로 밀려드는 기름은 그 광경만으로 모든 것을 압도한다. 바다에서 발생하는 기름 유출사고는 대표적인 환경 재앙으로 꼽힌다. 잊을 만하면 반복되는 기름 오염 사고는 해상으로 기름이 수송되는 한 계속될 수밖에 없다.

기름 유출 사고가 발생하면, 인간의 힘으로는 검은 기름으로 뒤덮인 해안을 원상태로 되돌려 놓을 수 없다는 사실을 깨닫게 된다. 1989년 알라스카에서 엑슨발데즈호 사고가 발생했을 때, 엑슨모빌사는 약 20억 달러를 투입하고, 1만 1천 명의 인원을 동원하여 오염된 해안에서 정화작업을 계속했지만 유출된 기름 대부분은 영원히 다시 주워 담을 수 없었다. 갖가지 정화기술이 동원되었지만, 인위적인 조치들은 오히려 피해를 가중시키는 결과를 초래하기도 했다. 2007년 12월 태안에서 허베이스피리트호 유출사고가 발생했을 때에는 1,300억 이상의 방제 비용이 소요되었고, 100만 명 이상의 자원봉사자가 방제작업에 참여했지만 회수된 기름은 20%에 불과했다.

● 계속될 수밖에 없는 재앙

대규모 기름 유출 사고가 발생하면 재발 방지를 위해 많은 대책이 쏟아져 나온다. 미국에서는 엑슨발데즈 사고의 충격으로 10년간 끌어오던 유류오염에 관한 법률을 통과시켰고, 방제기술과 방제체제를 전면적으로 개편했다. 1990년에는 국제해사기구(IMO)의 후원으로 전 세계 94개국이 유류오염의 예방, 대응 및 협력에 관한 국제협약(OPRC 협약)을 채택했다. 국내에서도 허베이스피리트호 사고 이후 2011년부터 이중선체구조 유조선의 운항이 의무화되었다. 전 세계의 해상으로 수송되는 원유와 제품유는 연간 10억 톤에 달하며 해상 유출 사고는 석유가 생산되는 한 언제든 발생할 위험이 있다.

NOAA ORR

대표적인 기름유출 사고

① 1978년의 아모코 카디즈호 유출사고

② 1979년 미국에서 발생한 유조선 벌마 아케이트호 사고

③ 1979년 멕시코 만에서 발생한 익스톡 유전 유출사고

④ 1983년 알라스카에서 발생한 엑슨 발데즈호 유출사고

● 다양한 경로로 유입되는 기름

매년 약 120만 톤 이상의 기름이 다양한 경로를 통해 해양으로 유입되는 것으로 알려져 있다. 이중 자연적인 누출이 49%로 가장 큰 비중을 차지하며, 선박 운행 16%, 선박사고 14%, 그리고 해양시설 10%의 순서로 나타난다. 하지만 사회적인 이목을 크게 끄는 것은 주로 바다에서 발생하는 유조선 사고에 의한 기름유출이다. 선박 사고는 좌초에 의한 기름 유출이 가장 큰 비중을 차지하며, 충돌, 선체 파손 등에 의한 사고도 빈번하게 발생한다.

지난 40년간의 통계에 의하면 7톤 이상 선박의 유출사고로 인한 유출량은 1970년대에 320만 톤 정도였던 것이 1990년에는 100만 톤으로 감소했으며, 2000년대에는 20만 톤으로 급감했다. 유출량이 이렇게 감소한 것은 해양오염을 줄이려는 각국의 노력에 힘입은 바 크다. 하지만 유조선 사고가 점점 대형화되고 있고 해상 물동량이 증가하고 있기 때문에, 어느 해역에서도 사고의 가능성은 있다.

국내에서 발생한 대표적인 유출 사고는 씨프린스호 사고와 허베이스피리트호 사고다. 1995년 여수에서 씨프린스호 사고가 발생했을 때, 원유와 벙커C유 5,035톤이 유출되었다. 2007년 태안에서 허베이스피리트호 유출 사고가 발생했을 때, 중동산 원유

연합뉴스

씨프린스호 기름유출사고

1995년 7월, 전남 여수시 남면 소리도 인근 해상에서 좌초한 키프로스 선적 유조선 씨프린스호의 기름유출 사고로 남해안 청정해역이 기름으로 오염되었으며, 주변 어장과 생태계에 큰 피해를 주었다.

10,900톤이 유출되었다. 해외의 사례로는 1989년 미국 알래스카 연안에서 좌초된 엑슨발데즈호 사고로 약 37,000톤의 원유가 유출되어 약 1,700km의 해안선을 오염시켰다. 1999년 프랑스에서 발생한 에리카호 사고(유출량 약 20,000톤)와 2002년 스페인에서 발생한 프레스티지호 사고(약 63,000톤) 때에도 다량의 중질연료유가 해양으로 유출되었다. 최악의 유출사고는 2010년 4월, 미국 멕시코만 해저유전에서 발생한 딥워터호라이즌 심해 석유시추선의 폭발 사고이다. 당시 78만 톤의 원유가 유정에서 직접 유출되었다.

● 유출된 기름을 제거하는 방제기술

지난 30여 년간 세계 각국에서는 불의의 오염 사고가 발생했을 때, 신속한 방제작업으로 오염 피해를 최소화할 수 있도록 막대한 예산을 투입하여 방제체제를 갖추어 왔다. 물 한 컵이 쏟아져도 다시 주워 담기 어려운데, 바다에 쏟아진 엄청난 양의 기름을 고스란히 다시 주워 담는 것은 철저한 준비 없이는 불가능한 일이기 때문이다. 바다는 너무나 넓고 유출된 기름은 해상의 기상조건에 따라 급속하게 퍼져나간다. 더구나 사고는 악천후나 안개로 방제작업이 어려울 때 주로 일어나므로, 일단 초기 방제에 실패하면 대부분 손 쓸 수 없는 상태에 이르고 만다. 효과적으로 방제작업을 시행하고 피해를 최소로 줄이려면 크게 두 가지 측면에서 준비가 필요하다.

그 첫째는 긴급한 상황에 신속하게 투입될 수 있는 방제선박과 전용 항공기, 방제장비를 확보하고 전문적인 훈련을 받은 방제요원들로 구성된 조직을 마련하는 것이다. 둘째는 사고 초기에 신속하게 과학적인 방제 전략과 전술을 수립하여 운용하는 기술이 필요하다. 장비, 선박, 인력과 같은 제반 여건이 방제작업의 손과 발이라면 기술은 방제작업의 머리에 해당한다. 컴퓨터에 비유하자면 하드웨어와 소프트웨어라 할 수 있는데, 어느 한 쪽만으로는 효과적인 방제작업을 기대하기 어렵다. 유출된 기름과 싸우는 행위를 흔히 전투에 비유하는데, 이는 방제작업 또한 실제의 전쟁 상황에서처럼 조직과

USGC

BP

USGC

BP

USGC

USGC

멕시코만에서 발생한 유류오염 사고의 방제조치

영국 BP 소유인 딥워터호라이즌 심해 석유 시추선의 폭발로 78만 톤의 원유가 바다로 유출되었다. 기름 회수와 해안 정화를 위해 갖가지 방법이 총동원되었다.

전술을 갖추고 훈련을 통해 준비해야 하기 때문이다.

바다에 유출된 기름은 급속하게 넓은 지역으로 확산된다. 약 100리터의 기름은 0.1미크론(μm)의 두께로 1km^{2}의 수면을 뒤덮는다. 유막은 두께가 0.1mm 이하로 얇아지기 전에 해상에서 물리적으로 수거해야 한다. 유출된 기름은 증발, 용해, 분산, 에멀전화, 광산화, 생분해 등 복잡한 풍화과정을 겪게 된다. 해상으로 수송되는 원유는 약 3백 여종에 달할 뿐만 아니라, 각개의 기름이 복잡한 구성 성분으로 이루어져 있으므로 해상으로 유출된 이후의 변화과정은 상황에 따라 아주 다르다. 따라서 유출된 기름의 풍화과정을 예측하고, 그 영향을 사전에 예보할 수 있는 기술을 보유하는 것은 방제기술에 있어서 가장 중요한 측면 중의 하나이다.

원유가 해상에서 유출되었을 때, 시간에 따른 확산과 유막의 두께 변화, 증발속도,

증발되는 성분의 양 등을 예측하는 것은 현재의 기름 양을 추정하는 데 중요한 자료가 된다. 부유하는 기름 중에서 해수 중으로 용해되는 양과 분산되는 양, 에멀젼이 생성되는 속도 등을 예측하는 것도 무척 중요하다. 기름의 용해도나 분산도는 수중생물에 대한 독성과 밀접한 관계가 있다. 용해도가 높은 물질들은 증발성 또한 높기 때문에 유처리제를 너무 일찍 투입하게 되면 기름의 독성을 수중으로 확산시키는 역효과를 내게 된다. 점도가 높은 기름은 대부분 해상에서 풍화되면서 수분을 함유하는 아주 끈적끈적한 갈색의 에멀젼을 형성한다. 이러한 에멀젼이 생기면 부피와 점도가 크게 증가하여 물리적인 수거작업과 소각처리에 큰 장애가 되므로 에멀젼이 생성되지 않도록 하는 방제조치가 필요하다.

● 유처리제의 살포

유처리제는 해상에 유출된 기름 성분을 화학적 방법으로 처리하는 약제로 유화제, 유분산제로 불리기도 한다. 유처리제는 기름을 미세한 입자로 분산시켜 수중으로 확산시킴으로써 생분해, 증발, 광분해 등의 자정작용을 촉진해 기름을 소멸시킨다. 일반적으로 유처리제는 용제(70%), 계면활성제(30%), 그리고 기타 첨가제로 구성된다. 유처리제는 파라핀계 광유가 주성분인 탄화수소 용제형과 물이 주성분인 수용제형 그리고 농축형 유처리제로 구분된다. 용제는 계면활성제의 유동성 증가, 유류에 침투 용이성 증가, 저온 시에 응고를 방지하는 역할을 하고 생물독성이 낮은 성분이 사용된다. 계면활성제는 일반 세제와 유사한 역할을 하며, 기름에 침투하여 표면장력과 계면장력을 약화시켜 기름을 미립자로 만든다. 최근에는 세계적으로 분산효과가 우수한 농축형 유처리제가 많이 사용되는 추세이다. 현재 시판 · 사용 중인 유처리제에는 많은 사람들이 2차 오염의 원인으로 생각하는 방향족탄화수소 함량이 1% 미만이다. 원유나 벙커C유(17~25%)에 비해 낮기 때문에 독성은 대부분 사고유에 비해 현저히 낮은 수준이다.

해상에서 기름 유출사고가 발생하면 유출유의 종류, 사고 해역의 환경조건, 가용한 방제 인력과 장비 등의 조건을 고려하여 사고에 따른 경제적 피해는 물론 환경적 피해까지 최소화해야 한다. 유처리제는 해상 방제 수단의 하나로써 유처리제의 사용 해역과 사용 시점의 결정은 방제 효과와 2차 영향을 고려한 의사결정 과정을 거쳐서 이루어져야 한다.

유처리제 사용 해역은 해류와 조류 등 해역의 특성, 민감한 수산자원과 생태계의 분포, 방제의 효율성 등 많은 요소를 검토하여 결정된다. 현재 국내에서는 유처리제 사용 해역을 현장 방제책임자 재량으로 사용할 수 있는 해역, 주변 상황을 고려한 후 사용할 수 있는 해역, 사용을 억제해야 할 해역으로 구분하고 있다. 그러나 해안과 해역의 이용도가 모두 세계에서 매우 높은 수준인 우리나라에서는 해안에 기름이 표착할 때와 해상에서 수중으로 분산시켰을 때 모두 경제적 및 환경적인 피해가 발생할 수 있어 유처리제 사용에 따른 득과 실을 정량적으로 판단하기 매우 어렵다. 그러므로 의사결정에도 큰 어려움이 있다.

● 생물정화기술

기름을 분해하는 미생물을 이용하여 단기간 내에 감쪽같이 기름을 없애 버릴 수는 없다. 하지만 미생물의 기름 분해는 해양환경 내에서 기름을 제거하는 중요한 과정이다. 미생물이 기름을 분해하기 위해서는 적당한 온도와 충분한 산소가 공급되어야 하며 질소나 인과 같은 무기 영양물질도 필요하다.

생물활성 촉진기술은 영양성분을 공급하거나 용존산소를 증가시켜 오염 현장에 있는 토착 미생물들의 탄화수소 분해 과정을 촉진해주는 방법이다. 생물접종 기술은 미리 준비된 탄화수소 분해 미생물을 현장에 접종하는 방법으로서 오염 사고가 발생한 현장에 토착 미생물이 부족하거나 오염물질이 토착 미생물에 의해 분해되기 어려운 경우에 사용된다. 오염 정도가 크게 심각하지 않고 다른 방법을 적용하기 어려울 경우에는 인위적인 조치를 하지 않고 자연 치유력에 의존할 수밖에 없다.

해양경찰청

중도일보

진재율

중도일보

허베이스피리트호 사고후 해상과 해안의 기름 방제 · 정화활동

태안의 김양식장을 오염시킨 검은 기름
허베이스피리트호 유출사고 후 해안으로 밀려든 기름이 양식장을 덮쳐 막대한 피해를 유발했다.

● 기름오염에 의한 생태계 피해

유출된 기름이 해양생물들에게 미치는 영향은 유출 사고 초기의 직접적인 생물피해와 사고 후 수개월 또는 수십 년에 걸친 장기적인 피해로 크게 나누어 볼 수 있다. 직접적인 생물피해는 기름과 접촉하거나 독성이 높은 수용성 성분을 흡수하여 영향을 받게 되는 것이다. 원유나 벙커유와 같은 점도가 높은 기름과 직접 접촉하게 되면 체온 상실이나 질식 등 물리적으로 가장 심각한 피해를 입는다. 특히 해안에 서식하는 생물들이나 바닷새들은 기름과 접촉하면 떼죽음을 당하게 된다. 1989년 미국 엑슨발데즈호 사고 이후 급성으로 사망한 바닷새는 250만 마리에 이르며, 2002년 스페인 프레스티지호 사고 시에도 12만 마리가 폐사한 것으로 보고되었다. 조간대에 서식하는 무척추동물의 경우에도 유류가 표면을 덮어 질식사 하거나, 행동 및 먹이섭식 등의 장애로 폐사하게 된다. 특히 패류(예 : 굴, 고둥)는 갑각류(예 : 새우, 게)나 척추동물(예 : 어류)에 비해 유류 분해 능력이 낮아 상대적으로 많은 유류성분을 체내에 축적하게 되어 장기간 피해가 지속된다. 유류가 대량 표착한 조간대에 서식하는 생물은 해안방제 과정에서 발생하는 2차적인 영향으로 폐사하기도 한다.

원유나 경질유의 유출 사고 후에는 식물플랑크톤의 생산력이 떨어지며, 수 피피엠(ppm)의 농도에서 동물플랑크톤이나 어린 어류들에게도 치사효과를 나타내는 것으로 알려져 있다. 일반적으로 어류는 도피할 수 있는 능력을 갖추고 있기 때문에 피해가 적지만, 가두리 양식장에 갇혀 있는 어류의 경우는 큰 피해를 입게 된다. 특히 경질유 사고 시에는 저서생물 피해가 심각하게 나타나는 경우가 많다. 약 0.01ppm의 수중 농도에 노출된 조개류는 사람의 후각으로도 기름 냄새를 식별할 수 있기 때문에 식품으로 쓸 수가 없다. 우리나라와 같이 연안에 양식장이 밀집한 지역에서는 유출된 기름이 연안을 덮치게 되면 수십억 원 이상의 피해를 입을 수가 있다.

기름의 생리적 독성 효과는 주로 방향족 탄화수소의 대사작용 방해에 의해 일어난다. 기름의 독성은 용해도가 높은 성분의 함량과 밀접한 관련이 있는데, 벤젠과 톨루엔 등 저분자량의 방향족 탄화수소들은 수중에 잘 용해되며 독성이 높아 직접적인 치사효과를 유발한다. 이들은 생물의 세포벽을 파괴하고 단백질과 결합하여 효소나 구조 단백질에 영향을 주는 것으로 알려져 있으며, 지방족 탄화수소나 방향족 탄화수소는 생물들에게 마취나 마비효과를 나타내는 것으로 알려져 있다. 특히 다환방향족탄화수소(PAHs)는 발암성 또는 돌연변이성 물질로서 낮은 농도에서도 생물에게 독성을 나타낸다. 수중의 용해도가 큰 저분자량의 탄화수소들은 경질유일수록 많이 함유되어 있기 때문에 가솔린이나 경유 등 경질 연료유의 유출 사고는 중질유의 유출사고보다 훨씬 심각한 오염 피해를 유발할 수도 있다. 대상 생물이 얼마 동안 어떤 수준의 농도에 노출되느냐에 따라 영향의 정도는 달라질 수 있지만, 생명에 지장이 없는 농도에서도 이러한 영향이 오래 지속되면 면역체계에 이상 현상을 초래할 뿐 아니라 최종적으로는

중앙일보

윤성도

① 기름 범벅이 된 갈매기

1995년 부산 앞바다에 침몰한 제1유일호에서 흘러나온 벙커C유는 오랫동안 해안을 오염시켰다.

② 기름에 오염된 가두리 양식장

기름 유출사고가 발생하면 양식장 등 주변 어장에 막대한 피해를 초래한다.

연합뉴스

중도일보

허베이스피리트호 기름 유출사고

2007년 12월 충남 태안군 앞바다에 12,547킬로리터의 원유가 바다로 쏟아졌으며, 만리포 해수욕장을 비롯한 인근 해변이 기름에 오염되었다.

개체군의 감소로 이어질 수 있다.

1978년 프랑스의 브리타니 해안에서 침몰한 아모코 카디즈호 사고로 22만 8천 톤의 원유가 유출되었을 때 인접한 해역에서는 많은 어류가 폐사하였고, 청어의 알은 90% 이상 부화하지 않았으며, 치어의 경우에는 유류오염 사고 후에 심한 성장 장애가 나타나기도 했다. 엑손발데즈호 사고 지역에서도 청어류의 수정란 90% 이상이 부화하지 못하거나, 부화한 치어들 대부분이 기형으로 발생하여 결국 폐사되었다. 또한, 인근 연안에 서식하는 다양한 저서 어류의 해독효소계 활성을 모니터링 한 결과, 사고 이후 10년이 경과한 이후까지도 수치가 비정상적으로 높게 나타났다. 해양 포유류 역시 오염된 먹이나 유류의 독성 성분으로 인해 영향을 받는데, 엑슨발데즈 사고 이후 300여 마리의 물범이 죽은 사례가 알려져 있다. 장기간의 모니터링 결과 범고래의 개체군이 감소한 것도 확인된 바 있는데, 이는 기름에 의한 직접적인 사망보다는 먹이망의 붕괴에 의한 간접적인 영향으로 추정되었다.

방제나 정화작업을 통하여 해양환경으로부터 제거되지 않는 기름의 성분들은 환경 내에 잔류하여 해양생물들에게 장기적인 영향을 미치게 된다. 외국의 사고사례를 살펴보면 원유나 연료유의 유출사고 후 10년이 경과하여도 게나 굴과 같은 갑각류와 패류 서식지가 회복되지 않는 경우가 있다. 기름 속에서 포함된 고분자량 방향족 탄화수소들은 미생물에 의한 분해속도가 매우 느리거나, 거의 분해되지 않기 때문에 퇴적물 속에 잔류하여 만성적인 독성을 나타내게 된다. 잔류성분 중에는 발암성을 가지고 있는 물질들이 있으므로 해양생물에 농축되어 인간에게 해로운 영향을 미칠 수도 있다.

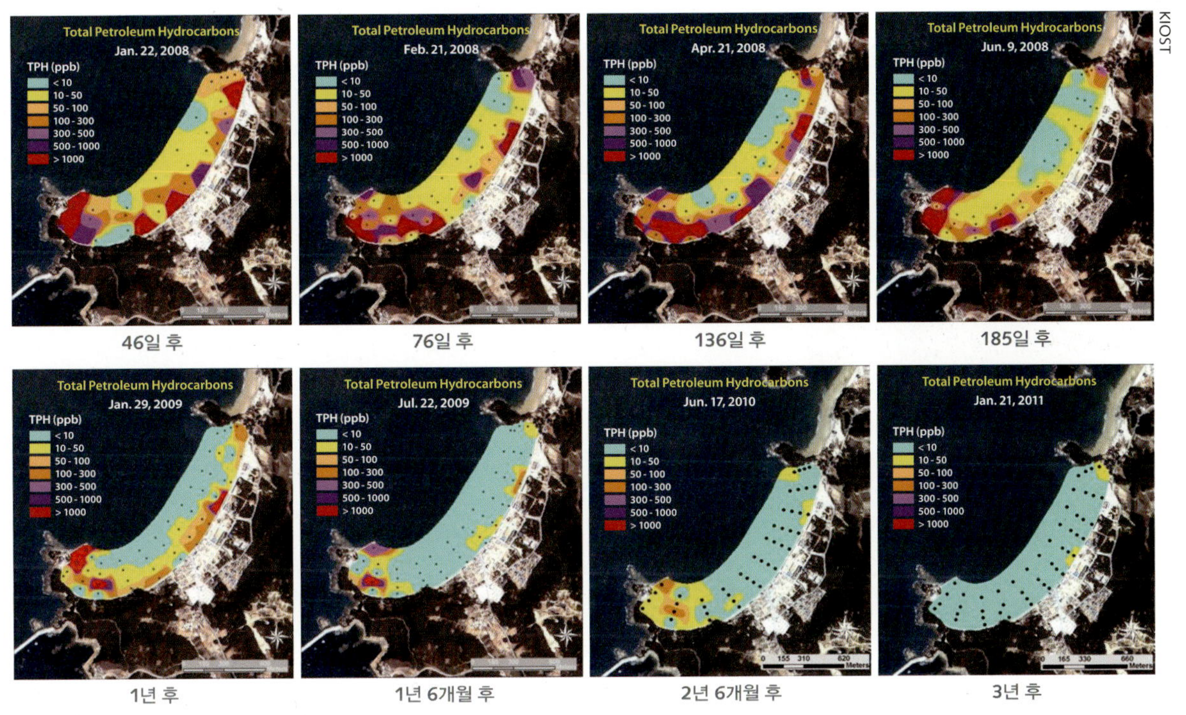

허베이스피리트호 사고로 오염된 만리포 해수욕장 공극수 내 유류오염의 시간에 따른 변화

생태적으로 민감한 해역에 잔류한 기름은 장기간 환경 내에 그대로 남아서 생물 군집을 변화시키는 등 심각한 피해를 입힌다. 특히 우리나라의 서해와 남해와 같이 갯벌이 넓게 발달한 지역은 기름 오염에 취약하다. 이러한 갯벌 지역은 한번 오염되면 회복하는데 10년에서 20년 이상의 시간이 소요되는 것으로 추정된다. 연안의 습지는 어류의 산란장이나 치어가 성장하는 장소이므로 이러한 환경파괴가 가속화되면 장기적으로 연안어장의 생산력 감소와 직결될 수 있다.

기름오염 피해를 줄이려면

기름유출사고로 인한 피해를 줄이려면 철저한 대비태세를 갖추는 것 밖에는 다른 방법이 없다. 이중선체 구조를 갖춘 유조선 운항을 의무화하고, 선진화된 해상교통 관제시스템을 갖추는 것이 사고예방을 위한 첫걸음이다. 허베이스피리트호 사고와 같은 대형사고를 통해 드러난 문제를 거울삼아 국가적 혹은 지역적인 대비·대응 체제를 다시 점검하고 이에 맞게 긴급계획을 보완해야 한다. 전문화된 인력과 효율적인 조직 구성, 방제장비와 선박 확충, 보호지역 및 고위험지역의 설정, 주기적인 훈련, 그리고 과학적인 지원 등은 악조건의 바다 위에서 벌어지는 검은 기름과의 싸움에서 승리하기 위한 필수적인 요소들이다.

바다의 쓰레기 오염

바다로 플라스틱이 들어간다고 해도 좀 떠다니다가 분해되거나 가라앉겠지?
육지에 버릴 곳이 없다면 광활한 바다가 대안이 되어줄 수 있지 않을까?
정말 이럴 수만 있다면 얼마나 좋을까?

홍선욱 동아시아바다공동체

우리는 매일 쓰레기를 얼마나 버리고 있을까? 종이컵, 플라스틱 생수병, 낱개 포장되어있는 과자봉지, 캔, 유리병, 식품을 포장했던 스티로폼 용기와 랩, 음식쓰레기 등 우리나라 사람들이 하루에 버리는 쓰레기의 양은 대략 1kg 정도이다. 1년이면 약 350kg, 4,500만 우리나라 인구가 매년 1,500만 톤 이상의 쓰레기를 만들어내고 있다. 그 많은 쓰레기는 어디에서 어떻게 처리되고 있는 것일까? 우리나라 쓰레기의 3분의 2는 재활용되지만 3분의 1은 어딘가에 매립되거나 소각된다. 육지에서 처리되지 않은 쓰레기와 바다에서의 인간 활동에서 발생하는 쓰레기는 그대로 바다로 들어간다.

NOAA

태평양 쓰레기 지대
바다 위에 떠 있는 쓰레기 지대를 자세히 들여다 보면 작은 플라스틱 조각들이 흩어져 있는 것을 볼 수 있다.

● 쓰레기, 태평양으로 모이다

바다쓰레기는 유입원을 불문하고, 인간이 제조하거나 가공한 고체 쓰레기 중 해양환경에 유입된 것을 말한다. 21세기에 들어와서 세계적으로 가장 많은 관심과 충격을 불러일으킨 것은 흔히 '태평양 쓰레기 섬'이라고 부르는 '태평양 쓰레기 지대(great pacific garbage patch)'일 것이다. 국내 언론과 방송에는 '샌프란시스코와 하와이 사이에 텍사스주 두 배 넓이, 한반도의 6배 넓이의 거대한 쓰레기 섬이 떠돈다'라는 설(說)이 보도되어 큰 충격을 주었다. 미국 캘리포니아에 사는

비 온 후 육지에서 바다로 유입된 쓰레기
하천으로 흘러든 막대한 육상 쓰레기가 하구를 거쳐 바다로 유입된다.

찰스무어(Charles Moore) 선장은 1997년 캘리포니아 앞바다를 항해하던 중 바다에 둥둥 떠 있는 것들이 플라스틱 쓰레기라는 사실을 발견했다. 채집한 해수 중에는 플랑크톤 크기 만 한 플라스틱 파편들이 플랑크톤 양보다 더 많았다. 충격을 받은 그는 그 후 알갈리타 재단을 만들어 언론을 통해 이러한 사실을 대중들에게 알리고 직접 연구에도 참여해 왔다.

그의 증언이 충격적인 만큼 '쓰레기 섬'이니 '플라스틱 스프'니 하는 말에는 많은 오해와 과장이 있었다. 이것은 우리가 흔히 생각하는 '해수면 위로 솟아 올라있고, 배를 대고 내릴 수 있는 섬'이 아니다. 태평양을 둘러싼 대륙에서 먼 거리를 오랜 시간에 걸쳐 해류의 흐름을 따라 이동한 것들로, 각종 부서진 플라스틱 식품 용기, 세제 병, 칫솔, 밧줄이나 어망 조각 등으로 이루어져 있다. 게다가 작게 부서지거나 쪼개져 있어 채집망으로 걸러야 하는 수준이다. 그러므로 탐사선들이 출동해도 기대했던 쓰레기 섬은 볼 수가 없다. 쓰레기 지대가 형성되는 것이 환류(gyre)의 형성과 깊은 관계가 있고 모양과 크기도 유사하게 나타나기 때문에 컴퓨터 시뮬레이션으로 쓰레기가 모이는 대략적인 크기와 위치를 추정하는 것이다. '쓰레기가 몰린다고 하니 가서 치우면 되지 않을까?' 라는 질문을 자주 한다. 이에 대한 답은, '돈이 너무 많이 들고, 청소하기 매우 어렵다' 이다. 태평양 쓰레기 지대까지 최단거리로 간다고 해도 이동하는 데 드는 선박운영비, 쓰레기가 한 곳에 대규모로 모여 있는 것이 아니기 때문에 광활한 쓰레기 지대에서 수거할 쓰레기를 찾아다니는데 드는 비용, 쓰레기를 건져서 선박에 싣고 되가져오는 비용은 천문학적이다. 게다가 수거할 수 없을 정도로 작게 부서진 조각들은 어떤 방법으로도 회수할 수가 없다. 쓰레기 지대는 태평양에 여러 곳이 있을 뿐만 아니라 대서양에도 있다. 그 크기는 점점 늘어날 것으로 예측하고 있다. 우리나라에서 버리는 쓰레기도 태평양 쓰레기 지대와 무관하지 않다. 무거워서 가라앉지 않는다면 결국은 해류와 바람을 타고 태평양으로 들어가고, 쓰레기 지대에 모이게 될 것이기 때문이다. 그러나 바다로 들어간 다음에는 어떤 대안도 없다.

KIOST

해변에서 채취된 플라스틱 조각과 알갱이

홍선욱

작게 부서진 스티로폼 알갱이와 플라스틱 조각이 가득한 해변

● 분해되지 않는 플라스틱

플라스틱은 1930년대에 석유나 석탄에서 뽑아낸 합성고분자 물질로 나무, 철, 흙, 유리 등 자연물에만 의존하여 살아가던 인류에게 기적과도 같은 신물질이었다. 1945년 야슬리(Yarsley)와 쿠즌즈(Couzens)는 '플라스틱(Plastics)'이라는 책에서 플라스틱에 대해 '좀과 녹이 없고 색깔로 가득한 세상, 마법사처럼 원하는 것은 무엇이든지 만들 수 있는 세상'을 열어준다고 찬미한 바 있다. 사용 목적에 맞춰 모양, 색상, 무게, 강도 등을 쉽게 조절하여 만들 수 있을 뿐 아니라 가벼워 운반이 쉽고 잘 부식되거나 분해되지도 않는 플라스틱은 가히 마법사의 작품이라고 해도 과언이 아닐 것이다. 그러나 불과 50년도 지나지 않아 플라스틱이 가진 마법 같은 장점은 크나큰 지구환경문제를 일으키게 된다.

플라스틱은 가공이 잘되어 목적에 따라 다양하게 만들 수 있다는 장점이 있다. 플라스틱에 대한 의존도는 생산량의 증가로 이어졌으며 매년 늘어나 2010년에는 전 세계 연간 플라스틱 생산량이 3억 톤이나 되는 지경에 이르렀다. 1900년부터 1999년까지 100년 동안 생산된 플라스틱의 양보다 2000년부터 2009년까지 10년 동안 생산된 양이 더 많다. 이렇게 생산과 소비가 크게 늘어나고 있기 때문에 문제가 발생한다.

플라스틱은 오래가기 때문에 매립해도 썩지 않고, 소각하면 독성물질을 내뿜는다. 재활용하려 해도 비용이 많이 든다. 가볍다는 장점이 있지만 이 때문에 쉽게 바람과 빗물에 휩쓸려 바다로 들어가 오래오래 바닷물에 떠있게 된다. 문제는 바다로 들어온 다음에 언제 지구 상에서 사라질지 알 수 없다는 점이다. 육안으로는 조각이 나고 너덜너덜해지면 분해되는 것으로 여기지만, 바닷물 속 플랑크톤처럼 떠다니는 플라스틱 조각과 전자현미경으로 보아야 하는 크기의 미세한 플라스틱에 이르기까지 플라스틱의 최후는 아직 누구도 예견할 수 없다. 마치 다이아몬드처럼 영원히 지구와 함께할 운명인지도 모른다.

납추를 삼켜 폐사한 큰고니

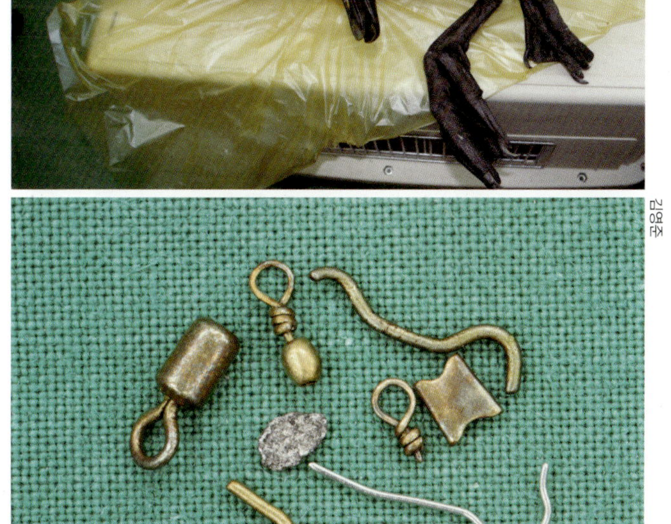

김영준

김영준

큰고니의 뱃속에서 나온 납추와 낚시도래

● 상상을 초월하는 바다쓰레기 피해

'바다로 플라스틱이 들어간다고 해도 좀 떠다니다가 분해되거나 가라앉겠지? 육지에 버릴 곳이 없다면 광활한 바다가 대안이 되어줄 수 있지 않을까?' 정말 이럴 수만 있다면 얼마나 좋을까.

어린 아기들이 바닥에 떨어져 있는 동전이나 구슬, 작은 조각 등 먹어서는 안 되는 것을 주워 먹는 일이 종종 있다. 아직 먹을 것을 제대로 구분하지 못하기 때문이다.

하와이 북서쪽 미드웨이 환초는 앨버트로스의 주요 서식지로 국립야생동물보호구역으로 지정되어있는데, 이곳에서 죽은 어린 새의 내장에는 거의 예외 없이 플라스틱 쓰레기가 들어있다. 새끼새는 직접 먹이활동을 하지 않고 어미가 주둥이에 넣어주는 것만 먹는다. 어미가 플라스틱 쓰레기를 가져다 먹이고 있는 것이다. 또한 낚싯줄, 밧줄, 그물, 풍선 줄, 포장 끈, 고리 등 우리에게는 별것 아닌 쓰레기도 동물의 다리, 목, 부리, 날개, 지느러미에 걸리면 치명적이다.

1997년 이전까지 전 세계에서 발표된 각종 보고서, 논문 등을 종합한 라이스트

(Laist)는 바다쓰레기 때문에 피해를 입는 생물종의 수가 세계적으로 267종이라고 밝혔다. 하지만 이 종의 수는 빙산의 일각에 불과하다. 드넓은 바다에서 피해를 입고 죽어가는 생물들이 사람들의 눈에 띌 확률은 아주 미미하다. 일부러 사람이 많은 해변으로 올라와 죽지 않는 한, 다른 포식자에게 잡아먹히거나 가라앉기 때문이다. 우리나라에서도 바다쓰레기에 의해 피해를 입는 생물에 관한 연구결과가 나왔다. 동아시아바다공동체는 전국의 야생동물구조관련기관, 조류보호 및 습지보호 시민단체, 탐조가

S. Fujieda

제주야생동물구조센터

① 플라스틱 쓰레기를 먹고 죽은 어린 앨버트로스
② 발에 낚싯줄이 칭칭 감긴 갈매기

들과 함께 2년간 피해사례 45건을 모아 분석하였다. 총 21종의 생물들이 피해를 입고 있었고, 이 중에서 5종은 국제적인 멸종위기종이거나 국내의 천연기념물로 지정된 종들이었다. 낚시쓰레기로 인한 피해가 전체의 76%나 되었다. 앞으로 연구가 계속되면 더 많은 피해가 보고될 것이다.

● 바다쓰레기로 인한 경제·사회적 손실

바다에 버려진 밧줄이나 어망이 선박의 추진기에 감기거나 비닐봉지가 냉각수 파이프에 빨려 들어가면 선박이 운항을 멈추어야 할 정도로 위험한 사태가 발생한다. 기상이 안 좋은 경우에는 선박이 추진력을 잃어 뒤집힐 수도 있다. 일본에서는 1985년도에 바다쓰레기 때문에 운항 중 사고를 당한 어선들의 피해액을 총 어업생산액의 0.3%에 이르는 66억 엔으로 추정했다. 25년 전보다 지금은 더 늘어났음이 틀림없다. 우리나라는 바다쓰레기가 원인이 된 선박사고는 1999년에 9% 정도로 알려졌다.

바다쓰레기는 어업생산 자체에도 경제적 피해를 준다. 바다쓰레기가 어망에 걸려 올라오면 골라내느라 작업이 지연되고, 잡은 고기에 흠집이 나면 상품성이 떨어진다. 어획량이 줄어들고 생산단가가 늘어나는 것이다. 해변이 있는 지자체는 어디나 쓰레기 청소비용을 지출하고 있다. 쓰레기의 양이 늘어날수록 치우는 비용도 늘어난다. 관광객들이 몰리는 시기에 폭우나 태풍으로 쓰레기가 해변으로 몰려오기라도 하면 관광수입에 큰 타격을 입는다. 관광객은 더 깨끗한 해변으로 가기 위해 더 많은 비용을 지불하게

최종수

강신환

된다. 바다쓰레기 때문에 겪을 수밖에 없는 경제적 피해, 생태계 악영향, 인류건강에 미치는 영향에 관해서는 연구가 부족하므로 정확한 파악은 어렵다. 하지만 우리의 상상을 훨씬 초월하는 수준이 될 것은 분명하다.

③ 폐통발에 갇힌 청둥오리
④ 폐어망에 걸린 뿔논병아리

● 바다로 들어가는 플라스틱 감량이 대안

잘 분해되게 만든 플라스틱(degradable plastic)은 어떨까? 생분해성, 또는 광분해성 플라스틱은 잘 쪼개진다. 하지만 잘게 쪼개져 흩어진다고 해서 자연상태로 분해되어 돌아가는 것은 아니다. 오히려 잘 흩어져 수거하기가 어렵다. 그렇다면 석유가 아닌 옥수수 같은 천연물질로부터 만든 바이오폴리머(biopolymer)는 어떤가? 옥수수를 키우는 데 들어가는 에너지와 이산화탄소 배출, 인구증가로 인한 식량 부족 문제 등을 고려하면 적절한 대안이 되지 못한다.

바다쓰레기 문제를 한 번에 해결할 수 있는 특단의 대책은 없다는 것이 모든 전문가의

해양쓰레기 오염을 줄이기 위한 어린이 환경교육

홍선욱

NOAA · UNEP

국제사회의 바다쓰레기 대응 흐름을 주도하게 될 호놀룰루 전략

공통된 의견이다. 그러면서도 인간 활동에 의해 발생한 오염원이므로 해결 불가능한 것은 아니라는 데에 공감한다. 그렇다면 어디에 먼저 집중해야 하는가? 답은 바다로 들어가는 플라스틱 쓰레기의 감량이다. '플라스틱 쓰레기를 어떻게 하면 적게 배출할 것인가?', '바다로 들어가지 않게 하는 방법은 무엇인가?'에 중점을 두어야 한다. 정부나 국제기구, 연구자, 업계, 시민단체, 일반대중 등 다양한 주체들이 힘을 합쳐 각 위치에서 할 방법을 찾아 나가야 한다.

● 바다쓰레기 문제를 해결하기 위한 국제사회의 노력

2011년 3월 하와이 호놀루루에서 유엔환경계획(UNEP)과 미국 해양대기청(NOAA) 주최로 제5차 바다쓰레기 국제컨퍼런스가 열렸다. 11년 만에 열린 국제학술회의의 성과물로 '호놀룰루 전략'이 만들어졌다. 이 전략은 전 지구적으로 육상에서 발생하는 쓰레기의 양과 영향을 줄이고, 바다에서 발생하는 쓰레기의 양과 영향을 줄이며, 현존하는 바다쓰레기의 양과 영향을 줄이는 것을 기본 목표로 삼고 있다. 흥미롭게도 3가지 목표의 제1번 전략은 '교육'이다. 바다쓰레기의 영향과 관리 개선의 필요성, 예방 방법을 교육하라는 것이다. 쓰레기

홍선욱

국제 연안정화 행사에서 쓰레기를 줍고 기록하는 학생들

자연사랑메아리

해양쓰레기 기원 조사

수거해 온 쓰레기가 어디에서 온 것인지를 밝혀 오염을 줄이기 위한 대책을 수립한다.

발생을 최소화하기 위한 시장 구조 개선하기, 법률과 규제정책을 강화하고 국내, 국제법을 지키는지 감시하기, 모범사례를 발굴, 전파하여 실행하기, 어구를 개선하기 등과 더불어 맨 마지막으로 바다쓰레기 청소, 수거 등도 제시하고 있다. 바다쓰레기 문제에 대한 대응책으로 우선 수거 처리부터 떠올리는 우리나라의 현실과는 매우 다른 접근이다. 2012년 6월, '리우 지구 정상회의' 20주년을 기념하여 브라질의 리우 데자이네루에서 세계 정상회의가 열렸다. 여기서 유엔환경계획은 바다쓰레기 지구 파트너십(Global Partnership on Marine litter, GPML)의 설립 행사를 개최하고 호놀룰루 전략을 이행하기로 결의하였다. 국제사회가 바다쓰레기 문제를 기후변화처럼 전 지구를 곤란에 빠뜨리는 중대한 해양환경문제로 자각하고 대응에 들어간다는 뜻이다. 사람이라면 누구나 쓰레기를 배출한다. 쓰레기는 바다에 직접 버리든, 육지에서 버리든 여러 경로를 통해 결국에는 바다에 이르게 된다. 바다쓰레기 오염은 만성적인 성인병과 유사하다. 오랜 시간에 걸쳐 다방면으로 체질을 개선하려는 노력을 기울여야 한다. 서서히 증상을 완화하고 건강을 회복해야 한다. 건강하게 바다를 가꾸는 일에 예외인 사람은 없다.

부영양화

우리나라에서도 비점오염이 연안오염 부하의 상당한 부분을 차지하게 되었다. 비점오염의 관리 없이는 더 이상 연안의 수질 개선을 기대하기 어렵다.

강성현 한국해양과학기술원

사람이 사는 땅 위에서 풀과 나무들은 광합성을 통해 유기물을 만들어 낸다. 바다에서는 풀과 나무 대신 식물플랑크톤이 그 역할을 한다. 바닷속에 살고 있는 미세한 식물플랑크톤들은 육상의 풀과 나무처럼 이산화탄소, 물, 햇빛을 이용하여 무기물로부터 유기물을 합성해 낸다. 육지의 식물들이 성장하기 위해 질소, 인, 칼륨과 같은 비료성분이 필요하듯이 식물플랑크톤도 질소, 인, 규소와 같은 영양성분이 필요하다.

식물플랑크톤의 광합성을 위해 필요한 영양성분을 용존 영양염류라고 부른다. 용존 영양염류는 식물의 체내에 흡수되어 유기물 속에 합성되었다가 생물이 죽은 뒤 유기물이 미생물에 의해 분해되면서 다시 영양염류로 변하게 된다.

광합성이 활발히 일어나는 바다의 표층에서는 식물플랑크톤이 성장하면서 영양염류를 빨아들여 물속 영양염류의 농도가 감소하지만, 바다 밑에서는 죽은 생물체들이 분해되면서 다시 영양염류로 변하므로 농도가 높아진다. 영양염류가 풍부한 저층수가 표층으로 올라오는 해역에서는 식물플랑크톤이 잘 자라며 먹이가 풍부해져서 어장이 형성된다.

● 바닷물 속에 영양분이 많아지면?

그러나 육상에서 너무 많은 영양염류가 바다로 유입되면 여러 가지 환경 문제를 일으킨다. 영양염류가 정상을 초과하면 식물플랑크톤이나 해양식물이 과잉 성장하게 되며 수질이 악화되고 생태계의 균형이 깨진다. 이러한 피해를 부영양화(富營養化, eutrophication)라고 부른다.

부영양화 해역에서는 식물플랑크톤에 의한 유기물이 많이 생성되고, 해수의 투명도가

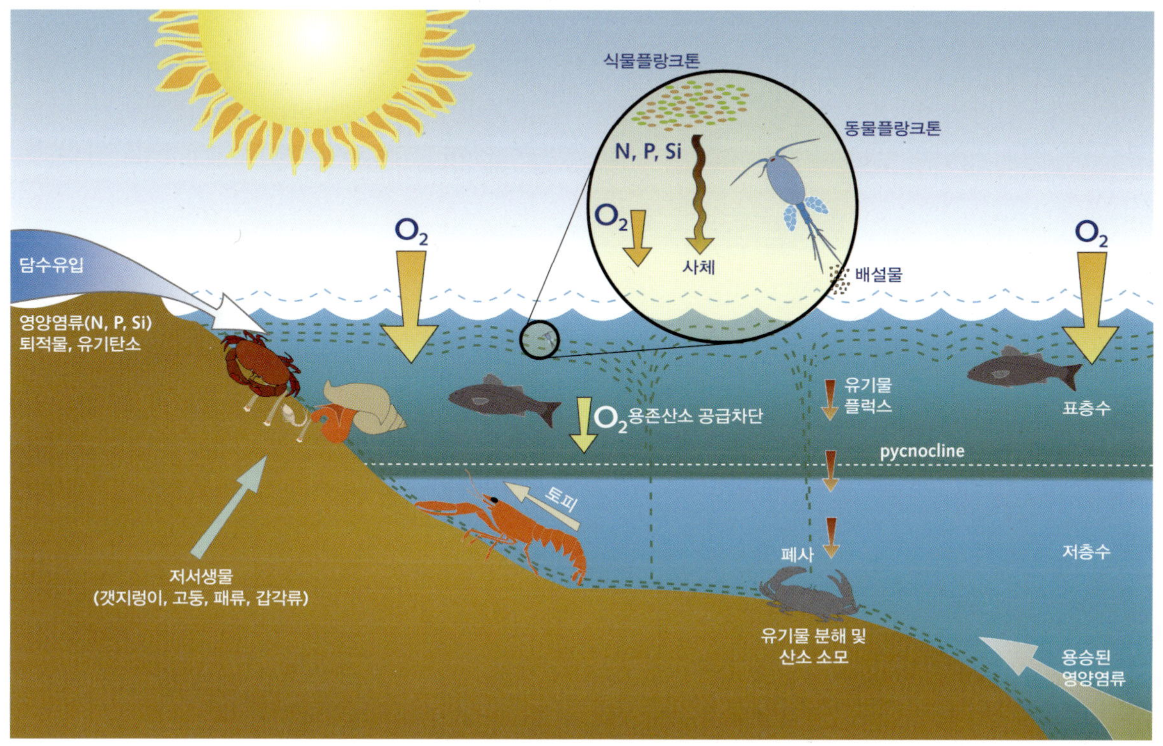

감소한다. 식물플랑크톤이 번성한 후 죽으면 그 잔해는 저층으로 떨어져 박테리아의 작용에 의해 무기물로 분해되며, 그 과정에서 용존산소가 소비된다. 물 속의 산소가 줄어들고 표층수와 저층수가 원활하게 혼합되지 못하면 일부 박테리아를 제외한 수중의 모든 생물이 숨을 쉬지 못해 죽는다. 특히 여름철에는 부영양화가 심각한 연안이나 내만에 무산소층이 형성되어 어류나 저서생물들이 폐사한다. 해저에 무산소층이 형성되면 퇴적물에서 인산염과 암모니아가 수층으로 방출되어 조류의 성장을 촉진한다.

연안해역의 부영양화 과정
부영양화는 생물군집 변화, 적조와 녹조 발생, 저산소 현상 유발, 어류와 저서생물의 폐사 등 여러 가지 피해를 유발한다.

최근에는 전 세계의 연안에서 용존산소가 2~3mg/L까지 감소하는 저산소 현상(hypoxia)이 나타나고 있다. 연안의 저산소 현상은 지난 50년 동안 전 세계적으로 10배 증가했으며, 미국에서는 30배 증가한 것으로 보고된 바 있다. 기후변화에 따른 해수온이 상승하면 저산소 해역이 더욱 증가할 것으로 예상된다. 북해에서는 해수온이 4도 상승할 경우, 저산소 해역은 4배 증가할 것으로 추정된다. 해양생물은 저마다 낮은 용존산소 농도에서 견딜 수 있는 내성이 다르므로 저산소층이 나타나는 해역에서 어류나 해양생물들은 선택적으로 사라지게 된다.

최근에는 저산소 상태에 오랫동안 노출되면 환경호르몬처럼 생식기능에 이상을 일으킬 수 있다는 실험결과가 보고되었다. 중금속이나 지속성 유기오염물질과 같은

남해안 적조 방제를 위한 황토 살포

환경호르몬 물질의 농도가 높은 곳은 오염이 심각한 국지적인 해역이다. 하지만 저산소 현상이 나타나는 해역은 광범위하고 그 면적이 계속 확대되고 있어 연안의 수산자원과 생태계에 미치는 영향이 매우 크다고 볼 수 있다.

연안해역의 부영양화는 생태계의 구조와 기능에 변화를 일으키며, 생태계의 안정도를 감소시킨다. 부영양 해역에서는 생물종의 다양성이 감소하고, 우점종이 바뀐다. 저서 생태계의 생산력에 비해 부유 생태계의 생산력이 증가하며, 플랑크톤 먹이망보다 미생물 먹이망이 우점하게 되는 것이다. 규조류보다 편모조류가 우점하며, 해파리의 발생이 증가한다. 최근 우리나라 연안에서는 해파리의 개체수가 급격히 증가하여 막대한 어업피해를 유발하고 있다.

부영양화는 적조를 비롯한 유해조류 대번성(Harmful Algal Bloom, HAB)의 가장 큰 근본 원인 중의 하나이다. 적조가 발생하면 어패류는 적조 원인생물이 가진 유독물질이나 점액질 때문에 대량 폐사하거나, 다량의 적조생물이 죽은 후 용존산소가 감소하여 폐사하기도 한다. 또한, 적조가 발생하는 해역에서 플랑크톤이 생산하는 독소에 농축된 패류를 사람이 먹었을 때, 마비현상이 나타나거나 죽음에 이르기도 한다. 부영양화가 심한 해역에서는 파래와 같은 녹조류가 번성하기도 한다. 시화호에서는 조력발전소 가동 이후 파래의 잔해가 외해역으로 방출되어 어업피해를 유발했다.

이원방조제 부근 굴양식장을 뒤덮은 파래

● 부영양화의 원인

최종인

시화호의 부영양화

산업지역이 밀집한 도시의 연안에서 질소 성분이 대기를 통해 침적하여 해양으로 유입됨으로써 부영양화를 유발한다는 것은 널리 알려져 있다. 하지만 우리나라나 개발도상국의 경우, 연안에서 영양염류가 과잉 공급되는 주된 원인은 육상에서 발생하는 하수와 산업폐수가 적절하게 처리되지 않기 때문이다. 도시의 발달로 인구가 집중되고 연안지역에 공단이 조성되면 영양염류의 유입이 급증하는데, 이를 처리하는 환경기반시설이 부족하면 부영양화가 심화되어 수질이 급격히 악화되는 현상이 발생한다. '죽음의 바다'로 불렸던 시화호는 방조제 건설과 연안 개발로 인한 부영양화 현상이 극단적인 형태로 나타난 대표적인 사례라고 할 수 있다.

우리나라 대부분의 연안 하수처리장은 유기물을 제거하는 2차 처리에 머물고 있다. 3차 처리시설을 설치하면 질소, 인까지 완벽하게 제거할 수 있지만 많은 예산이 필요하다. 그러나 장기적인 측면에서 연안의 부영양화를 막기 위해서는 향후 3차 처리시설의 확대가 불가피하다.

경기일보

시화호에서 용존산소 부족으로 폐사한 어류

육상에서 발생하는 하수와 폐수를 완벽하게 처리하는 단계에 도달하더라도 연안의 수질을 일정한 수준 이상으로 개선하려면 빗물오염이라는 또 다른 중요한 오염원을 해결해야만 한다. 시원하게 한바탕 비가 쏟아지고 나면 하늘은 어느 때보다도 푸르고 공기는 상쾌해진다. 그러나

연안의 다양한 비점오염원

비가 내리면 육상의 모든 더러운 것들이 빗물에 씻겨 바다로 유입된다. 비점오염물질을 통제하지 못하면 연안의 수질을 어느 수준 이상으로 개선하기 어렵다.

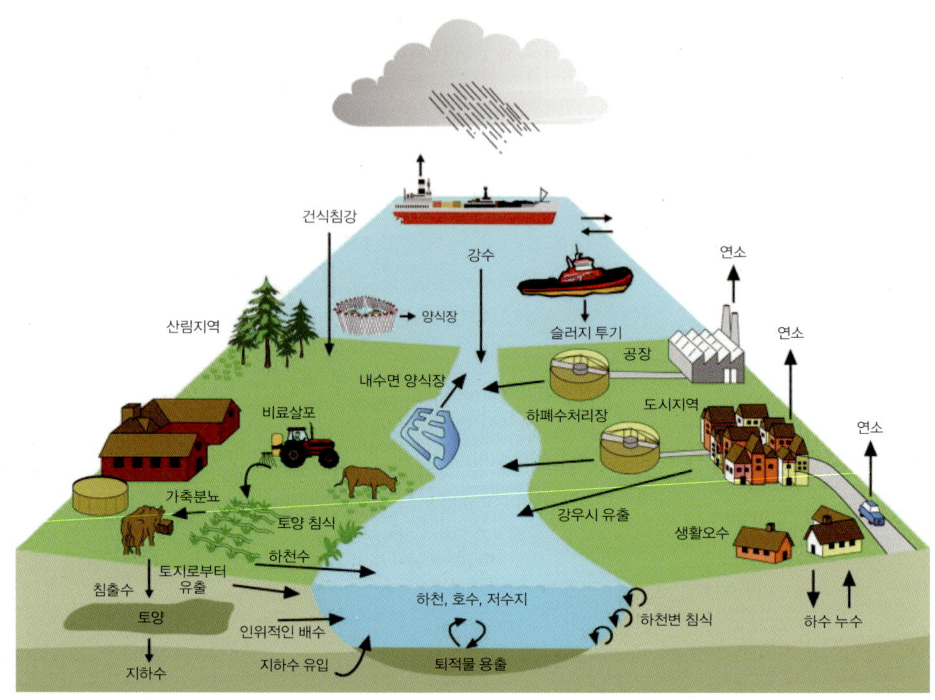

빗물에 씻긴 더러운 것들은 전부 어디로 가는 것일까? 하천으로 흘러드는 먼지와 흙탕물, 논에 뿌린 비료와 농약, 축사에 쌓여 있던 가축분뇨, 육상의 모든 더러운 것들은 빗물에 씻겨 바다로 흘러간다. 이처럼 비가 내릴 때, 도시, 도로, 농지, 산지, 공사장 등 불특정장소에서 불특정하게 배출되는 오염을 비점오염(nonpoint source pollution)이라고 부른다. 비점오염물질은 인위적인 것도 있고 자연발생적인 것도 있지만, 배출지점이 불명확하며, 비가 내릴 때 희석 · 확산 되면서 배출되므로 측정과 예측, 처리가 매우 어렵다.

부영양화를 막으려면

우리나라에서는 이제까지 주로 도시하수, 공장폐수 등 점오염원(point source)의 관리에 중점을 두었으며, 비가 내릴 때 비점오염원으로부터 유출되는 오염물질은 제대로 관리하지 못했다. 하폐수 처리율이 증가하면 점오염은 감소하고, 상대적으로 비점오염의 비중은 증가한다. 최근에는 우리나라의 연안에서도 비점오염이 해역으로 유입되는 오염부하의 상당한 부분을 차지하게 되었다. 비점오염의 관리 없이 기존 점오염원 위주의 수질 정책만으로는 더 이상 연안의 수질 개선은 어렵다.

시흥시

시화 하수처리장
연안하수처리율이 증가함에 따라 상대적으로 비점오염원의 비중이 커지고 있다.

도시지역은 보도블록과 아스팔트, 시멘트 포장 등 불투수성 표면의 비율이 높아 빗물이 땅속으로 스며들지 못하고, 일시에 하천으로 유출된다. 표면 유출량이 커짐에 따라 홍수피해는 증가하고 있으며, 수질에 미치는 비점오염물질의 영향도 더욱 증가하게 되었다. 일반적으로 토지의 불투수율이 25% 이상일 경우 수질에 미치는 비점오염의 영향을 차단하는 것은 불가능하다고 알려져 있는데, 우리나라의 연안 도시지역의 불투수도는 대부분 이러한 수준을 초과하고 있다.

우리나라에서는 두 가지 정책도구를 이용하여 비점오염 관리를 시행하고 있다. 비점오염 발생 우려가 큰 환경영향평가법 대상사업과 1만m^2 이상의 대규모 사업장에 대해 '비점오염원 설치신고제도'를 활용하는 것이다. 또 다른 방법으로는 '비점오염원 관리지역'을 지정하는 것이다. 관리지역으로 고시되면 지역의 특성에 따른 환경친화적 개발, 대상 수질오염물질의 발생을 억제하는 예방대책과 오염물질을 처리하는 저감시설의 설치 · 운영 등의 저감대책을 마련해야 한다.

비점오염원의 관리를 위해서는 오염물질의 발생 지점에서 원천적으로 발생을 억제하는 것이 가장 좋은 방법이다. 비점오염원의 발생을 줄이기 위해서는 평상시에 거리 청소 빈도를 늘려 도로에 축적된 오염물질을 사전에 제거하고, 도로에 다공성 포장이나 투수 블록을 설치해 빗물이 땅속으로 스며들도록 하고, 지하에 우수를 저류하였다가 침투시키거나, 정화해서 재이용하는 방법을 사용한다. 비점오염물질을 처리하는 방법으로는 연못이나 습지를 이용하여 오염물질을 침전시켜 정화한다. 저류시설은 비가 내릴 때 빗물의 유출을 저감하여 홍수를 예방할 수 있고, 물을 재활용할

강성현

유역의 비점오염물질을 처리하는 최적관리기법들

① 생태연못
② 조립식 우수 지하저류조
③ 옥상녹화
④ 수직 흐름식 인공습지
⑤ 잔디주차장
⑥ 빗물정원

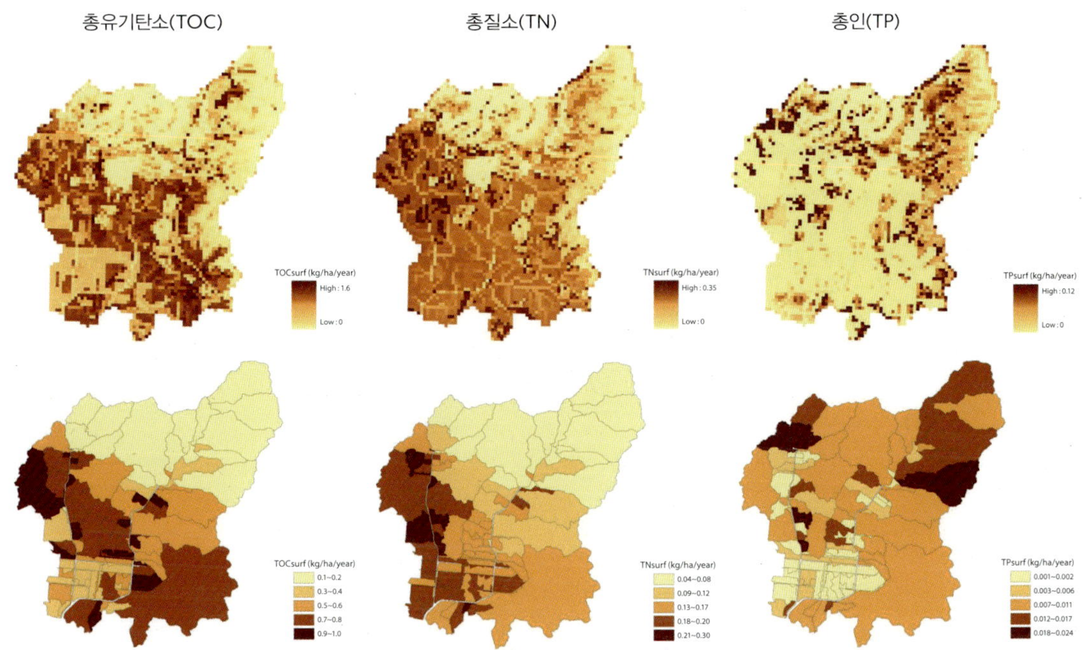

유역 내 비점오염물질의 발생부하량 추정

시화호 유역의 안산천, 화정천 소유역에서 모델을 이용하여 격자별, 배수구역별로 총유기탄소와 총질소, 총인의 발생량을 추정하였다.

수 있기 때문에 복합적인 목적으로 설치될 수 있다. 대기로부터 강하하는 비점오염물질을 저감하기 위해서는 지붕에서 내려오는 우수를 투수층으로 연결하여 지하로 침투시키는 방법도 사용되고 있다.

● 비점오염을 줄이기 위한 최적 관리기법

비점오염의 부하를 줄이기 위해 어떠한 방법을 사용할 것인가는 전적으로 유역의 특성에 좌우된다. 그러므로 비점오염의 부하를 줄이기 위해서는 먼저 유역의 특성을 정밀하게 조사하여 비가 내릴 때 오염발생원의 위치와 유출경로, 부하량 등을 파악해야 하며, 중요 오염지역(critical source area)을 파악하고 관리 우선순위를 도출한 후 최적관리방안(Best Management Practices, BMPs)을 마련하여 시행해야 한다. 최적관리방안의 시행 이후에는 효과를 분석하고, 부하량 감소를 실측하여 비점오염 관리를 통한 수질 개선 효과를 평가해야 한다.

새로 개발되는 지역에서는 저영향개발(Low Impact Development, LID)의 개념이 도입될 필요가 있다. 비점오염은 대상 유역에 걸쳐 광범위하게 분포함과 동시에 그 배출 양상이 유역특성 및 강우특성에 따라 공간적, 시간적으로 변동한다. 그러므로 선진국에서는 예방 차원에서 유역을 개발하기 전에 발생하는 비점오염물질을 최소화하기 위한 기법을 도시 기반시설에 반영하는 관리를 시행하고 있다.

적조

적조는 해양생물에게 호흡장애를 일으키고, 패류에 독성을 유발함으로써 해양생태계와 인간에게 큰 피해를 초래한다.

장만 한국해양과학기술원

적조 현상이란 플랑크톤이라고 하는 미세조류(微細藻類, microalgae)의 대량 증식으로 인하여 바닷물의 색깔이 변하는 것을 말한다. 플랑크톤은 영양원이 충분한 연근해에서 수온이 상승하고 수괴가 안정화되는 시기에 빠른 속도로 분열하며, 이때 이 생물이 가지고 있는 고유의 색소로 인해 바닷물의 색깔이 변하게 된다. 플랑크톤이 가지고 있는 색소는 황색, 적색, 적갈색, 다갈색 등이 있다. 특히 적조성 플랑크톤의 색소는 엽록소 외에 다양한 카로티노이드를 가지고 있는 경우가 많아 세포가 주황색과 빨간색을 나타내기 때문에 '적조(赤潮, red tide)'라고 부른다. 적조성 플랑크톤은 편모조류나 규조류가 대부분이지만 유글레나류나 섬모충류가 원인이 되는 경우도 있다.

식물플랑크톤의 다양한 형태

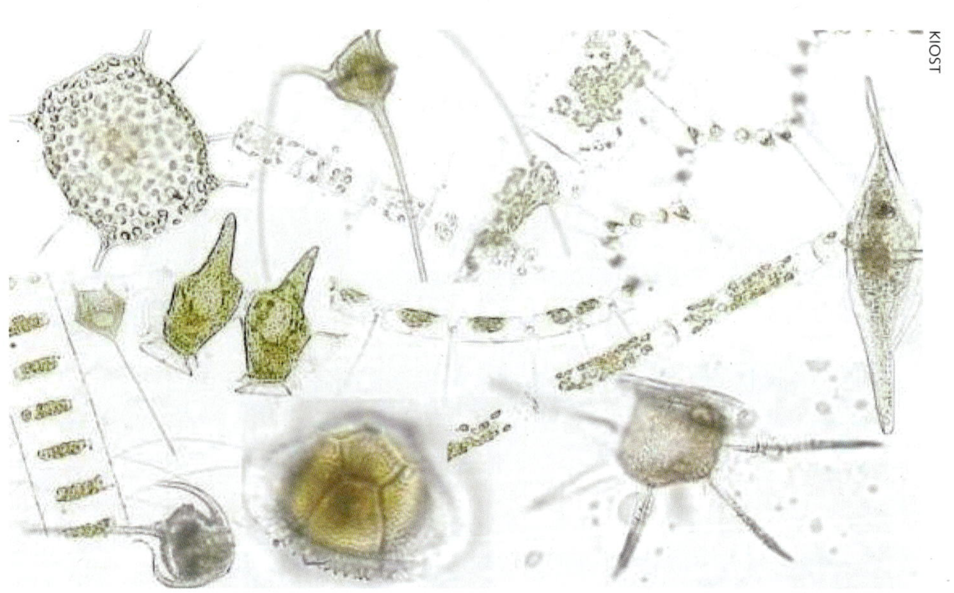
KIOST

연합뉴스

적조로 붉게 변한 마산만

2007년 5월 마산만에서 발생한 메소디니움 적조

● 우리나라의 적조피해 현황

우리나라에서 적조에 관한 조사는 1960년대 이후 시작되었다. 1961년 진해만 부근 진동만에서 적조가 목격된 이래 1970년대에는 104건의 적조가 진해만 일대에서 발생했다. 초기의 적조는 대부분 규조류에 의한 것으로 그다지 큰 피해가 없어 별다른 관심거리가 아니었다. 그러나 1978년과 1981년에 와편모조류에 의한 적조가 발생하여 양식장에 큰 피해를 준 후, 적조에 대한 관심이 한층 고조되었다. 1981년 이후에는 적조의 발생 범위가 남해안 인근 해역에서 인천, 울산, 여수 등 전 연안으로 확대되었다. 특히 1995년 이후 매년 남해안과 남동해안에서 발생하고 있는 코클로디니움 적조는 양식장에 엄청난 피해를 끼쳐, 많은 관심을 불러일으켰다. 본 종에 의한 적조는 우리나라뿐 아니라 전 세계 여러 나라에서 발생지역과 발생 횟수가 지속적으로 증가하고 있다. 수산업계는 2001년 62억 원, 2003년 215억 원, 2005년 12억 원, 2007년 115억 원 등의 손해를 입은 것으로 추산하고 있다.

우리나라에서 적조가 발생하면 주로 해상 가두리 양식장과 육상 양식장에 치명적인 피해를 일으킨다. 무독성 적조생물은 어류의 아가미에 붙어 호흡을 방해하거나, 소멸하여 저층에 쌓인 후 산소를 소비하면서 분해되기 때문에 무산소 상태를 야기하여 어패류를 질식사시키는 것으로 알려져 있다. 더 나아가 유독성 적조생물은 마비성

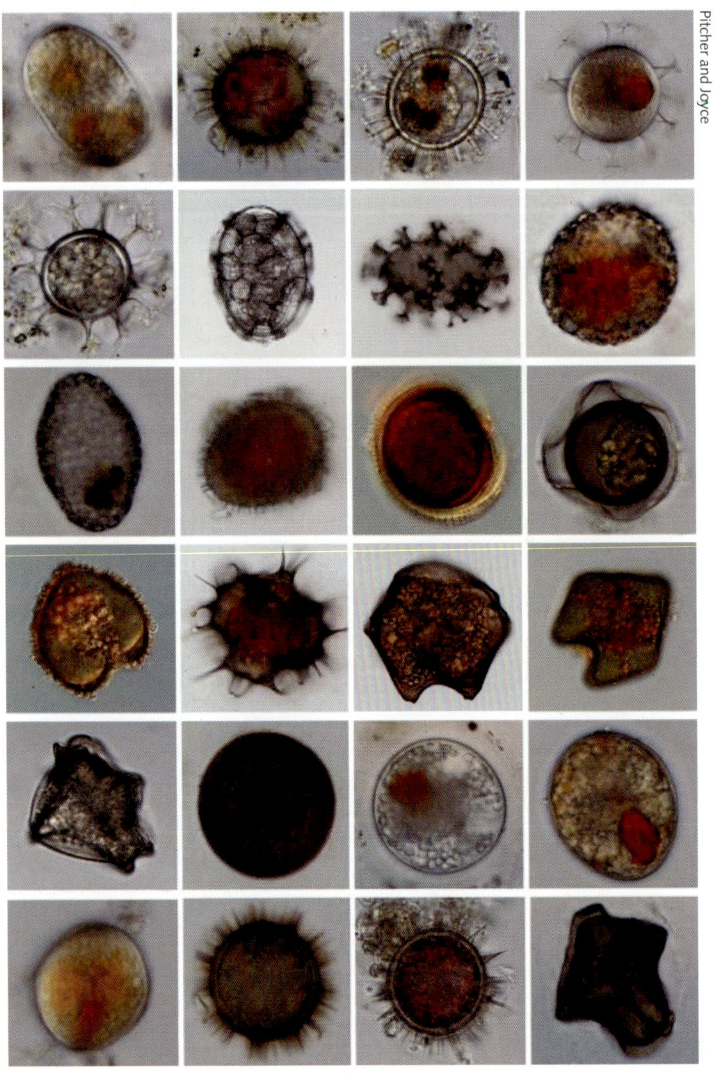

패독, 설사성 패독, 신경독 등으로 인해 사람에게까지 영향을 주는 것으로 알려져 있다.

적조 발생의 원인

적조가 왜 일어나는가에 대해서는 이제까지 많은 연구가 있었지만, 아직 완벽한 해답은 얻지 못한 상태다. 단지, 적조가 발생할 수 있는 여러 가지 조건들이 알려져 있을 뿐이다. 적조는 외해와의 해수 교환이 적은 폐쇄성 내만에서 자주 발생한다. 육상으로부터 질소, 인과 같은 영양염류가 충분하게 공급되기 때문이다. 또한, 적조는 수온이 적절하고 일사량이 많아 광합성이 활발히 일어날 수 있는 곳, 바닥에 유기물질이 많이 퇴적된 곳, 그리고 적조생물의 증식 자극물질인 비타민류, 철, 망간 등의 미량원소가 풍부하게 녹아 있는 곳 등에서 발생할 가능성이 매우 높다.

플랑크톤의 휴면포자
환경조건이 불리해 지면 포자 형태로 해저에 가라앉아 휴면시기를 보내다가 환경조건이 좋아지면 다시 세포 분열을 시작한다.

적조생물은 일반적으로 규조류와 편모조류로 크게 나눌 수 있는데 이들의 생리적 특성이 다르므로 발생기작도 차이가 있다. 규조류의 경우 인산염, 질산염, 규산염 등의 영양염류가 풍부하고 일조량, 수온, 염분과 같은 환경조건이 적절하면 적조를 일으킨다. 편모조류는 그 외에도 비타민이나 미량원소와 같은 증식 촉진물질의 영향을 크게 받는 것으로 알려져 있다. 규조류에 비해 환경에 예민한 편모조류는 환경조건이 불리할 때 휴면포자(resting cyst) 를 형성하여 해저에서 씨앗의 형태로 가라앉아 휴면시기를 보내다가, 환경이 좋아지면 발아한 후 빠르게 분열하여 적조를 발생시킬 수 있다.

1978년 이후 적조 발생상황을 비교적 자세히 기록하고 있는 '적조 모니터링' 연구기록을 보면, 과거 적조 양상은 계절에 따라 다른 양상을 나타낸다. 우리나라의 경우,

온대 기후권에 속하기 때문에 춘계에는 규조류에 의해, 추계에는 편모조류에 의해 적조를 일으킨다. 그러나 이러한 경향은 2000년대 이후부터 사라져 하계에서부터 편모조류에 의한 적조가 빈번히 발생이 되었으며, 일부 적조생물의 경우 하계부터 추계까지 한번 발생하면 지속적으로 나타나 장기화하는 경향을 보이고 있다.

● 적조에 대한 대응

적조는 자주 발생하고, 한 번 발생하면 장기화된다. 적조로 인한 수산피해를 최소화하기 위하여 유관기관들이 적조 예찰, 예보 및 피해 방지를 담당하는 합동상황실을 만들고 이를 운용하게 되었다.

적조 발생을 최소화하는 방법으로는 무엇보다도 연안역의 부영양화를 차단하는 것이 가장 바람직하다. 이를 위해, 폐수처리장을 증설하여 육상에서 들어오는 하수와 오·폐수 등 오염원을 철저히 차단하는 것이 적조를 예방하는 가장 근본적인 처방이다. 따라서 적조가 상습적으로 발생하는 해역은 특별 관리해역으로 지정하여 육상으로부터 유입되는 오염물질의 총량을 규제할 필요가 있다. 해상 양식장으로부터 자체 유입되는 오염물질을 줄이기 위해서는 신규 양식장의 허가기준을 강화하고 사료의 투입효율을 높여야 한다. 이미 오염이 심화된 곳에서는 퇴적물의 준설과 같은 오염물질의 인위적인 제거 작업도 필요하다. 그러나 육상에서

여수시청

김학균

김학균

① 적조로 인한 가두리 양식장의 어류 폐사
② 황토를 이용한 적조 제어
③ 적조로 인한 가두리 양식장 주변에 황토를 살포하는 모습

유입되는 막대한 양의 오염부하를 줄이기 위해서는 많은 예산과 장기간의 투자가 필수적이기 때문에 지속적이고 장기적인 정부정책의 수립 및 시행이 필요하다.

적조가 발생한 후에는 이를 어떻게 효율적으로 제어하는가가 매우 중요하다. 적조 생물 자체를 구제하는 방법으로는 황토 살포 이외에도 화학약품 살포, 초음파 처리법, 오존 처리법 등이 시도되었다. 그러나 대부분은 효율성이나 2차 환경오염 측면에서 많은 문제점이 있다. 이를 해결하기 위해 여러 연구기관에서 적조 발생 기작 이해를 위해 연구하고 방제 방안을 마련하기 위해 끊임없이 노력하고 있다.

● 적조 구제기술과 적조 연구

적조 발생 초기에는 범위가 작기 때문에 다양한 구제 방안을 마련할 수 있다. 최근에는 적조생물을 죽이거나 성장을 저해하는 여러 가지 방법들이 실용화를 앞두고 있다. 예를 들어, 불포화 지방산 유도체를 이용하여 적조 플랑크톤의 세포벽을 붕괴시킴으로써 증식을 억제하는 방법도 개발되었으나 아직은 경제성, 실용성 등의 문제가 있다. 저렴한 지방산을 이용해 극성 작용기의 결합 등 유기 생화학적 반응을 통한 응용성을 높이는 방법도 연구되고 있으며, 적조 원인생물의 성장촉진 과정을 차단하는 응용연구도 활발히 진행되고 있다.

뿐만 아니라 각 해역에서의 먹이생물 간의 관계를 규명하여 적조 생물을 먹이원으로 하거나 분해할 수 있는 생물을 연구하는 친환경 생물학적 연구도 활발히 진행하고 있다. 더 나아가 분해능을 가진 생물이 분비하는 물질을 규명하여 이를 상업화 하는

적조 생물을 포식하는 상위 단계 생물 모습

섬모충(*Balanion masanensis*)이 적조 생물(*Heterocapsa triquetra*)을 섭식하여 어두운 갈색으로 보인다.

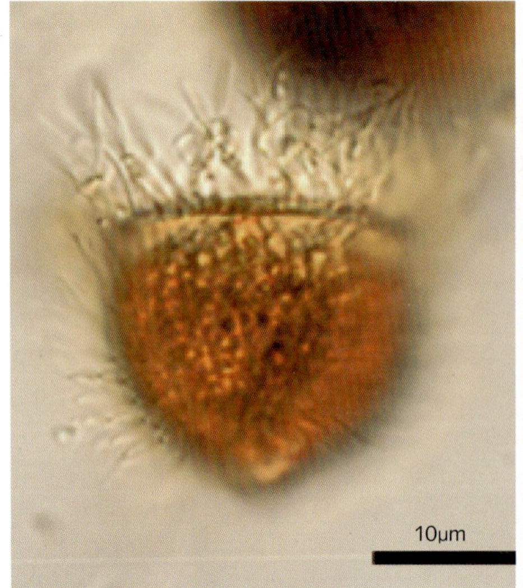

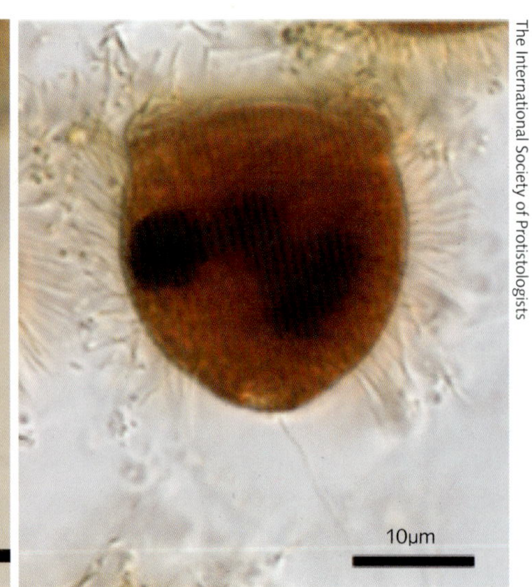

The International Society of Protistologists

KIOST

적조 연구를 위해 현장에 설치된 인공생태계 (mesocosm)

연구도 활발하게 진행되고 있다. 그러나 이제까지 실제 현장에서는 황토를 이용하여 적조를 구제하는 방법과 양식 시설물을 안전한 해역으로 이동, 침하 또는 격리시키는 방법, 양식물을 신속히 채취하여 피해를 경감시키는 것 외에는 뚜렷한 방법이 제시되고 있지 못한 실정이다.

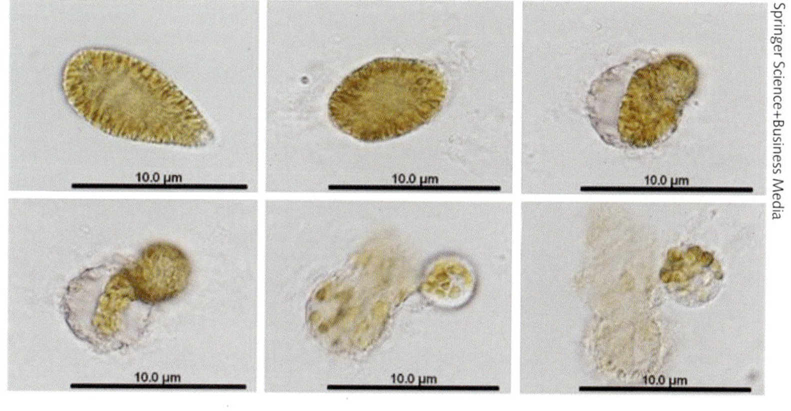

Springer Science+Business Media

적조 생물을 분해하는 살조물질

유해적조 생물인 *Chattonella marina*에 살조물질을 첨가하면 유해생물의 세포가 터지는 것이 관찰된다.

지금 우리는 적조가 발생할 경우, 그 피해를 최소화하기 위해 각 해역에서 적조를 조기에 탐지하여 예보하는 체제 확립, 인공위성을 이용한 원격탐사, 연속 모니터링, 해수순환 모델 등을 결합한 적조 발생 파악, 신속한 이동 경로 예측 체제를 갖추려 노력하고 있다. 이를 통해 어민들에게 충분히 적조피해를 저감할 수 있는 대비시간을 줄 수 있도록 노력하고 있다. 그리고 적조 예찰반 편성, 양식어장 방제 장비 점검, 어업인 순회교육 등을 실시하고 있다. 이와 같은 노력이 결실을 보게 될 경우, 향후 적조로 인한 막대한 수산피해를 최대한 경감할 수 있을 것이다.

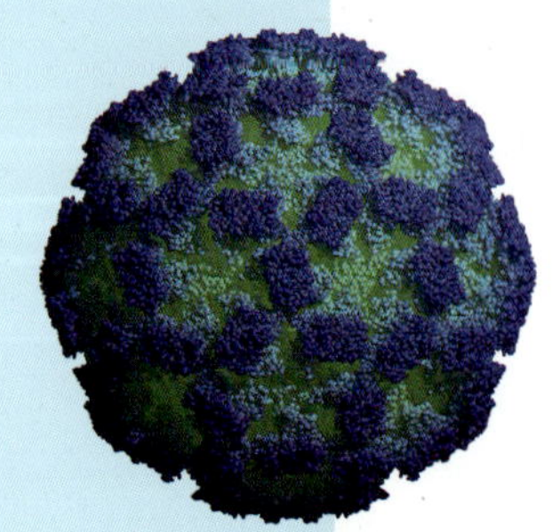

해양오염과 미생물에 의한 질병

오염된 해역에서 채취하거나 포획한 해산물을 날로 먹거나 충분히 익히지 않고 섭취할 경우 병원균에 감염될 수 있다.

권개경 한국해양과학기술원

연안해역에서의 미생물 오염 문제는 수산물로 인한 질병 발생과 해수욕장의 폐쇄 등을 초래하기 때문에 많은 관심의 대상이 되어 왔다. 우리나라에서도 지난 2001년 경상도 해안지역에서 해산물을 매개로 콜레라가 발병하여 162명의 환자가 보고된 바 있으며, 최근에는 남해안에서 생산되는 양식 굴에서 식중독을 일으키는 노로바이러스(norovirus, NoV)가 검출되어 수출이 중단되기도 했다. 또한, 하수에 포함된 병원성 미생물은 수산물을 통해 티푸스, 이질, 간염, 보툴리누스 중독증 등을 유발하기도 한다.

● 육상에서 해양으로 유입되는 병원성 미생물

세균과 바이러스 등의 병원성 미생물은 주로 육상이나 선박, 해양시설 등에서 배출되는 하수와 가축분뇨 등에서 기원한다. 병원성 미생물들은 하폐수처리장 방류수뿐만 아니라, 강우 시 합류식 하수관거의 하수월류수와 비점오염에 의한 우수 유출수를 통해 하구나 내만, 연안으로 유입된다. 노후화된 하수관거에서는 평상시에도 하수가 흘러나와 수계로 유입되기도 한다. 강우 시 모아놓았던 축산폐수가 제대로 처리되지 않고 유출되어 해양으로 유입되기도 한다.

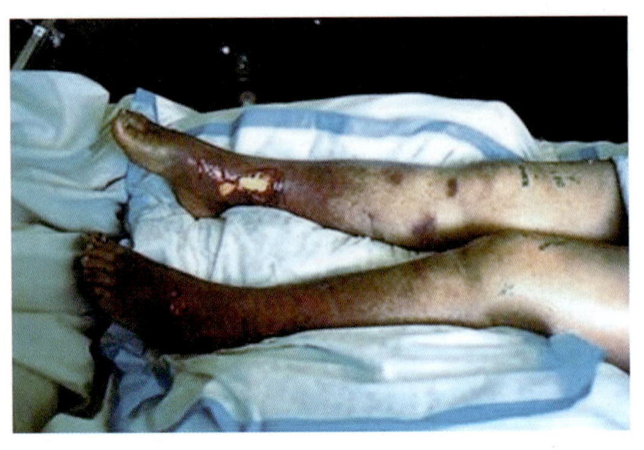

비브리오 패혈증 환자의 다리
서남해 해안지방에서 생선회, 굴, 낙지 등 해산물 섭취로 인한 비브리오 패혈증이 발생하여 매년 10~20명이 사망한다.

하수나 우수 유출수 속에 포함된 병원성 미생물은 바다로 유입된 후 희석되고 염분의 영향으로 급속하게 사멸한다. 해수는 높은 염분 때문에 인간에게 질병을 일으키는 병원성 미생물들이 생존하거나

서태선

번식하는 데는 부적합하다. 하지만 짧은 시간 안에 모든 병원균이 소멸하지는 않는다. 생활하수 속에 있는 병원성 미생물은 조개류와 물고기의 내장, 물고기 또는 갑각류의 표피와 아가미, 갑각류의 소화관, 퇴적물 등에서 며칠에서 몇 달까지도 생존할 수 있다. 조개류의 내장 속에 있는 병원성 미생물은 깨끗한 물에서 청장(depuration) 과정을 거쳐야만 제거할 수 있다.

해양환경에서 주로 질병을 일으키는 병원성 미생물은 아스트로바이러스(astrovirus), 로타바이러스(rotavirus), A형 간염 바이러스(hepatitis a virus, HAV) 등 바이러스와 살모넬라(*Salmonella*), 리스테리아(*Listeria monocytogenes*), 시가톡신 생성 대장균(shiga-toxin-producing *E-coli*, STEC), 비브리오(*Vibrio cholerae, Vibrio parahaemolyticus, Vibro vulnificus*) 등 여러 종류가 보고되어 있다. 수인성 질병의 원인균 중에는 살모넬라 티피(*Salmonella typhi*)처럼 사람에게만 병원성을 나타내는 것도 있고, 쉬겔라(*Shigella*)처럼 여러 동물에 병원성을 나타내는 종도 있다.

● 질병의 원인

인간이 병원성 생물 또는 병원체에 감염되는 경로는 몇 가지이다. 오염된 해역에서 채취하거나 포획한 해산물을 날로 먹거나 충분히 익히지 않고 섭취함으로써 병원균에 감염될 수 있다. 해수욕장 등 휴양지에서 오염된 해수와 접촉하여 감염될 수도 있으며, 해양생물에 물린 상처로부터 감염되기도 한다.

완전히 익히지 않은 해산물을 섭취할 경우 비브리오균이 위염과 콜레라를 유발한다. 비브리오균은 연안역에 상주하는 세균으로 연안역의 유기물 오염에 비례해 증가한다. 1955년에 일본 니가타 현에서는 약 2만 명이 동해에서 잡힌 오징어를 먹고 장염에 걸린 사건이 발생했다. 원인은 호염성 세균인 비브리오 헤모리티쿠스(*Vibrio parahaemolyticus*)로 밝혀졌다. 회를 비롯해 해산물을 날로 먹는 식습관은 비브리오성 질병의 큰 원인이 될 수밖에 없는데 실제 장염의 70% 정도가 이 때문으로 알려져 있다. 비브리오 헤모리티쿠스는 주로 강 하구에 서식하는데 분열주기가 약

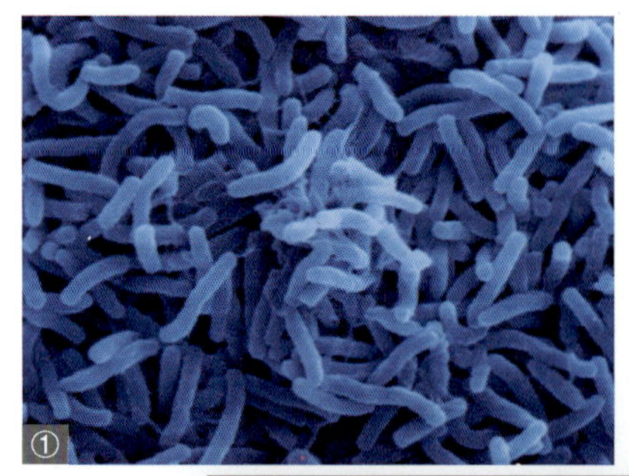
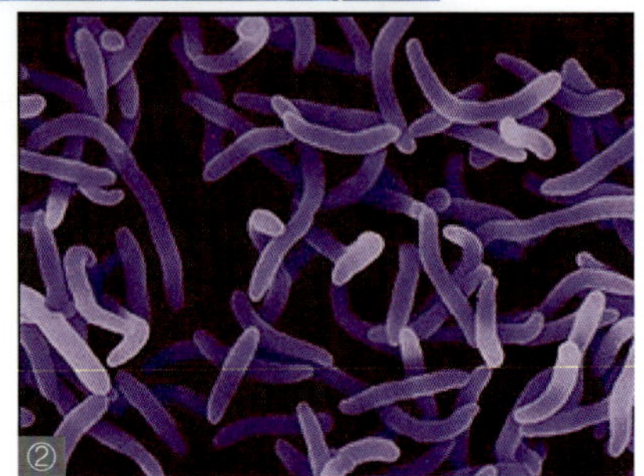
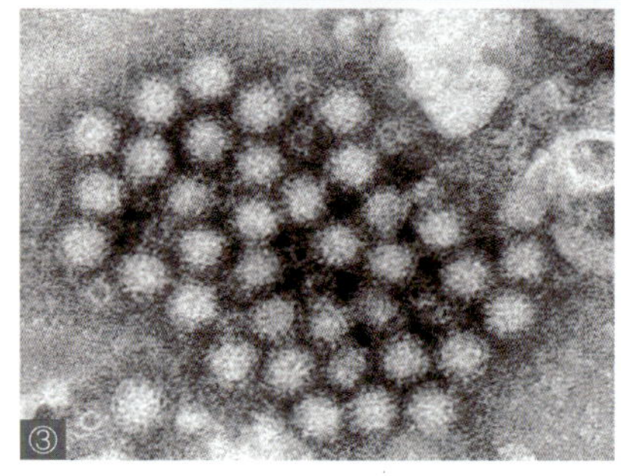

질병을 유발하는 대표적인 병원성 미생물

① 콜레라균
② 비브리오균
③ 노로바이러스

10분 정도로 대장균의 2배 정도이다. 이 세균이 질병을 유발하는 데 필요한 개체 수는 약 100만에서 10억 개체 정도로서 약 10개체만 있어도 3~4시간 이내에 질병 유발이 가능한 숫자에 도달한다. 중요한 점은 이들 세균에 의한 감염이 반드시 덜 익힌 해산물에 의해서만 일어나는 것이 아니라 조리기구를 날 것과 접촉하거나 오염된 해수로 씻은 경우에도 일어날 수 있다는 것이다.

콜레라균인 비브리오 콜레라(*Vibrio cholerae*)는 연안환경의 토착세균으로 분변성 오염과 무관하게 질병을 유발할 수 있다. 비브리오 콜레라는 1991년과 1992년 사이에 페루에서 3천여 명의 사망자를 낸 것을 비롯하여 1993년 말까지 남미와 카리브 해 국가들에서 약 70만 건이 발병하여 6,400명이 사망했다. 비브리오 벌니피쿠스(*Vibrio vulnificus*)는 상처를 통해 감염되어 피부 괴사나 패혈증을 유발하는 세균으로 치사율이 50~80%에 이른다. 대부분의 해양세균은 병원성과는 무관하며 비브리오균도 연안환경의 토착세균으로 오염과의 관계는 적지만 유기물 오염의 결과로 그 수가 증가하면 발병의 소지가 높아진다는 점에서 유의할 필요가 있다.

클로스트리듐(*Clostridium*), 살모넬라(*Salmonella*), 쉬겔라(*Shigella*) 등은 해양오염과 좀 더 직접 관련되어 있다. 이들 세균에 오염된 해산물을 통해 사고가 발생하면 수산물 유통에 막대한 영향을 미친다. 살모넬라에 관한 연구 결과 어류는 이들 세균에 의한 수인성 질병이 인간에게 전달되는 과정에서 수동적인 매개체로 작용한다. 대개 어류가 오염된 수역에서 벗어나면 표피와 내장에 묻어있던 이들 세균도 제거된다. 살모넬라 파라티피(*Salmonella paratyphi*)는 여과 멸균된 해수에서 2일에서 2개월까지 생존 가능한 것으로 밝혀졌다. 따라서 물고기에 대한 감염 없이도 이 세균은 퇴적토, 해수 또는 물고기의 표피를 통해 인간에게 감염될 수 있다. 숭어의 소화관에서 분리된 살모넬라 티피뮤리움(*Salmonella typhimurium*)이 10^7cells/mL의 농도로 존재하는 수조에 숭어와 전갱이를 넣고 2시간 동안 노출한 후 감염 여부를 조사한 결과 이들 물고기의 일부가 감염되었을 뿐만 아니라 길게는 30일까지 세균을 보유했다.

미국에서는 해산물을 완전히 익히지 않고 먹었을 때 비브리오, 살모넬라, 쉬겔라, 스타필로코커스(*Staphylococcus*), 클로스트리듐, 여시니아(*Yersinia*), 리스테리아

(*Listeria*), 캄필로박터(*Campylobacter*), 대장균(*Escherichia*) 등 9속에 속하는 세균이 사람들을 감염시킬 수 있다.

● 질병을 유발하는 과정

미생물이 질병을 유발하는 과정에는 두 가지 유형이 있다. 첫째는 미생물이 동물의 표면 혹은 체내에서 성장하여 병이 발생할 수 있는 조건을 조성하는 것이고, 두 번째는 미생물이 동물의 외부에서 성장하여 병을 유발할 수 있는 독성물질을 생산하거나 서식지를 변화시킴으로써 동물이 건강한 상태로 더 이상 생존할 수 없도록 하는 것이다. 이와 같은 조건은 미생물 군집 내의 집단 간 불균형 상태가 조성되면 자주 발생하는데 환경오염의 결과로 미생물 군집조성에 변화가 생겨 병원성 미생물이 대량으로 증식하게 되는 것이다.

생선초밥과 회

익히지 않은 수산물의 섭취는 장염 등을 유발할 수 있다.

해양생물들은 환경오염으로 인하여 병원성 미생물에 대한 저항력이 약화되어 쉽게 질병에 걸릴 수도 있다. 동물은 특정한 병원성 미생물에 감염되지 않도록 하는 면역계를 가지고 있다. 감염성이 높은 병원성 미생물도 생체의 면역반응이 활발하면 제거될 수 있다. 영양상태가 나빠지거나 스트레스를 받고 있는 동물에서는 병원체의 침입이 쉽게 일어난다. 동물의 표피나 장내에는 대단히 많은 수의 무해한 미생물이 분포하고 있는데 환경조건의 변화는 병원체에 대한 동물의 저항성을 유지해 주는 이들 토착미생물군집에 변화를 유발하여 병원체가 쉽게 침입할 수 있게 만든다. 분변성 세균은 아메바와 같은 원생생물에 잡아먹히지만, 비브리오 파라헤모리티쿠스(*Vibrio parahaemolyticus*)는 특히 여름철에 연안과 하구의 해수, 퇴적토, 무척추생물 등에서 흔히 발견되며 바실루스 세레우스(*Bacilluscereus*), 클로스트리듐 펠프링겐스(*Clostrodiumpelfringens*), 살모넬라(*Salmonella*) 등과 함께 저서생태계에 서식하는 홍합이나 굴 등의 체내에 축적될 수도 있다.

미생물은 동물에 병을 일으키는 독성물질을 생산할 수도 있다. 예를 들어 가두리 양식장에서는 사료로 다량의 유기물을 투입하는데, 실제로 투입된 유기물 중 약 20% 정도는 양식 중인 물고기들의 먹이로 이용되지 않고 곧장 가라앉으며 먹이로 이용된

넙치 지느러미와 꼬리에 손상을 입힌 활주세균증

랍도바이러스병에 감염된 넙치

유기물의 25%는 배설물 등의 형태로 퇴적되는 것으로 추정되고 있다. 유기물이 분해되는 과정에서 산소 고갈 현상이 생기면 황산염 환원을 통해 유기물이 분해되며 그 결과로 발생하는 황화수소는 양식 중인 물고기들에게 병증을 유발하거나 물고기들을 집단 폐사하게 만드는 원인이 되기도 한다. 위와 같은 현상은 가두리 양식장이 설치된 곳뿐만 아니라 유기물 유입이 많은 연안환경 어디에서나 발생할 수 있다.

대부분의 오염물질은 스트레스의 원인으로 작용하며 우리가 질병이라 부르는 것은 대부분 환경 스트레스의 결과라 할 수 있다. 아주 강한 자극이나 장기간 계속되는 스트레스는 질병으로 귀결되기 때문이다.

어류가 집단 폐사하는 주된 원인은 바이러스, 세균, 진균류, 원생동물과 기타 기생생물들 때문으로 여기고 있다. 물론 전염성 질병은 감염된 개체를 약화시켜서 포식자에게 잡아먹히거나 다른 환경 스트레스에 영향을 받을 가능성을 높게 만들므로 집단발병으로 이어지는 경우는 드물다. 그러나 어류 사이에도 집단발병이 일어나 대규모로 폐사하는 경우도 보고되어 있다. 1950년대 중반 세인트로렌스 만과 1960년대와 80년대 중부 대서양의 국가들에서 굴의 집단폐사가 있었다. 이들 사건은 병원생물과 환경요인, 그리고 숙주생물 간의 복잡한 상호작용의 결과였다.

말레이시아의 새우 양식장

새우 양식장에서는 간헐적으로 바이러스에 의한 집단폐사가 발생하곤 한다.

전염성 질병은 병원균이 침투하여 나타나거나 이미 숙주 속에 잠재적으로 감염되어 존재하던 것이 활성화되어 나타난다. 두 유형의 질병 중 오염된 서식처와 관계된 것으로는 어류 표피의 바이러스 감염에 의한 질병인 부종(lymphocystis)과 주로 비브리오속 세균에 의해 발생하는 궤양 등이 있다. 궤양성 질환은 주로 비브리오종(*Vibrio anguillarum*)이 관여하는 것으로 밝혀져 있으며 슈도모나스(*Pseudomonas*)와 에어로모나스(*Aeromonas*) 속의 세균도 관여한다.

갑각류의 질병은 대개 연안의 오염과 관련이 있다. 이 질병은 먼저 키틴분해 미생물에 의해 껍질이 손상된 후 이차적으로 병원균이 침투하는 과정을 거친다. 껍질에 손상을 주는 화학오염물질도 이 질병의 원인이 된다. 내만의 오염지역에 서식하는 게나 바다가재는 흔히 다리 끝 부분부터 손상을 입은 것을 발견할 수 있다. 1970년대 중반 뉴욕 만에서는 새우의 15% 정도가 다리나 수염 등의 부속기관에 손상을 입은 것이 관찰되었으며 독일에서는 오염된 하구에서도 새우들이 외부기관의 손상을 입거나 조직이 사멸하는 현상이 관찰되었다.

최근의 연구에 의하면 환경오염은 해양연체동물에 잠재되어 있던 병원 바이러스의 활동을 촉발시키는 것으로 나타났다. 멕시코만 새우의 50~80%가 폴리클로리네이티드 비페닐(PCBs)과 유기염소계 농약인 미렉스(mirex)에 노출된 후 바이러스에 의해 폐사하는 것으로 밝혀졌다. 수온이 높아질수록 발병률은 높아질 수도 있다. 미국 동부에 있는 메인주의 발전소 주변에서는 굴이 낮은 수온에서는 잘 걸리지 않는 허피스형 바이러스에 감염된 후 집단 폐사하는 것이 관찰되었다.

선박평형수

전 세계 물동량의 약 80%가 바닷길을 통해 배로 운반되고 있다. 매년 100억 톤 이상의 평형수가 운송되며 평형수에 의해서만 약 7천 종 이상의 외래 생물체가 이동하고 있다.

신경순 한국해양과학기술원

선박 운항 시 평형을 유지하고 최적의 속도와 효율을 내기 위해 선박 내 탱크에 싣는 물을 선박평형수(ship ballast water)라고 한다. 배의 안정도를 좌우하는 것은 무게 중심과 바닥의 넓이다. 무게 중심은 아래쪽에 있을수록, 바닥은 넓을수록 배의 안정도는 높아진다. 넘어지지 않고 항상 원상태로 돌아오는 오뚝이의 복원력과 안정도를 생각하면 쉽게 이해할 수 있다. 또한, 배는 어느 정도 물 아래에 잠겨 있어야 효율적으로 운항할 수 있다. 배는 뒷부분 아래쪽의 프로펠러가 돌아가며 발생시키는 양력으로 움직이기 때문에 배가 수면 가까이 올라오면 운전 효율이 떨어진다.

선박은 운항 또는 정박하면서 다양한 오염물질을 육상, 대기 그리고 수중으로 배출하는데, 그중에서 평형수는 살아있는 생물을 많이 포함하고 있다. 배는 항구에 도착해서

선박평형수를 배출하고 있는 유조선

선박은 화물을 선적하기 전에 평형수를 주변 해역에 배출한다.

김웅서

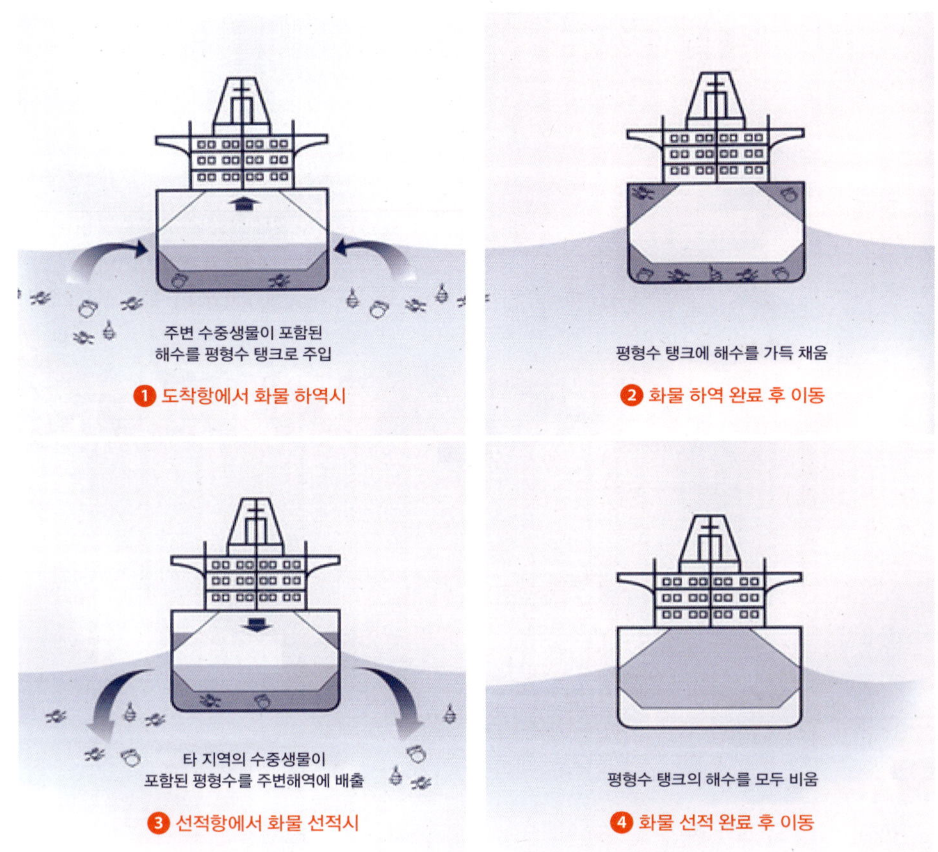

선박평형수 주입 및 배출에 따른 해양생물의 이동 과정

부두에 짐을 내릴 때, 가벼워진 배의 균형을 잡기 위해 수중 생물이 포함된 주변수를 평형수 탱크로 주입하고, 완료되면 다른 부두를 향해 항해를 시작한다. 목적지에 도착한 배는 짐을 실으려고 평형수 탱크에 채워진 물을 주변 해역에 배출한다. 이때 배출된 평형수에는 항해 동안 죽지 않고 살아남은 생물이 포함되어 있다. 짐을 다 실은 배는 다시 목적지로 항해를 시작하고 이와 같은 과정은 계속 반복된다.

● 선박평형수 이동에 따른 문제점

현재 전 세계 물동량의 약 80%는 바닷길을 통해 배로 운반되고 있다. 국제해사기구(IMO)의 보고에 따르면, 세계적으로 매년 100억 톤 이상의 평형수가 선박을 통해 운송되며 평형수에 의해서만 약 7천 종 이상의 외래 해양생물체나 병원체가 이동하고 있다. 이처럼 선박평형수를 통해 이동하는 생물 중 국제해사기구에서 선정된 위험한 생물종은 북아메리카 해파리(North American Comb Jelly), 얼룩무늬 담치

선박평형수를 통해 이동하여 지역 생태계에 피해를 입힌 주요 해양생물
① 얼룩무늬 담치 ② 아무르불가사리 ③ 북아메리카 해파리
④ 아시아 다시마 ⑤ 독성 조류 ⑥ 물벼룩 ⑦ 망둑어 ⑧ 유럽 녹게

(Zebra Mussel), 북태평양 불가사리(North Pacific Seastar), 아시아 다시마(Asian Kelp), 독성 조류(Toxic Algae), 콜레라(Cholera), 물벼룩(Cladoceran Water Flea), 게(Mitten Crab), 망둑어(Round Goby), 유럽 녹게(European Green Crab) 등 이다.

평형수 내 생물종의 국가 간 이동은 생태계 교란뿐만 아니라 연안 산업이나 다른 상업적 활동 또는 자원에도 큰 피해를 유발한다. 미국은 지난 1906년부터 1991년까지 79종의 해외에서 들어온 수중 생물로 총 970억 달러의 손해가 발생했다. 오대호에서 선박평형수에 포함된 얼룩줄무늬 담치의 침입으로 연간 50억 달러(한화 6조 원)의 피해가 보고되었으며, 최근 유입된 15종의 외래생물에 의해 2050년까지 1,340억 달러(한화 161조 원)의 막대한 피해가 발생할 것으로 예상하고 있다.

호주는 북부 연안에 침입한 검은중 무늬담치 한 종을 통제하기 위해 2백만 호주달러(한화 16억 원)를 지출했으며, 이로 인해 1998년에 한화 1,800억 원 규모의 진주 양식 산업이 피해를 본 바 있다. 수출입이 많은 우리나라도 피해가 커지고 있다. 우리나라 연안에서 종종 볼 수 있는 지중해담치는 외래 유입종으로 토종 홍합과 미역 등의 서식 공간을 빼앗고 있다.

우리나라에서는 지난 2003년부터 주요 항만 및 인근 해역에 서식하는 해양생물종에 대한 기초조사가 수행되었다. 2007년부터는 국내 주요 무역항에 대한 선박평형수 위해도평가를 시행하여 항만 수중생태계 및 선박평형수 현황조사를 통한 자료를 구축하고 있다. 연구 결과, 일부 생물들은 선박평형수 내에서 오랜 시간 동안 생존할 수 있으며, 선박평형수에 있는 생물이 정박항만 물에 노출되었을 때 일시적으로 급격하게 성장할 수 있다는 것이 보고된 바 있다. 우리나라의 경우 외래생물 유입에 따른 피해 범위와 형태 등이 정확히 조사되지 못한 상태이며 유입된 생물에 의한 생태계 변화에 대해서도 아직 체계적인 연구가 부족한 실정이다.

● 선박평형수 관리를 위한 국제적 대응방안

국제사회는 비투착생물의 확산방지를 위해 1992년 유엔환경개발회의(United Nations Conference on Environmental and Development, UNCED)에서 평형수의 배출에 관한 강제적인 조치를 준비하도록 국제해사기구에 요청하였다. 국제해사기구는 평형수 관리규제에 관한 논의를 수행하도록 산하 해양환경보호위원회(Marine Environmental Protection Committee, MEPC)에 요청하였다. 이로 인해 2004년 '선박의 평형수와 침전물의 통제 및 관리를 위한 국제협약'이 채택되었고, 현재 각 국가의 협약비준 절차가 진행 중이다. 이 협약은 30개국 이상 가입하고, 가입국 선박보유량이 세계선박보유량의 35% 이상 되면 1년 후 자동으로 발효된다. 현재 36개국이 비준하였는데

국제해사기구 평형수 국제협약에서 채택된 평형수 배출수의 생물 기준

배출 평형수 기준		내용
수중 생물	최소 길이 50μm 이상	• 생존 가능 생물 10개/m³ 미만
	최소 길이 10μm 초과 50μm 미만	• 생존 가능 생물 10개/mL 미만
인간 건강	독성 비브리오 콜레라	• 1cfu/100mL 미만 • 1cfu/습중량 1g 미만
	대장균	• 250cfu/100mL 미만
	장내구균	• 100cfu/100mL 미만

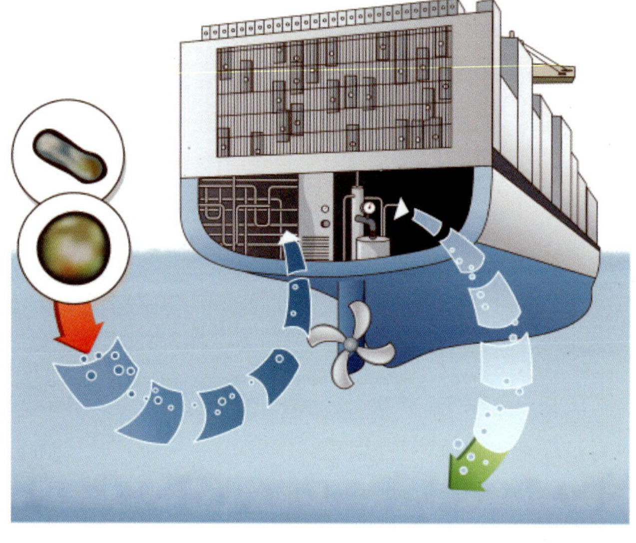

선박평형수 처리 장치

현재까지 제품화 되어 있는 처리장치는 28종류이며
전 세계 시장 규모는 2011~2016년까지 약 15조 원으로 추정된다.

가입국 기준은 만족했지만 선박보유량이 29.07%로 아직 부족한 상태이다.

국제협약에서는 외래 생물체의 이동을 줄이기 위해 선박평형수의 무단배출을 금지하고, 선박평형수의 배출조건을 규정하였다. 이 기준은 매우 까다롭게 결정된 것으로, 이를 시행하기 위해서는 고도의 장비와 비용이 요구된다. 협약의 적용일은 협약 발효일과 관계없이 2009년부터로 되어 있으므로, 그 이후에 발효된다 하더라도 소급 적용하게 되어 있다. 이미 배가 건조되어 운행되고 있거나 새롭게 만들고 있는 배들에 대한 건조 시기별, 평형수 용량별, 적용기준도 규정되었다.

국제사회는 선박평형수 국제협약을

선박의 건조시기 및 평형수 용량에 따른 평형수 국제협약 적용기준

건조 시기	평형수 용량	'08까지	'09	'10	'11	'12	'13	'14	'15	'16	'17이후
2008년 까지	1500m³ 미만		▨	▨	▨	▨	▨	▨	▨	▨	■
	1500~5000m³		▨	▨	▨	▨	▨	▨	■	■	■
	5000m³ 이상		▨	▨	▨	▨	▨	▨	▨	▨	■
2009~2011년	5000m³ 미만		■	■	■	■	■	■	■	■	■
	5000m³ 이상		▨	▨	▨	▨	▨	▨	▨	▨	■
2012년 이후	전체					■	■	■	■	■	■

▨ 교환기준+처리기준 적용 ■ 처리기준만 적용

통해 선박 평형수를 통한 외래생물의 이동을 최소화하여 피해를 줄이기 위한 노력에 전 세계가 적극 동참하기를 독려하고 있다. 선박평형수에 존재하는 생물을 평형수 협약 기준에 맞추어 배출하기 위해서는 부득이 생물 대부분을 죽여야 하므로 전기분해, 자외선, 오존처리 등의 방법을 이용한 처리(살균) 장치를 선박에 장착해야 한다. 이러한 장치를 평형수 관리 시스템 또는 평형수 처리장치라고 부르며, 최근 이러한 처리장치 산업은 조선기자재 사업 중에서 주목받고 있다.

KIOST

선박평형수 처리장비 형식승인 시험설비

현재까지 제품화된 것은 28종류이며, 이 중에서 8종류가 우리나라 제품이다. 선박평형수 처리장치의 전 세계 시장 규모는 2011~2016년까지 약 15조 원으로 추정된다. 현재 우리나라는 평형수 관리 시스템 기술과 전 세계 시장 점유율에서 선두를 유지하고 있으며, 이를 위해 관 · 산 · 연이 협력하여 국제협약 대응, 국내법 제 · 개정 및 기술개발 등을 위해 노력하고 있다. 아직도 국제해사기구 산하 환경보호위원회를 중심으로 선박평형수 국제협약을 가능한 한 빨리 발효하기 위한 논의가 진행 중이고, 각국은 선박평형수 배출규제에 대비하고 있다. 우리나라도 정부 주도하의 선박평형수 통합관리기술개발을 위한 준비를 진행하고 있다.

인간이 선박을 이동수단으로 활용하는 한, 선박평형수의 이동은 계속될 수 밖에 없다. 선박평형수를 살균처리 해서 배출한다고 하더라도 살아있는 생물의 일부분은 다른 해역으로 유입될 것이다. 또한, 선박평형수관리 협약에서 규제하지 않는 10μm 이하의 생물들은 통제 없이 이동할 수 있다. 게다가 평형수 살균에 쓰이는 화학물질들이 중화처리되어 버려지기는 하지만 다량의 중화제와 미량의 화학물질들이 연안에 유입될 가능성도 남아 있다. 선박평형수가 생태계에 미치는 위해성을 진단하고 관리체계를 확립해 연안 생태계를 보전할 수 있는 방안이 마련되어야 한다.

선박평형수에 의한 외래종 침입을 홍보하는 포스터

California Sea Grant Program과 San Francisco Estuary Project에서 미국 서해안의 선박평형수 문제를 일반 시민들에게 알리기 위한 활동을 수행하고 있다.

잔류성 유기오염물질

1962년 레이첼 카슨은 『침묵의 봄』을 출판하여
DDT 같은 난분해성 농약의 남용이 새들을 멸종시킬 것이라고 경고했다.

홍상희 · 오재룡 한국해양과학기술원

지구상에 존재하지 않는 많은 화학물질이 매년 2000여 종 이상 새로 합성되고 있다. 이 중 일부는 그 효용성을 인정받아 대량 생산되어 널리 사용되는데, 산업 생산 공정, 제품의 사용, 쓰레기 폐기, 누출사고, 연료 및 쓰레기의 연소 등을 통해 환경으로 지속적으로 유입된다. 이처럼 인위적으로 합성되거나 산업공정 혹은 연소과정에서 생성된 물질 중에서 분해되지 않고 환경에 오랫동안 남아 축적되는 유기 화합물들을 잔류성 유기오염물질(persistent organic pollutants, POPs)이라고 부른다.

● 노벨상에서 사용금지까지

잔류성 유기오염물질이 세상에 본격적으로 등장하기 시작한 것은 20세기 초반 유기합성 산업이 성장하면서부터다. 1874년에 최초로 합성된 디디티(DDT)는 이로부터 63년이 지난 1939년에 스위스 화학자 뮐러(Paul Hermann Müller)에 의해 처음으로 놀라운 살충효과가 확인되었다. DDT는 값이 싸고 뿌리기도 쉬웠기 때문에 대량 생산되어 세계적으로 광범위하게 사용되기 시작했다. 특히, 2차 세계대전 중에는 발진티푸스를 진정시키거나 말라리아와 황열병을 전염시키는 모기의 애벌레를 박멸하는데 사용되어 수백만 명의 생명을 구했다. 2차 세계대전 이후 DDT의 사용량은 급격하게 증가했고, 다양한 종류의 해충을 박멸하여 농업 생산을 증대시키는데도 기여했다. 이런 공로를 인정받아 뮐러는 1948년 노벨 생리의학상을 수상하였다.

그러나 점차 많은 곤충이 DDT에 내성을 갖게 되자 더욱 독성이 강한 알드린, 디엘드린, 헵타클로르 등의 새로운 유기염소계 농약이 개발되었으며 내성이 생긴 곤충들을 조절하기 위하여 더 많은 살충제가 살포되는 악순환이 반복되었다. DDT를 비롯한

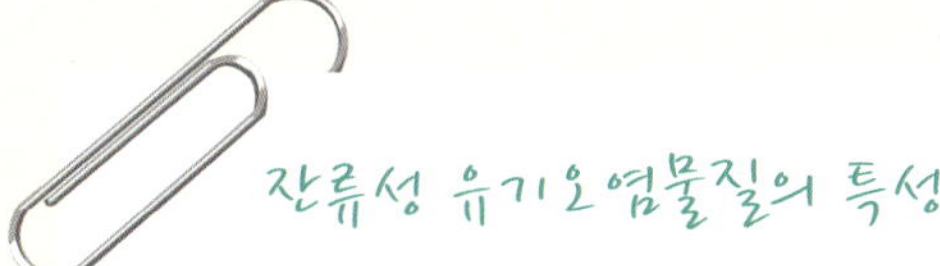

- **잔류성(Persistency)**

물리 · 화학적으로 매우 안정하여 분해되지 않고 오랜 시간 환경에 잔류한다.

- **생물축적성(Bioaccumulation)**

지방 친화성이 강하여 생물 조직이나 입자에 쉽게 축적되고 흡착된다. 생물에 축적된 화합물은 먹이사슬을 통해 하위 단계에서 상위 단계 생물로 전달되며 농도가 확대된다. 이를 생물확대(biomagnification)라 부른다. 이러한 특성으로 인해 북극곰, 고래, 바다사자, 바닷새 등 먹이망의 최상위 단계에 있는 해양포유류와 조류의 체내에 고농도로 축적되어 있다. 한 예로, 미국 바렌츠 해에 서식하는 바닷새는 먹이인 어류보다 DDT 화합물을 2,300배 높게 축적하고 있었다.

- **독성(Toxicity)**

이들 물질은 아주 작은 양으로도 생물에 해로운 영향을 미칠 수 있다. 대부분 잔류성 유기오염물질은 발암성, 신경독성, 돌연변이성, 유전독성을 나타내며, 생체 호르몬의 작용기와 유사한 분자구조로 되어 있어 내분비계를 교란하는 작용을 한다.

- **장거리 이동성(Long range transport)**

휘발성을 갖고 있어 대기를 통하여 넓은 지역으로 확산 이동한다. 이러한 특성 때문에 잔류성 유기오염물질이 사용되지 않은 극지방과 대양, 고산지대에서도 빈번히 검출되고 있다. 오염원에서 배출된 화학물질은 온도가 높은 저위도에서 휘발되어 고위도로 이동하는데 화합물의 물리화학적 특성에 따라 이동속도와 경로를 달리한다. 일련의 단거리 도약을 통해 이동하는 양상이 메뚜기가 뛰어가는 모양을 닮았다 하여 '메뚜기 효과(grasshopper effect)'라 부른다.

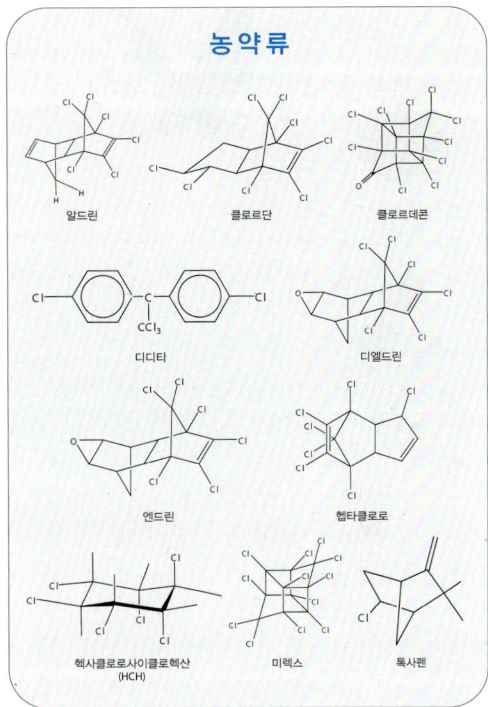

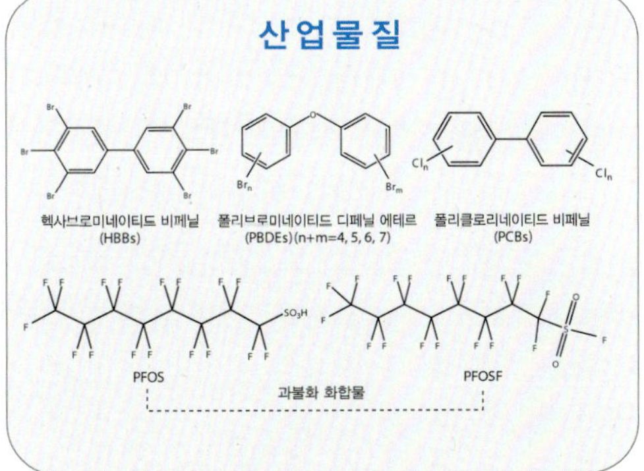

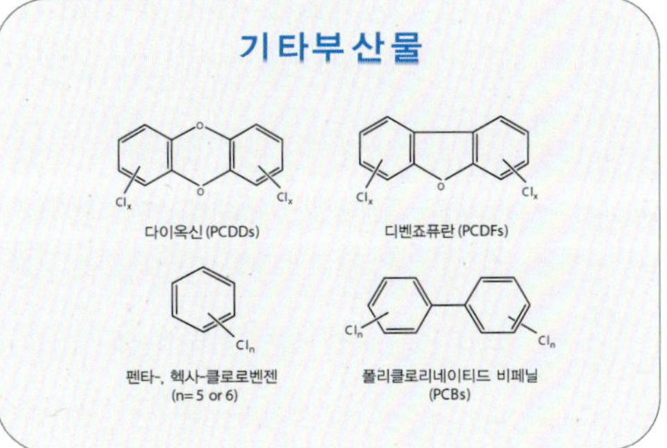

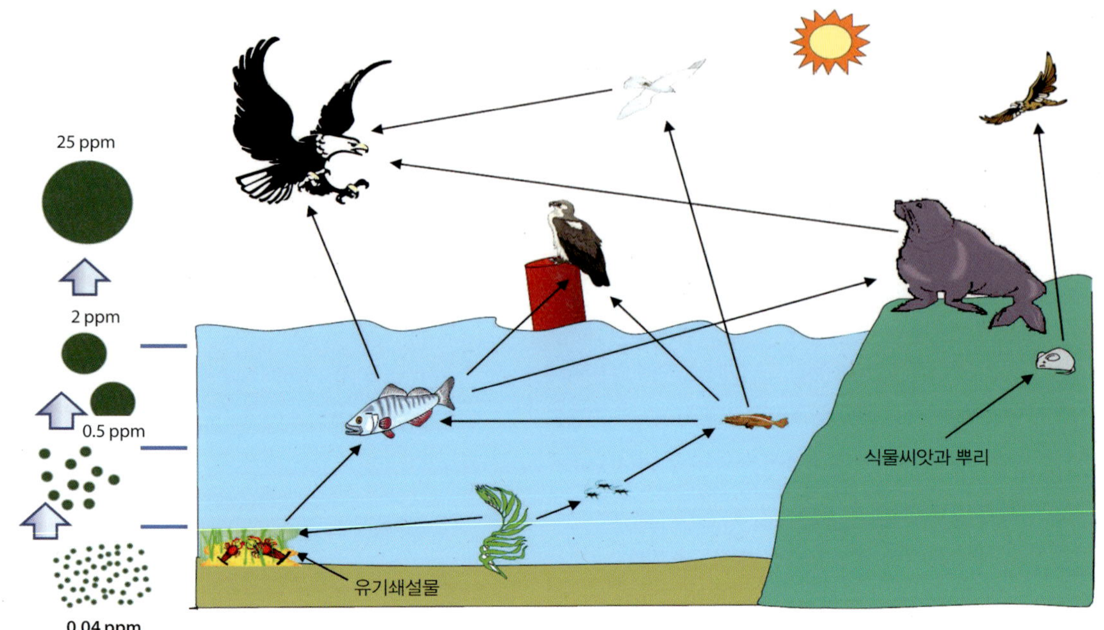

잔류성 유기오염 물질의 생물확대 (Biomagnification)

유기염소계 농약들은 자연 환경에서 분해가 매우 느리며, 야생동물의 체내에 고농도로 축적된다는 사실이 밝혀졌고, 살충제가 살포된 지역에서 물고기, 새, 벌 등이 무수히 죽었다는 사실이 하나 둘 보고되었다. 이렇게 위태로운 생태계 변화를 깨닫고 마침내 정부의 환경정책에 변화를 이끌어낸 결정적 계기가 바로 1962년 레이첼 카슨이 저술한 책『침묵의 봄(silent spring)』이다. 카 슨은『침묵의 봄』에서 화학물질의 남용이 초래한 재앙을 다음과 같이 묘사하고 있다.

'이제 철새들이 돌아와 지저귀며 봄을 알리지 않는다. 한때 새들의 노랫소리로 가득 찼던 이른 아침은 고요해져 버렸다. 노래하던 새들은 갑작스럽게 사라졌고, 그들이 세상에 가져다주던 화려한 생기와 아름다움, 감흥도 너무도 빨리 사라져버렸다. 우리가 아직 아무것도 눈치채지 못하고 있는 사이에'

해충을 제거하기 위해 살포되었던 화학물질이 새들의 몸속에 축적되어 껍질이 얇은 알을 낳게 되고, 알껍질이 쉽게 깨져 새끼들이 채 부화하지도 못하고 죽게 되면 다시는 새가 울지 않는 봄이 올 수 있다는 것이다. 레이첼 카슨이 문명사회에 불러 일으킨 반향은 대단했다. 1960년대 초 대중들은 과학기술의 놀라운 힘에 매료되어 있었고, 과학기술은 모든 사람들에게 풍요로운 내일을 약속하는 것처럼 보였다. 새로운 풍요로운 세상은 경제 성장과 함께 많은 사람들을 굶주림으로부터 해방시켜 주었고 삶에 다양한 편의를 제공했다. 레이첼 카슨은 이 거대한 흐름을 가로막고 서서 대중들에게 생태계의 중요성을 일깨운 최초의 사람이었다.

『침묵의 봄』은 세계 환경운동의 기폭제가 되었고, 출판된 지 10년 뒤인 1972년, 미국에서 DDT의 사용은 완전히 금지되었다. DDT가 합성된 지 꼭 100년이 지나서였다. 디엘드린을 비롯한 여러 유기염소계 농약들 역시 환경 내에서의 지속성과 생물농축에 의한 피해가 우려되어 선진국에서는 1970년대 이후 대부분 사용이 금지되었다. 그러나 저렴한 가격과 우수한 살충효과 때문에 유기염소계 살충제들은 아직도 열대 및 개발도상국에서 말라리아 퇴치와 농업용으로 계속 사용되고 있다. 우리나라에서도 30~40여 년 전에 이미 유기염소계 농약의 생산과 사용이 금지되었지만, 여전히 해수, 해저퇴적물, 해양생물체 내에서 빈번하게 검출되고 있다.

침묵의 봄
레이첼카슨은 화학물질의 남용이 초래하는 재앙을 경고함으로써 DDT 등 잔류성 유기염소계 화합물의 금지를 이끌어냈다.

● 전 지구적 규제가 시작되다

잔류성 유기오염물질은 국제기구와 지역해(예 : 유럽연합, 발틱해 주변국 등)에서 제정한 다양한 환경협약의 주요 이슈가 되어 왔다. 이 중 스톡홀름협약(Stockholm Convention)은 잔류성 유기오염물질에 관한 대표적인 국제협약이다. 잔류성 유기오염물질의 사용을 전 지구적으로 근절시키고 배출을 저감하여 인간의 건강과 환경을 보호하는 것을 궁극적인 목표로 삼고 있다. 스웨덴 스톡홀름에서 채택되었기에 스톡홀름협약이라 하며, 잔류성 유기오염물질(POPs) 협약이라고도 불린다. 1997년 유엔환경계획(UNEP) 집행이사회에서 협약 추진을 결정하였고, 5차례 정부 간 협상회의(INC)를 거쳐 2001년 5월 협약의 최종안이 채택되었다. 2004년 5월 협약이 발효되면서 잔류성 유기오염물질의 오염은 국가 간 환경 현안이 되었다. 우리나라는 2007년 1월에 협약을 최종적으로 비준함으로써 협약에 대한 권한과 이행 의무를 지닌 당사국이 되었다. 2011년 10월 현재 176개 국가가 협약을 비준하였으며, 151개 국가가 비준을 준비하고 있다. 2001년에 12종의 물질이 협약 대상물질로 규정되었으며 2009년에 9종의 물질이 목록에 추가되었다. 생물농축성 기준(생물농축 계수 > 5000), 잔류성 기준(물 중 반감기 > 2개월, 토양 및 퇴적물 중 반감기 > 6개월), 장거리 이동성 기준(대기 중 반감기 > 2일, 모니터링 및 모델링을 통해 이동성 검증)을 만족시키는 물질은 후보 물질로 검토될 수 있으며, 위해성 평가와 위해도 관리평가 과정을 거친 후 대상물질로의 등재 여부가 최종적으로 결정된다. 협약은 대상물질을 규제 목표에 따라 생산 · 사용 금지물질,

제네바에서 개최된 스톡홀름협약 당사국 회의

생산 · 사용 제한물질, 배출저감 물질로 구분하고 있다. 2001년에 우선 관리대상 물질로 선정된 12종의 화합물은 알드린, 클로르단, 디엘드린, 엔드린, 헵타클로르, 미렉스, 톡사펜, 헥사클로로벤젠(HCB), 폴리클로리네이티드 비페닐(PCB), DDT, 다이옥신/퓨란으로 모두 탄소 골격에 염소 원자를 포함하는 유기염소계 화합물이다. 2009년에 새로이 추가된 9종의 화합물은 클로르데콘, 헥사브로모비페닐, α-헥사클로로사이클로헥산(α-HCH), β-헥사클로로사이클로헥산(β-HCH), 린단(γ-HCH), 테트라/펜타-브로모디페닐에테르(Tetra- & Penta-BDEs), 헥사/헵타-브로모디페닐에테르(Hexa- & Hepta-BDEs), 펜타클로로벤젠, 과불화화합물(PFOS와 그 염화물, PFOSF)로, 이중 일부는 브롬 원소를 가진 유기브롬계 화합물이다. 현재 헥사클로로사이클로도데칸(HBCD), 엔도설판, 단쇄염화파라핀(SCCP)이 후보 물질로 검토되고 있다.

한편, 유엔환경계획은 해양오염의 주요 원인을 육상활동으로 규정하고 해양환경을 보호하기 위한 구체적인 행동계획으로 '육상오염원에 의한 해양오염 방지를 위한 범지구적 실천계획(Global Programme of Action, GPA)'을 마련하였다. 실천계획은 1995년 워싱턴 DC에서 108개 정부와 유럽연합이 참여한 정부 간 회의에서 채택되었다. GPA는 법적 구속력이 있는 협약은 아니나 새로운 국제법이 형성되기 전 단계의 규범이다. 불이행 시 직접적인 제재수단은 없으나 국제적 여론과 압력 등에 의해 구속력을 발휘할 수 있다. GPA는 하수, 방사성 물질, 중금속, 유류, 영양염류, 폐기물, 쓰레기, 퇴적물, 서식지의 물리적 훼손과 변형과 함께 지속성 유기오염물질을 주요 육상기인 오염원으로 지정하고 있다. GPA의 실효성 있는 이행을 위해 지역해 차원에서 육상기인 오염물질의 저감을 위한 대책을 국가 간 협력을 통해 수립 · 시행하도록 권고하고 있다.

● 대표적 잔류성 유기오염물질들

국제협약에서 규제를 목적으로 관리하는 잔류성 유기오염물질은 크게 세 가지 유형으로 구분된다. 살충제나 제초제로 사용되는 농약류, 산업용 화학물질, 소각이나 산업공정에서 생성되는 부산물이다.

농약류에는 DDT와 그 분해산물, 알드린, 엔드린, 디엘드린, 클로르단, 클로르데콘, 헵타클로르, 펜타클로로벤젠, 헥사클로로벤젠, 미렉스, 톡사펜, 헥사클로로사이클로헥산(HCHs) 등이 포함된다. 모두 탄소골격에 염소 원자를 다수 포함하는 유기염소계 농약으로 저렴한 가격과 우수한 살충효과를 가지고 있어 1900년대 초반에서 중반에 이르기 까지 전 세계에서 대량으로 사용되었다. 그러나 1962년 레이첼 카슨의 『침묵의 봄』에 의해 합성 농약류의 위험성이 세상에 알려지면서, 1970년대 이후 선진국들을 중심으로 DDT를 비롯한 많은 유기염소계 농약의 생산과 사용을 법적으로 금지하기 시작했다. 스톡홀름협약을 통해 대부분의 유기염소계 농약의 생산과 사용을 금지하고 있으나, 일부 국가들의 현실 여건을 감안하여 일부 농약류에 대해서는 면제 조항을 두고 있다. 그 예로 열대국가에서는 말라리아를 옮기는 모기 퇴치에 DDT 사용이 허용되고

스톡홀름협약에서 지정한 잔류성 유기오염물질

농약류	산업물질	소각 및 산업공정에서 생성된 부산물
알드린[a] 클로르단[a] 클로르데콘[a] 디디티[a] 디엘드린[a] 엔드린[a] 헵타클로르[a] 헥사클로로벤젠[a,c] α-헬사클로로사이클로헥산[a] β-헬사클로로사이클로헥산[a] 린단 미렉스[a] 톡사펜[a] 펜타클로로벤젠[a,c]	헥사브로미네이티드 비페닐(HBBs)[a] 폴리클로리네이티드 비페닐 (PCBs)[a,c] 폴리브로미네이티드 디페닐 에테르 (Tetra-BDE & penta-BDE[a], Hexa-BDE & hepta-BDE[a]) 과불화화합물(PFOS와 그 염화물 및 PFOSF)	폴리크로리네이티드 디벤죠다이옥신 (PCDDs)[c] 폴리크로리네이티드 디벤죠퓨란 (PCDFs)[c] 폴리클로리네이티드 비페닐 (PCBs)[a,c] 펜타클로로벤젠[a,c] 헥사클로로벤젠[a,c]

[a]의정서의 부록I에 포함됨 (제거 대상물질)
[b]의정서의 부록II에 포함됨 (사용금지 대상물질)
[c]의정서의 부록III에 포함됨 (최적의 기술을 이용한 배출감소 대상물질)

있으며, 머릿니와 진드기 제거에 린단이 사용되고 있다.

산업용 화학물질에는 PCBs, 브롬계 난연제(flame retardant), 과불화화합물 등이 포함된다. PCBs는 비페닐기에 1~10개의 염소 원자가 붙는 합성화합물이다. 화학적으로 안정하고 비활성이며 유전성(dielectric)을 띠고 있어, 1929년 처음 합성된 이래 가소제(plasticizer), 콘덴서나 변압기의 유전체, 가스터빈이나 진공펌프의 윤활제, 프린터 잉크, 페인트, 살충제 등 여러 가지 용도로 사용되었다. 1930년부터 1993년까지 전 세계적으로 약 1.3×10^6톤이 생산된 것으로 추정된다. 1979년까지 모든 생산과 사용이 금지되었으나 과거에 생산되어 가동 중인 장비에 함유되어 있어 사용과정 또는 폐기과정에서 환경으로 유출되고 있다. PCBs는 산업공정과 소각과정에서 부산물로 생성되기도 한다. 난연제는 플라스틱과 합성수지와 같은 연소되기 쉬운 물질의 발화와 화재의 확산을 막기 위해 산업적으로 개발된 합성화합물로, 플라스틱 산업의 발달과 함께 1970년대 이후 세계적으로 사용량이 급증해왔다. 컴퓨터, TV와 같은 가전제품, 건축용 자재, 실내장식재 등 플라스틱이나 섬유를 원료로 한 각종 가연성 제품에 첨가되어, 생산 · 사용 · 폐기 과정에서 환경으로 유입되고 있다. 브롬계 난연제인 폴리브로미네이티드 디페닐 에테르(PBDEs), 폴리브로미네이티드 비페닐(PBBs)는 2009년에 스톡홀름협약의 규제 대상 물질 목록에 새로이 추가된 신규 잔류성 유기오염물질이다. PBBs의 경우 이미 1970년대부터 발암성과 간독성이 확인되어 유럽에서는 2000년부터 생산이 중지되었다. PBDEs는 1990년도 후반에 환경문제로 대두되었으며 2004년 유럽연합을 시작으로 세계적으로 규제가 확대되고 있다. 과불화화합물은 열화학적으로 안정하고 산과 염기에 반응하지 않으며 물과 기름에 반발하는 독특한 물리화학적 성질을 가지고 있어 테프론의 원료소재, 표면제, 윤활유, 광택제, 음식 포장용기 코팅제, 섬유 코팅제, 금속도금, 소방용 거품 등 상업적으로 다양하게 사용되었다. 2000년대 초반에 과불화화합물이 생물에 축적되고 지구상에 널리 분포하고 있다는 것이 알려지면서 환경 분야의 주요 관심물질이 되었다. 2000년에 과불화화합물의 최대 생산업체인 3M사가 자체적으로 감축을 선언했으며 뒤이어 유럽연합, 캐나다, 미국, 일본 등이 과불화화합물 중 PFOS에 대한 규제를 시작하였다. 과불화

난연제화합물의 오염원인 전자제품 폐기물

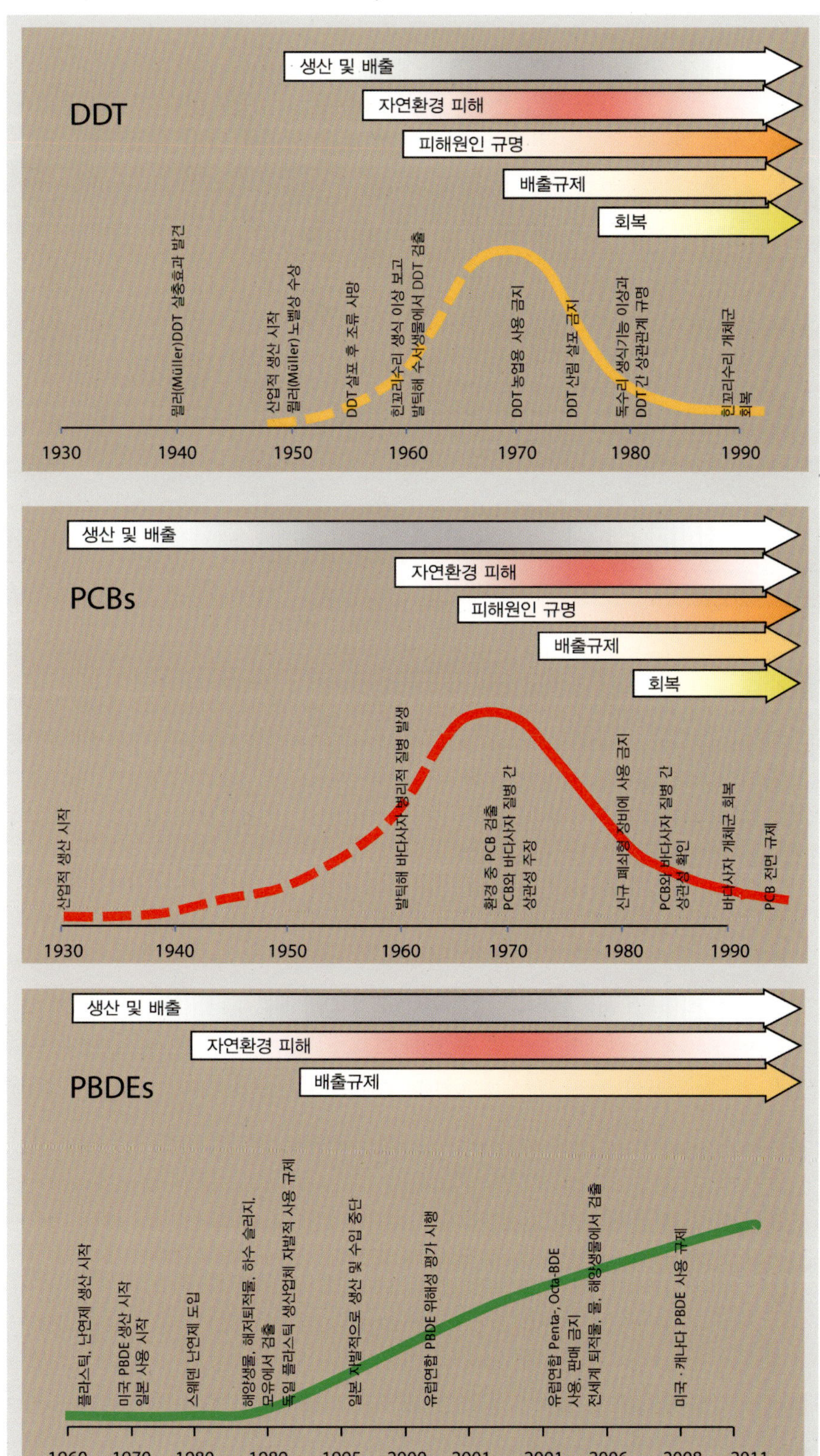

DDT, PCBs, PBDEs
화합물의 오염 동향

중앙일보

님비(NIMBY) 현상
쓰레기 소각장이 건설되는 지역의 주민들은 다이옥신에 의한 피해를 우려하지만 실제로 대기를 통해 직접 인체로 흡수되는 다이옥신보다 육류, 유제품, 수산물을 통한 흡수가 훨씬 많다.

화합물 중 PFOS와 그 염류, PFOSF가 PBDE와 함께 스톡홀름협약의 대상물질 목록에 포함되었다. 하지만 현재까지도 과불화화합물의 물리화학적 특성, 환경 내에서 거동과 이동, 독성에 대한 정보는 상당히 제한적인 수준이다.

'인류가 제조한 혹은 인류에게 알려진 가장 유독한 물질' 이라고 일컬어지는 다이옥신과 퓨란(PCDD/Fs)은 상업적으로 생산되지는 않았으나 클로리네이티드 페놀, 클로리네이티드 비페닐 에테르, PCBs 등 여러 화학물질을 생산할 때 불순물로 생성된다. 월남전에서 사용된 고엽제인 에이전트 오렌지(Agent Orange)에 함유되어 기형아 출산 등 많은 환경피해를 유발했던 것으로 잘 알려져 있다. 다이옥신과 퓨란의 기본 골격에 치환된 염소 원자의 숫자와 위치에 따라 각각 75종, 135종의 동위체가 존재하는데, 이 중 독성이 가장 강한 2, 3, 7, 8-TCDD의 독성은 청산가리의 25,000배에 달한다. 다이옥신은 화학제품의 열분해, PCBs를 포함한 전기제품의 화재, 도시 쓰레기 · 하수 슬러지 · 병원 쓰레기 · 유해폐기물 소각, 펄프 및 제지공장 배출수, 자동차 배기가스, 산불과 화재 등에 의해 생성되어 다양한 경로를 통해 환경으로 유입된다. 다이옥신은 주로 음식물 섭취를 통해 인체로 흡수되는데, 이 중 육류, 유제품, 수산물의 기여도가 90% 이상이다. 식품의약품안정청의 발표에 따르면 우리나라 국민의 음식물을 통한 다이옥신 노출은 79%가 수산물에 의해서이다. 다이옥신과 더불어 PCBs, HCB, 펜타클로로벤젠 역시 비의도적인 부산물로 생성되는 잔류성 유기오염물질로 분류되어 협약 대상물질 목록에 포함되어 있다.

중앙일보

대기를 통한 잔류성 유기오염물질의 배출

폐기물 소각, 자동차 배기가스, 산불, 화재 등 다양한 경로를 통해 잔류성 유기오염물질들이 환경으로 배출된다.

우리나라는 잔류성 유기오염물질을 잔류성유기오염물질 관리법, 유해화학물질 관리법, 폐기물관리법, 해양환경관리법, 축산물가공처리법, 농약관리법으로 관리하고 있다. 스톡홀름협약 대상물질의 국내 사용량과 규제시기는 선진국이나 개발도상국들과 다른 양상을 보인다. 유기염소계 농약류와 같이 사용역사가 오래된 잔류성 유기오염물질의 경우, 선진국에 비해 뒤늦게 사용되기 시작하여 비슷한 시기에 규제되었기 때문에, 환경에서의 잔류농도는 선진국에 비해 대체로 낮은 수준을 보인다. 반면, 브롬계 난연제, 과불화화합물과 같이 산업활동과 관련이 깊은 신규 잔류성 유기오염물질의 농도는 선진국과 유사한 수준을 보이고 있다. 이러한 오염 패턴은 최근 우리나라의 높은 산업성장률을 잘 반영하고 있다.

DDT가 합성되어 규제되기까지 약 100여 년의 시간이 걸렸다. 다른 화합물 역시 예외가 아니다. 대부분의 합성 화합물은 상당기간 아무런 제재 없이 광범위하게 사용되며, 이들의 위해성이 세상에 알려지면서 생산이 중단되고 사용이 금지된다. 규제에 들어가면 환경에서의 잔류농도는 점차 감소하나 엄청나게 많은 양이 이미 환경으로 유입되었기 때문에 완전한 제거는 불가능하며 지구의 구석구석에 남아있게 된다. 또 다시 새로운 물질이 부각되면 다시 규제가 검토된다. 하지만 규제는 최선의 대안이 될 수 없다. 화학물질의 사용량을 줄이고 자연 친화적인 발전을 모색하는 것이 생태계를 보호하는 최선의 방법일 것이다.

중금속

해양으로 유입된 중금속은 해양생물의 먹이망을 통해 상위 단계로 이동하며 농축될 수 있다.

김경태 한국해양과학기술원

금, 은, 철, 구리, 납, 아연, 알루미늄과 같은 금속의 사용은 고대부터 현대 사회에 이르기까지 인류 문명의 발달과 매우 밀접하게 연관되어 있다. 석기 시대 이후 광석으로부터 분리한 광물을 이용하게 되면서 청동기 문명과 철기 문명이 시작되었다. 금속은 무기와 건축재료, 생활용품, 장신구 등에 널리 사용되었다.

중금속은 많은 원소 중에서 비중이 5 이상인 금속을 일컫는다. 이들 금속은 일반적으로 해수나 담수와 같은 자연수에는 ppb(10억분의 1, part per billion) 이하로 존재하며, 지각이나 퇴적물에는 ppm(백만분의 1, par per million) 수준으로 존재하므로, 많은 과학자들은 중금속보다는 미량금속원소(trace metal elements), 미량금속(trace metals), 미량원소(trace elements)라는 용어를 주로 사용한다.

중금속은 자연계 내에서 다양한 생지화학적 과정을 통해 순환된다. 중금속은 화산활동, 열수, 지각물질의 풍화 등에 의해 유입되기도 하지만, 인간 활동의 부산물이나

해양환경 내의 주요 중금속 오염물질

구분	독성물질		해양생태계 내에서의 생물농축계수
	분류	세부 분류	
중금속	수은 (Hg)	무기수은, 유기수은 (메틸수은 등)	10^3 - 10^4
	카드뮴 (Cd)		10^4 - 10^6
	납 (Pb)		10^4 - 10^6
	구리 (Cu)		10^3 - 10^6
	아연 (Zn)		10^4 - 10^6
	크롬 (Cr)		10^2 - 10^4

폐기물을 통해서도 환경으로 유입된다. 중금속들은 환경 내에서 잔류하는 특성이 있으므로 지속성 오염물질(persistent pollutant)로 분류되고 있으며 다양한 독성을 나타낸다. 중금속이 먹이를 통하거나 환경으로부터 직접 체내로 흡수된 후 배출되지 않을 경우, 생물에 축적되는 생물 농축(bioaccumulation) 현상이 나타날 수 있다. 경우에 따라서는 생태계의 먹이사슬을 거치면서 축적 정도가 커지는 생물확대(biomagnification) 현상이 나타나게 되므로 최종적으로 인간의 건강을 위협하게 된다.

● 중금속의 해양 유입

연안에서 중금속의 분포는 유입 오염원, 용존과 입자상의 반응, 해역 내에서의 수괴 이동과 혼합 정도, 생물학적 이용 정도에 의해 결정된다. 중금속은 광석과 금속의 제련과정, 금속 및 금속화합물을 이용하는 산업 활동, 생활쓰레기와 산업폐기물 처리장, 매립지의 침출수, 축산 및 농업 활동 등 인간 활동을 통해 환경으로 배출된다. 도금, 도료, 펄프·제지, 석유화학, 정유, 비료, 철 및 비철금속, 자동차 및 항공산업에서는 카드뮴, 크롬, 구리, 철, 수은, 납, 니켈, 주석, 아연 등의 중금속이 배출되며, 유리, 시멘트, 방직, 피혁 공장에서는 크롬이 배출된다. 마리나, 항구와 조선소 주변에서는 방오제로 사용되는 구리와 아연이 선박 표면으로부터 용출되어 높게 나타난다. 하천은 중금속이 해양으로 유입되는 매우 중요한 경로다. 중금속은 하수처리장과 폐수처리장 방류수뿐만 아니라 강우 후 도시의 유출수에도 다량 포함되어 있다.

대기를 통한 유입 또한 중금속의 중요한 경로 중의 하나이다. 중금속을 포함하고 있는 풍화된 지각물질이 바람에 의해 이동하거나, 화산활동 시 화산재와 가스성분이 대기로 유출된 후 낙진이나 강수에 의해 해양으로 유입되기도 한다. 도시 지역이나 산업화된 지역에서는

김경태

중앙일보

중앙일보

KIOST

중금속의 주요 유입원

① 강우시 산업단지 우수토구
② 선박의 표면에 칠해지는 방오도료
③ 쓰레기 매립장 침출수
④ 대기를 통한 유입

납, 수은, 비소, 카드뮴, 아연 등의 중금속이 대기를 통해 방출되는데, 납은 하천보다 대기를 통한 유입이 큰 비중을 차지하고 있다. 대기로 배출된 오염물질은 먼 거리를 이동하는 특성을 지닌다. 최근의 연구에서는 화산재나 황사가 해양의 식물플랑크톤 증식에 영향을 미친다는 과학적 증거가 제시된 바 있다.

금속별로 농도와 부하량은 유역의 특성에 따라 큰 차이가 있다. 집수유역이 높은 함량의 광물을 기반암으로 하거나 인구가 집중된 도시 지역이거나 산업시설이 밀집되어 있을 경우 중금속의 부하량은 높게 나타난다. 시공간적인 변화와 매체 간 이동에 관한 정보의 한계 때문에 여전히 중금속의 경로별 해양 유입량 산정 결과는 많은 불확실성이 있다. 최근에는 하천이나 대기 이외에도 해저 열수광상이나 해저 지하수를 통한 유입도 관심을 끌고 있다.

● 중금속의 순환 과정

중금속의 생지화학적 순환과정은 매우 복잡하다. 환경으로 유출된 중금속은 대기를 통해 이동하거나 물을 따라 이동한다. 중금속은 용존 또는 입자 상태로 존재하며, 수은과 같은 일부 원소는 가스 형태로도 존재한다.

직 · 간접적인 경로를 통해 강으로 유입된 중금속은 담수에서 해수 환경으로 전환되는 하구(estuary)에서 큰 변화를 겪게 된다. 중금속들은 하구에서 부유사에 흡착되거나 응집되어 침강하며, 염분의 변화에 따라 화학종이 변화되기도 한다. 자유이온 상태인 중금속은 OH^-, CO_3^{2-}, Cl^-, S^-, SO_4^{2-} 등의 무기 리간드, 아미노산, 단백질, humic acid 등과 같은 유기 리간드와 결합하거나 부유물질에 흡착된 형태나 철이나 망간

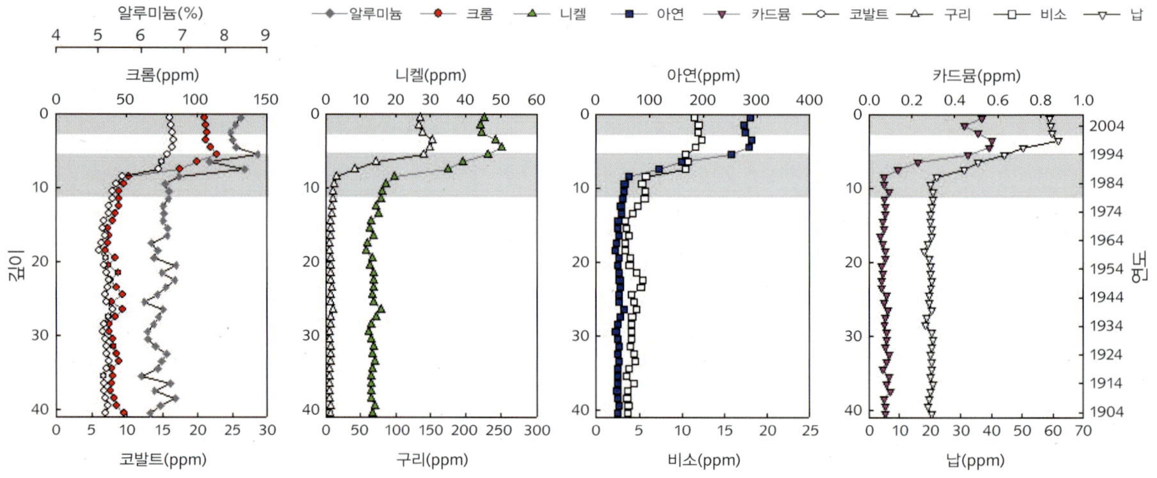

시화호 퇴적물에서 나타난 중금속 오염과 환경변화의 기록

산화물에 부착된 형태가 되어 퇴적물로 제거되며, 퇴적물 내에서도 재분배가 이루어진다. 하지만 카드뮴은 수층 내에서 염분이 증가할 때 입자로부터 탈착되어 용존형태의 농도가 증가한다.

퇴적물은 주변 유역으로부터의 오염물질 유입 형태 변화에 따른 정보와 수계 내에서 진행된 다양한 생지화학적 과정에 관한 정보를 기록하고 있다. 따라서 지속성을 가진 중금속들은 오염의 시간적 변화나 퇴적물 내의 산화/환원 환경 변화를 알아내는데 매우 유용한 지표로 이용되고 있다.

● 중금속의 생물 축적과 그 영향

전이금속인 철, 구리, 아연, 코발트, 망간 등은 낮은 농도에서는 생물 성장의 필수 원소로 작용하지만, 높은 농도에서는 독성을 나타낸다. 철은 척추동물과 무척추동물의 호흡색소를 구성한다. 구리는 많은 연체동물과 갑각류의 호흡색소에 함유되어 있으며, ATP 생성과 관련이 있다. 아연과 코발트는 각각 효소와 비타민 B_{12}에 관여한다. 수은, 납, 주석, 비소 등의 중금속들은 매우 낮은 농도에서도 세포 독성을 나타낸다.

중금속이 생물 체내에 축적되는 정도와 그 기작은 생물종, 개체, 기관에 따라 다르며, 각 원소에 따라 다르게 나타난다. 일반적으로 중금속은 동물과 식물의 경우 표피를 통해 흡수되고, 동물은 특히 중금속이 포함된 먹이를 통해서 주로 흡수한다. 해수를 여과하여 먹이를 섭취하는 홍합이나 굴과 같은 이매패류는 해수 교환에 의해서도 중금속이 체내에 축적된다. 기질에 부착하여 살아가는 이매패류의 경우 정착한 지역의 누적된 오염도를 반영하고 있으므로 지속성 오염물질의 지표 생물로 이용되고 있다.

먹이망에서 상위에 있는 어류와 해양 포유류의 경우, 근육 조직보다는 아가미, 간, 신장 등의 장기에 중금속이 상대적으로 높게 축적된다. 패류의 경우 가리비는 소화샘에서 카드뮴이 건중량 기준으로 500ppm이 검출되기도 한다. 참굴은 아연을 수천에서 수만 ppm까지 농축하기도 하며, 구리도 함께 높은 농도로 축적되는 경우가 있다. 퇴적물 속에서 서식하는 갯지렁이는 퇴적물과 공극수에 포함된 중금속 농도에 크게 영향을 받는다. 갯지렁이는 주둥이의 기능 강화를 위해 아연을 높은 농도로 축적하기도 한다.

해양생물은 체내에 높은 농도의 중금속을 축적하지만, 해독작용을 통해 어느 정도의 수준까지는 생존할 수 있다. 해독작용은 체내에 들어온 중금속과 저분자량의 단백질이 결합해 착화합물인 메탈로티오닌을 형성하여 안정화시키거나, 칼슘, 구리, 철 등의 과립 형태로 중금속을 포획하는 형태로 이루어진다.

많은 동물이 중금속에 약간의 해독능력을 갖추고 있지만, 분명히 한계가 있다. 일단 중금속에 노출되면 유전자 손상, 세포 변형, 효소기능 장애가 나타나며, 외형적으로는 성장둔화, 형태변화와 생식이상, 행동장애가 나타난다. 생태계 측면에서는 생물의 다양성을 포함하여 군집의 변화까지 나타날 수 있다.

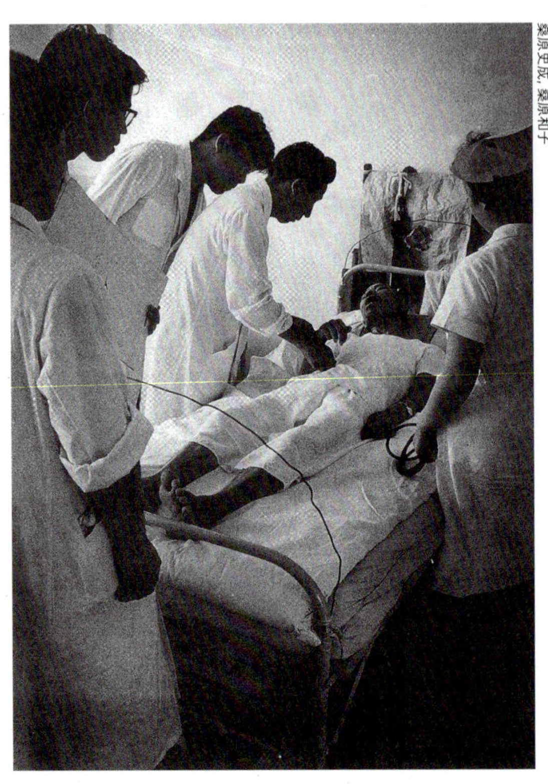

桑原史成, 桑原和子

미나마타병 환자를 진료하는 의료진

● 수은 중독, 끝나지 않은 아픔

연안으로 배출된 중금속은 해양생태계의 먹이사슬을 통해 축적되며, 사람이 중금속으로 오염된 수산물을 장기간 섭취하게 되면 체내 농축에 의한 중독 증상을 나타낼 수 있다. 세계 여러 지역에서 중금속 오염 사고가 발생하였는데, 수은 오염에 의한 미나마타병과 카드뮴에 의한 이타이이타이병이 대표적이다.

수은은 실온에서 액체로 존재하는 유일한 금속으로서 일상에서는 의료용 아말감, 전등, 전지, 온도계 등에 이용되고 있으며, 산업 분야에서는 화학공정의 촉매나 금광에서 금을 선별적으로 추출하는데 사용되기도 한다.

1950년대 초 일본 큐슈의 구마모토 현 미나마타만 주변의 주민들에게 중추신경 장애, 발작 등 기이한 병이 발생하였는데, 발병 초기에는 그 원인이 명확하게 밝혀지지 않았다. 수년간의 조사 결과 미나마타만 주변의 신일본질소 주식회사에서 1932년부터 1968년까지 아세트알데히드, 염화비닐(PVC)를 생산하면서 촉매로 사용한 무기수은이 포함된 폐수가 해역으로 방류되었다는 것이 알려졌다. 해양으로 방류된 무기수은은 미생물 작용에 의해 메틸수은으로 변환되었으며, 메틸수은이 생물 체내에 축적되었다. 1956년 미나마타 보건소는 주민들이 메틸수은이 축적된 수산물을 오랫동안 섭취하여 질병이 발생하였다는 것을 공식 확인하였다. 미나마타병은 신경마비와 뇌 기능 손상, 시력 상실, 근육 이완, 전신마비, 혼수상태 등의 증상이 나타나고, 심하면 사망에 이른다. 1989년까지 구마모토 현과 가고시마 현에서 판명된 환자 수는 총 2,266명이었으며, 이 중 938명이 사망하였다.

일본 정부는 1957년 초에 미나마타 만에서의 어업활동을 금지하였으나 원인을 제공한 공장에 대한 가동은 멈추지 않았고, 1958년에는 폐수 배수로를 미나마타강 하구로 변경함으로써 오염을 확산시키기도 하였다. 사건 이후 오염된 환경을 개선하기 위하여 지속적인 노력을 하였으며, 50여 년이 지난 2000년대 초가 되어서야 미나마타만이

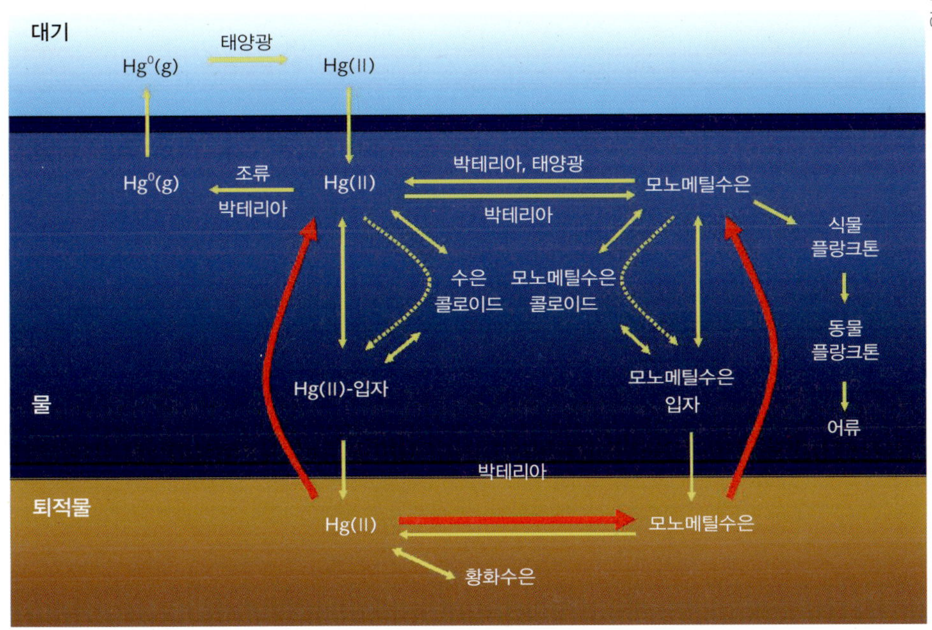

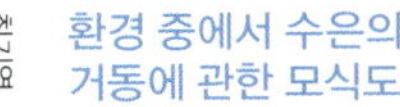
최기영

환경 중에서 수은의 거동에 관한 모식도

수은 오염에서 벗어날 수 있었다. 대법원은 2004년에 신일본질소주식회사와 정부의 책임을 인정하는 판결을 내렸다. 2012년 미나마타병이 집단 발병했던 곳에서 15km 떨어진 산간 지역인 구로이와 지역의 주민들에게서 미나마타병과 비슷한 증상이 나타났는데, 오래전 미나마타 만에서 생산된 수산물의 섭취에 원인이 있을 것으로 추측되고 있다.

● 환경 규제와 관리

중금속에 과다하게 노출되면 많은 사람이 치명적인 피해를 겪을 수 있다. 그 피해는 장기간에 걸쳐 당사자는 물론 후대에 이어지고, 사회적으로 크게 영향을 미치는 환경 재해가 된다. 우리나라에서는 해양환경기준에 의한 해양퇴적물 관리를 위하여 2011년 말에 비소, 카드뮴, 구리, 수은, 납, 아연 등 6개 원소에 대한 중금속 기준을 마련하였다. 그 기준은 부정적인 생태영향이 발현될 가능성이 있는 농도인 주의기준(threshold effects level, TEL)과 부정적인 생태영향이 발현될 개연성이 매우 높은 농도인 관리기준(probable effects level, PEL)으로 구분된다.

국내에서도 항만, 산업단지 등이 밀집한 연안에서 점차 오염도가 증가하고 있으므로 다양한 환경 매체와 유입경로에 관한 과학적 연구를 통해 환경기준을 개발하고 오염물질의 유입을 줄이기 위한 배출을 규제하는 등 해양환경 관리가 지속적으로 이루어져야 할 것이다.

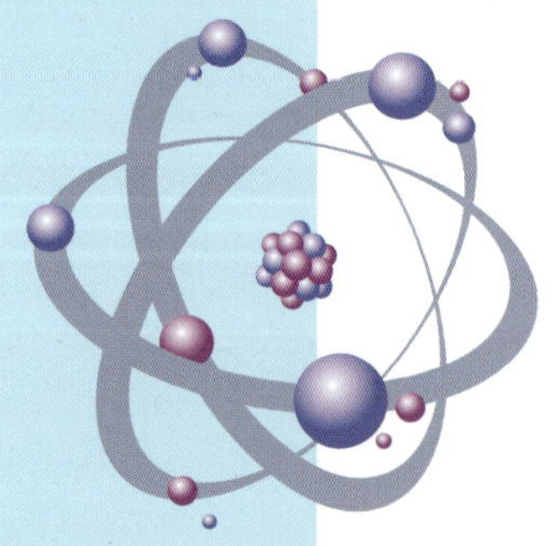

해양의 방사능 오염

자연계에 존재하는 천연 및 인공 방사성 물질에 대한 올바른 이해는 방사능에 대한 막연한 두려움을 해소하고, 환경에서 물질의 거동을 이해하는데 중요한 수단이 된다.

김영일 한국해양과학기술원

2011년 3월 11일, 전 세계가 충격에 휩싸인 지구 규모의 재앙이 일어났다. 일본 동북부 지역에 규모 9의 지진으로 인한 거대한 쓰나미가 발생하여 수많은 사람들과 자동차, 집들이 휩쓸려 떠내려가고, 건물이 붕괴되는 등 막대한 피해를 입혔다. 이 쓰나미가 일본 후쿠시마 다이이치 원자력발전소를 덮쳐 원자로의 냉각장치가 멈추면서 원자로 내부의 노심이 녹아내리고 수소폭발이 일어났다. 원자로 내의 많은 양의 방사성 물질이 대기로 방출되었고 바람에 의해 전 세계로 퍼져나가 빗물과 대기분진에 의해 육상과 해양으로 낙하했다. 과열된 원자로를 냉각하기 위해 해수가 살포되었고, 원자로에 있던 방사성 물질이 해수에 씻겨 바다로 흘러들어 갔다. 후쿠시마 원자력발전소의

일본 후쿠시마 원자력발전소
2011년 3월 쓰나미로 인한 사고로 원자로 내의 많은 방사성 물질이 대기와 해양을 통해 유출되었다.

방사능이란?

대부분의 자연계에 존재하는 원자는 양성자의 개수만큼 중성자와 전자를 가지고 있으면서 안정한 상태를 유지한다. 그러나 이 원자들 중 일부는 원래의 원자핵이 가지고 있는 것보다 중성자를 많거나 적게 가지고 있다. 이렇게 양성자 숫자는 같지만, 중성자의 숫자가 다른 원소를 동위원소라고 부른다. 동위원소들 중에서 에너지를 많이 가지고 있어 불안정한 상태에서 안정한 상태로 되기 위하여 양성자와 중성자를 방출하는 것들을 방사성 동위원소라고 부르고, 이때 방출하는 양성자와 중성자, 그리고 그와 함께 방출되는 전자기파를 통틀어 방사선이라고 한다. 방사능은 이들 방사성 동위원소가 방출하는 방사선의 크기를 말한다. 원자가 안정된 상태로 되기 위해서 방출하는 방사선은 알파선, 베타선, 감마선 그리고 엑스선 등이 있다. 알파선(α선)은 주로 많은 양성자와 중성자를 가지고 있는 원자핵이 양성자 2개와 중성자 2개(헬륨 핵의 형태)를 내보내는 것을 말하고, 원래의 원소보다 양성자 2개가 작은 다른 원소로 바뀐다. 알파선은 헬륨 입자이므로 에너지는 높지만 다른 입자에 부딪히면 쉽게 에너지를 잃어버리기 때문에 알루미늄 호일 2장 정도면 차단할 수 있다. 베타선은 베타마이너스(β-)와 베타플러스(β+) 2종류가 있다. 베타마이너스(β-)는 많은 중성자를 가진 원자핵이 전자 1개와 반중성미자를 방출하면서 중성자들을 양성자로 변환 시키면서 생기고, 원래 원소보다 양성자가 1개 많은 다른 원소로 바뀐다. 베타플러스(β+)는 많은 양성자를 가진 원자핵이 안정성을 찾기 위하여 양전자와 중성미자를 1개씩 내보내어 양성자를 중성자로 변환 시키면서 생긴다. 알파선보다는 에너지는 약하지만, 투과율은 알파선보다 크다. 감마선(γ선)은 정상치보다 높은 에너지를 가진 원자핵이 방사붕괴하여 생성된 핵종이 넘치는 에너지를 전자기 형태로 방출하는 것으로 알파선 및 베타선과 함께 생겨난다. 감마선은 알파선과 베타선보다 투과율이 가장 크고, 수십 cm 이상의 두꺼운 납판으로 차단이 가능하다. 엑스선(X선)은 드물게 나타나지만, 주로 무거운 원자핵이 전자를 방출하면서 사발적으로 중간 정도의 무게를 가진 2개의 핵으로 분열될 때와 지나치게 많은 양성자를 가진 일부 원자핵들이 가까이에 있는 전자를 흡수하여 중성자로 바뀌는 과정에서 방출되는 에너지를 말한다. 금속처럼 딱딱한 물질은 투과하기가 어려운 성질을 가지고 있기 때문에 우리가 병원에서 엑스레이로 몸속의 뼈를 살펴보는 것도 X선의 이러한 투과 성질을 이용한 것이다.

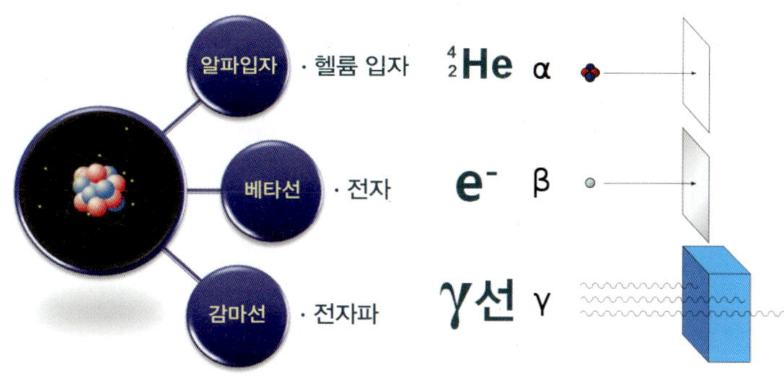

방사선의 종류와 투과율

방사능 유출사고는 25년 전 체르노빌 사고 이후 최대 규모의 사고로써 우리나라뿐만 아니라 전 세계를 두려움과 혼란에 빠뜨렸다. 방사성물질은 방사성 에너지를 가지고 있기 때문에 많은 양에 노출되면 생명의 위협까지 초래하는 위험한 물질이다. 그러나 대부분 일반인들은 방사능에 대해 잘 알지 못하고 막연히 '방사능=핵(폭탄)'이라는 인식 때문에 두려움을 느낀다.

방사능, 정확하게 말하면 방사성 물질이란 우주가 생성되면서 여러 가지 원소가 만들어질 때 함께 만들어졌으며 긴 역사 속에서 항상 주변 환경에 존재해 왔다. 방사능은 지구 내부의 열 공급원이 되기도 하고, 생물의 진화에도 관여하여 현재와 같이 다양한 지구상의 생명체를 만들었다. 자연 상태에서 존재하는 방사능은 그 존재량의 많고 적음에 상관없이 대부분 오염이라고 인식하지 않지만 어떠한 사고에 의해 방사성 물질이 유출되고, 매스컴에 보도되면 유출된 방사능 양의 많고 적음에 관계없이 방사능 오염으로 인식하고, 사회적 혼란을 유발한다.

● 자연계에 존재하는 방사능

지구상에 존재하는 방사성 핵종은 크게 기원에 따라 천연 방사성 핵종과 인공 방사성 핵종으로 나눌 수 있다. 천연 방사성 핵종은 지구가 생성될 때부터 지각에 존재했던 것으로 모체가 되는 핵종으로부터 여러 방사붕괴 방식이 순차적으로 연계되어 계열을 이루는 것과 우주선(宇宙線)과의 충돌로 생성되는 계열을 이루지 않는 것들이 있다.

인공방사성 핵종은 자연 상태에서는 방사능을 가지지 않는 동위원소에 엑스선, 중성자선, 감마선 등으로 충격을 가하여 핵반응을 일으켜 인공적으로 만들어진 원소로 자연계에는 존재하지 않았던 것을 말한다.

세계 최초의 인공방사성 핵종은 1934년에 이렌 퀴리(Iréne Curie, 1987~1956, 마리 퀴리의 딸)와 프레데리크 졸리오(Frédéric Joliot, 1900~1958, 마리퀴리의 조수이었고, 이렌 퀴리와 결혼)가 알루미늄 원자에 알파선을 쬐어서 만든 방사성 인(원자번호 15)이다. 이후 여러 과학자들에 의해 다양한 인공 방사성 핵종이 만들어졌고, 특히 입자 가속기의 발명으로 수백 종의 인공 방사성 핵종이 만들어졌다. 현재까지 약 2500백종의 인공 핵종이 만들어져 화학, 물리학, 생물학, 의학 및 공학 등 여러 가지 분야에 걸쳐 이용되고 있다.

현재 자연계에 존재하는 인공 방사성 핵종들은 주로 1945~1962년까지 미국을 중심으로 시작된 대기 핵실험(핵무기 등)으로부터 유래한 것, 원자력발전소 및 사용한 핵연료를 재처리하는 핵 재처리시설에서 유래한 것 등이 있다.

● 방사능이 해양으로 유입되는 과정

방사성 핵종이 해양으로 유입되는 과정

지구상에는 다양한 기원을 가진 천연 방사성 핵종과 인공 방사성 핵종들이 존재한다. 주변 환경에 존재하는 이들 방사성 핵종들이 해양으로 유입되는 과정들은 사고로 인한 해양 유출을 제외하고는 대부분 자연계의 물질 순환과정에 의해서 이루어진다. 지표면 또는 지각에 존재하는 방사성 핵종들은 풍화에 의해 하천으로 유입되어 바다로 흘러 들어가고, 한편으로 바람에 의해 대기로 날아올라 간 풍화물들은 바다 상공으로 이동되어 그대로 떨어지거나 빗물에 씻겨 해양 표면으로 유입된다.

이처럼 자연 상태로 존재하는 천연 및 인공 방사성 핵종이 자연적인 물질순환 과정에 의해 해양으로 유입되는 과정 이외에도 산업 활동이나 사고로 인하여 해양으로 유입되는 경우도 있다. 특히 사고로 인한 방사능의 유출은 국지적으로, 경우에 따라서는 전 지구적으로 심각한 방사능 오염을 일으키기도 한다.

원자핵을 사용하지 않는 산업으로부터 나오는 방사능

원자핵을 사용하지 않는 산업 중에 우리가 널리 사용하는 석탄, 석유 천연가스 등과 같은 화석연료를 사용하는 화력발전소는 환경으로 천연 방사능을 인위적으로 배출하는 중요한 공급원이다. 실제로 전 세계의 화력발전소를 통해서 1년간 환경으로 배출되는 방사능 양을 계산하면 우라늄은 약 5,000톤, 토륨은 약 8,000톤 정도이고, 우라늄과 토륨의 딸 핵종을 모두 합하면 1년에 약 600테라베크렐(TBq, 1조 Bq)의 알파선을 방출하는 핵종이 대기로 배출된다. 또한, 화력발전소에서 배출되는 플라이애쉬(fly ash)는 연소 도중에 휘발되고 흡착되는 과정 때문에 원래 석탄이 가지고 있는 것보다 훨씬 많은 방사능이 농축된다. 플라이애쉬 폐기물은 시멘트 혼합제 등으로 이용되어 벽돌 등과 같은 건축사새로 새활용되고 있기 때문에 이러한 건축사새로 만들어진 건물에서는 감마선과 라돈이 많이 나오는 것으로 알려져 있다.

핵무기 폭발 시험에 의해 나오는 방사능

2차 세계대전 중 일본에 투하된 원자 폭탄을 비롯하여 1962년 핵실험 금지조약이 체결될 때까지 미국을 비롯한 영국, 구 소련, 프랑스 등의 나라에서 핵폭발 시험이 이루어졌다. 미국과 프랑스에 의해 1946~1958년 사이에 행해진 태평양 비키니 환초의 해상 핵폭발 시험은 총 27회에 이르고, 이때 태평양으로 방출된 방사성 핵종들은 아직도 인근에 남아 있다. 대기로 방출된 방사능 낙진의 대부분은 1962~1964년 사이에 지표면으로 떨어졌다. 핵폭발 시험에 의해 대기로부터 지표면과 해양으로 떨어진 방사능 낙진의 총량은 세슘-137, 플루토늄-239, 240, 테크네튬-99 등 총 1,000페타베크렐(PBq, 1,000조 베크렐) 이상이다.

핵 재처리 시설로부터 나오는 방사능

원자로와 같은 핵 관련 시설로부터 나온 폐연료봉 등 핵폐기물을 처리하여 다시 사용할 수 있도록 하는 곳이 핵재처리 시설이다. 이들은 대부분 해안에 위치하기 때문에 주변 환경에 방사능 오염을 일으키는 주요 원인 중의 하나다. 영국의 아일랜드 컴브리아(Cumbria)주의 셀라필드(Sellafield) 재처리소에서 1957~1979년까지의 22년간 배출된 방사능 총량은 대서양 전체에 존재하는 핵무기 기원의 방사능 총량을 능가하는 것으로 보고되어 있다. 셀라필드 핵 재처리 공장에서 배출된 세슘-137은 멕시코 만류를 타고 북극해로 유입되었고, 테크네튬-99는 덴마크와 스웨덴 사이의 캐트맷 해협에 서식하는 미역과 같은 갈조류에 농축된 것도 발견되었다.

인공위성에서 유래하는 방사능

핵추진 인공위성이 우주에서 여러 가지 작업을 할 때 태양전지를 사용하기 어려우면 주로 방사성동위원소 열전기 발전기(Radioisotope Thermoelectric Generator, RTG)라는 원자력전지를 사용한다. 일반적으로 RTG는 대부분 수천 테라베크렐의 방사능 물질을 가지고 있다. 인공위성의 수명이 다하면 더 높은 궤도로 올라가 최소 500년 이상 머무르면서 핵분열로 나오는 방사능이 우주 공간에서 방사붕괴를 통해 없어지도록 설계되어 있다. 하지만 문제가 발생하여 인공위성이 높은 궤도에 올라가지 못하고 지구 대기권으로 진입할 경우 대기권에서 폭발하여 RTG에 들어 있던 방사능이 대기를 통해 지구 전체로 퍼져나가 지표면을 오염시키게 된다. 지금까지 알려진 대기권 인공위성 폭발 사건으로는 미국의 1964년 SNAP-9 위성(우라늄-238 600TBq), 1968년 SNAP-19(1.3PBq), SNAP-27(1.7PBq)과 소련의 Cosmos 위성(1.0PBq)의 추락 등이 있다.

원자력 발전소에서 유래하는 방사능

2012년 3월 현재 31개국에서 총 436기의 원자력 발전소가 운전 중이고, 15개국에서 63기가 건설 중이며, 19국에서 128기를 계획 중이다. 원자력발전소는 이산화탄소 발생과 화석연료 자원 부족 문제가 심각한 화력발전소, 아직 기술개발에 한계가 있는 태양열 등의 재생에너지를 대신하여 앞으로도 당분간 인류의 전력 공급원으로써 중요한 역할을 할 것이다. 그러나 원자력 발전소는 막대한 양의 방사성 물질을 연료로 사용하기 때문에 사고로 방사능이 환경으로 유출되었을 경우에는 엄청난 환경 재앙을 일으키는 두려운 존재임이 틀림없다.

1986년에 구소련에서 발생한 체르노빌 원자력발전소와 2011년 일본 후쿠시마 원자력 발전소의 폭발 사고는 국제원자력 사고등급(INES)의 분류 중 가장 심각한 7등급으로 기록되어 있다.

체르노빌 원전 사고는 원자로 4호기가 비정상적인 핵반응에 의해 과열되어 냉각수가 열분해 되면서 발생한 수소가 원자로의 내부에서 폭발하여, 원자로의 천장이 파괴되어 막대한 양의 방사성 물질이 대기로 누출된 사건이다. 이 사고로 40종류 이상의 방사성 물질이 총 5,300PBq 누출되어 전 지구적으로 퍼져나가 지표와 바다를 오염

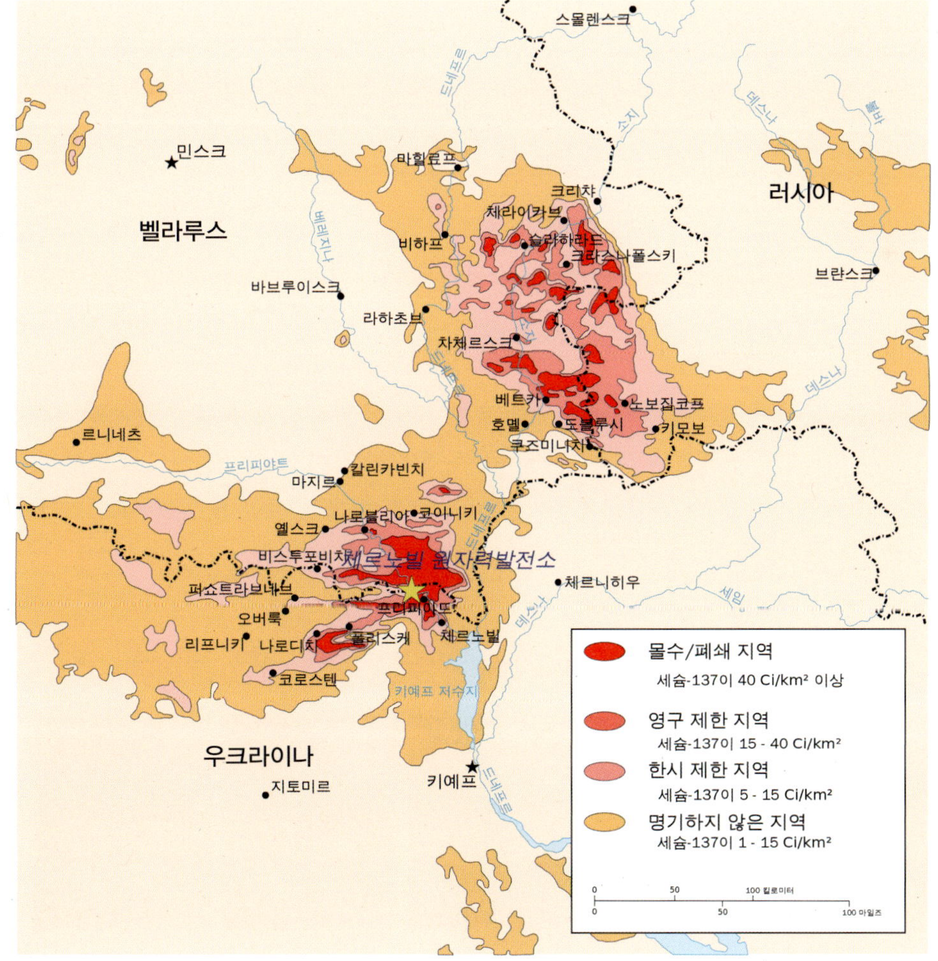

CIA 지침서에서 추출한 체르노빌 방사능 지도

주민들이 대피한 이후 버려져 폐허가 된 프리피야트 마을

시켰다. 또한, 인근 주민 11만 6천 명이 대피하여 26년이 지난 지금도 출입이 통제되어 있고, 25,000명이 사망하였다는 보고도 있다.

2011년 3월 발생한 일본 후쿠시마 원전 사고는 일본 동북지방에서 발생한 대지진으로 인한 쓰나미로 발전소의 전기 공급이 중단되어 원자로의 냉각장치가 멈추면서 원자로 내부의 노심이 녹아내려 원자로 2호기와 4호기의 내부에 수소폭발이 일어난 사건으로 역시 막대한 양의 방사성물질이 대기로 방출되었다. 과열된 원자로를 식히기 위해 해수를 원자로에 주입하였으며, 원자로에 있던 방사성 물질이 해수와 함께 바다로 배출되었다. 일본정부의 공식발표에 의하면 방출된 방사능의 총량은 대기로 요오드-131이 150PBq, 세슘-137이 12PBq이다. 또한, 원자로를 식히기 위해 주입된 해수와 함께 태평양으로 방출된 방사성물질의 총량은 0.15TBq로 보고되었다.

항공기, 선박, 잠수함의 사고로부터 유래하는 방사능

핵물질을 운반하는 항공기나 선박이 운반 도중에 폭발하거나 핵물질을 유실하는 경우와 원자로를 탑재한 핵잠수함의 충돌, 화재와 같은 사고로 인해 바다로 방사능이 유출될 수 있다. 실제로 전 세계적으로 이와 같은 핵물질 유실 및 사고가 보고되어 있지만 정확한 방사능 유출량에 관한 자료는 많지 않다.

후쿠시마 제1원자력 발전소에서 방출된 방사능의 시간별 변화

3월 11일 12일 13일 14일 15일 16일 17일 18일 19일 20일 21일 22일 23일 24일 25일 26일 27일 28일 29일 30일

3월 11일 오전 10시
후쿠시마
이바라키
도쿄
No data

3월 15일 오전 10시

3월 18일 오전 10시

6일 후 도쿄에 영향

3월 21일 오전 9시
이바라키
도쿄

3월 26일 오후 8시

3월 30일 오전 9시

핵폐기물을 바다에 직접 투기

세계원자력기구(IAEA)에 따르면 우리나라를 비롯하여 12개국이 1946~1982년까지 대서양과 태평양의 약 50개 해역에서 저준위의 고체 방사능 폐기물을 투기하였다.

해양에 투기된 방사성 물질 폐기물은 주로 연구목적, 의료, 핵산업, 군수활동에서 배출된 것으로 원칙적으로는 금속재질의 포장용기에 넣어, 콘크리트나 비투멘(역청, Bitumen) 혼합물로 굳혀서 바다 속 깊은 곳에 가라앉힌다. 1946~1982년까지 해양에 투기된 방사성 물질의 총량은 46PBq 정도이다. 미국 환경청에 의해 태평양과 북서 대서양에서 비정기적으로 투기된 방사성 폐기물에 의한 주변 해역의 오염 여부가 조사되었지만, 대부분 투기해역의 해수, 퇴적물, 심해 생물에서 핵무기 실험에 의한 낙진보다 높은 수준의 방사능은 검출되지 않았다. 하지만 일부 해역에서 방사성 세슘과 플루토늄이 포장용기 외부로 누출되는 것이 발견되었다.

우리나라 동해에도 1968~1972년까지 울릉도 남단에 포장된 방사성 폐기물을 투기한 기록이 있고, 1992년에 구소련이 30년간 블라디보스톡 앞바다에 액체 폐기물, 저준위 고체 폐기물, 폐 원자로 3기 등 총 685TBq을 투기하였으며, 한국, 일본, 러시아 3국이 공동으로 조사를 수행한 바 있다.

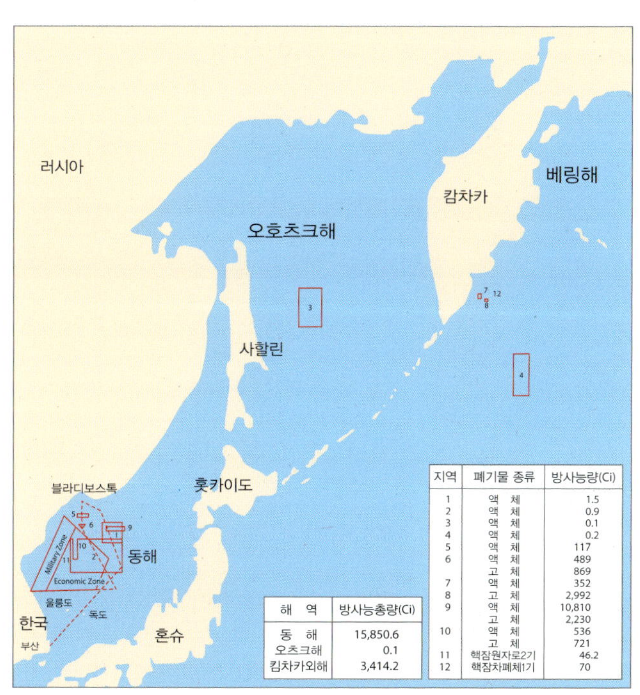

해 역	방사능총량(Ci)
동 해	15,850.6
오츠크해	0.1
킴차카외해	3,414.2

지역	폐기물 종류	방사능량(Ci)
1	액 체	1.5
2	액 체	0.9
3	액 체	0.1
4	액 체	0.2
5	액 체	117
6	액 체	489
	고 체	869
7	액 체	352
8	고 체	2,992
9	액 체	10,810
	고 체	2,230
10	액 체	536
	고 체	721
11	핵잠원자로2기	46.2
12	핵잠차폐체1기	70

러시아 핵 폐기물 해양투기 극동 해역 위치도

● 해양에서 방사능의 거동

해양으로 들어온 방사능은 바다 속에서 다양한 경로와 과성을 거쳐서 확산, 이동하고 먹이사슬을 통해 어류 등의 바다 생물의 몸속에 전이되고 축적된다. 자연적 물질 순환이나 인위적인 사고로 인하여 대기, 하천, 지하수 등의 경로를 통해 해양으로 들어간 방사능 물질은 그 물질이 가지고 있는 고유의 성질에 따라서 거동이 달라진다. 바닷물에 잘 녹을 수 있는 성질을 가진 방사능 물질은 해류를 타고 흘러가면서 넓게 확산, 이동하면서 식물플랑크톤의 체내로 흡수되고, 먹이 사슬을 따라 식물플랑크톤을 섭취하는 동물플랑크톤과 어류로 전이되면서 체내에 농축된다. 최종적으로는 어류를 섭취하는 우리 인간의 체내로 들어오게 된다.

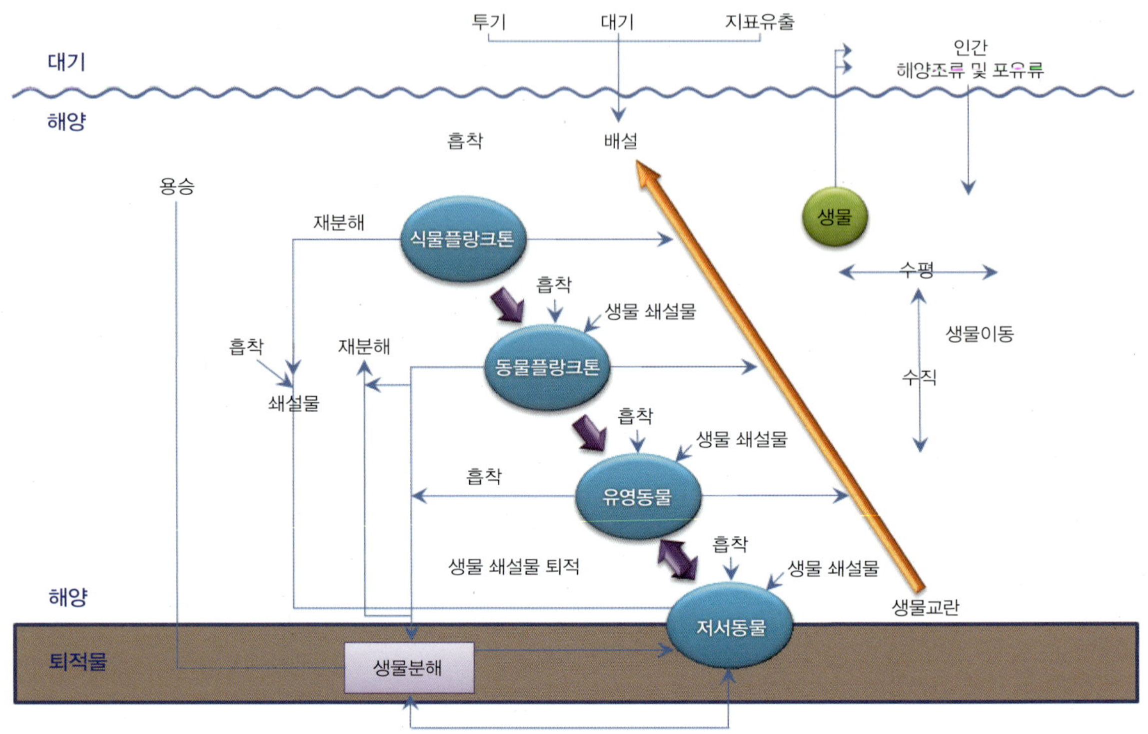

해양에서 방사능의 거동을 나타낸 모식도

바닷물에 잘 녹지 않는 성질을 가진 방사능 물질은 어류의 배설물, 육상에서 바다로 들어온 토양입자, 바다 생물의 사체가 분해된 작은 유기물 조각 등 다양한 입자에 흡착되어 해저 퇴적물로 떨어진다. 작은 어류들은 방사능 물질이 붙어있는 입자를 먹이로 섭취하며, 퇴적물로 떨어진 입자는 퇴적물에 사는 저서 생물의 먹이가 된다. 작은 어류와 저서생물들은 보다 큰 어류의 먹이가 되고, 먹이 사슬을 통하여 인간의 체내로 들어오게 된다. 생물체로 전이되지 않은 나머지 방사능 물질들은 바닷물에 의해 확산되면서 희석되어 시간이 지남에 따라 방사붕괴 되어 점차 없어지고, 퇴적물에 떨어진 방사능 물질은 퇴적물 속으로 매몰되고, 방사붕괴에 의해 없어지지만 아주 오랜 시간이 걸린다.

● 해양현상을 이해하는 도구, 추적자

인간을 비롯한 다양한 생물체에 해로운 영향을 미칠 정도로 많은 양의 방사능 물질이 해양 등의 환경으로 유출되면 심각한 오염문제를 일으킨다. 그러나 한편으로는 현재 환경에 존재하거나 환경으로 유입되는 방사능 물질은 해양을 포함한 지구의 자연환경에서 일어나는 여러 가지 현상을 이해하는데 아주 유용한 도구가 된다. 자연과학에서는 이러한 도구를 추적자(tracer)라고 부르고 대기, 해양, 육상 등 다양한 환경 연구 분야에서 널리 이용하고 있다.

방사능 물질들이 해양에 존재하는 양(농도)과 각 방사성 핵종들이 가지고 있는 고유의 반감기와 각 핵종 사이의 존재 비율 등을 이용하면, 어떤 환경으로의 물질의 유・출입 속도, 양, 희석정도, 플럭스(단위시간, 단위면적 또는 부피당 유・출입량)를 계산할 수 있다. 그리고 그 물질의 기원을 알 수 있고, 해양으로 유입된 후의 물질순환 과정도 밝힐 수 있다. 방사능 물질을 해양 연구에 이용하는 것의 장점은 해양에 극미량으로 존재함에도 정확한 측정이 가능하고, 주목하는 또는 문제가 되는 성분의 추적자로 이용할 수 있고, 방사성 핵종의 농도를 측정하여 시간과 변화의 속도를 알 수 있다는 것이다.

각 환경에서 이용되거나 이용 가능한 추적자와 추적기술 응용분야

대상환경	이용가능 추적자	추적기술 응용분야
표면수 - 호수 - 하천수 - 해수	라듐-226, 228, 224, 223, 라돈-222	지하수 영양염류 및 오염물질의 유입량 추적
	납-210, 토륨-232	황사 및 기타 대기입자기원 오염물 입력 추적
	납 안정동위원소	대기오염물질 발생지 및 납 오염원 추적
	라돈-222	대기-물(수면) 기체교환 속도 계측
	폴로늄-210, 토륨-234	황 그룹 원소의 생물체 흡수율 및 오염물 입자 침강속도 추적
	황-35, 베릴륨-7	황 이온의 침강속도 (호수, 강물)
	스트론튬-90, 세슘-137	유사 화학종의 수괴 내 순환속도 추적
	토륨-230, 프로탁티늄-231	해양입자 침강, 이산화탄소 거동
	탄소-14	해양환경 내 이산화탄소 거동- 지구 기후변화추적
지하수	라듐-226, 228, 224, 223	지하수의 이동 속도
	라돈-222	지하수의 재충전 속도
	우라늄, 토륨, 납-210, 폴로늄-210	화학성분(오염물)의 흡・탈착 등의 과정 추적
퇴적물 토양	세슘-137, 플루토늄-239, 납-210	중금속 등의 오염 역사 측정
	납 안정동위원소	납의 오염원 추적
	토륨-234	퇴적물의 교란 속도, 해양 기초생산
대기	라돈-222, 납-210, 비스무스-210	육상 및 해양 에어로솔의 침강속도
	납 안정동위원소	납 오염원 추적
	황-34, 35	황 오염원 및 황화물 산화・환원속도 추적
	폴로늄-210, 납-210, 베릴륨-7	대기 중 황 그룹 원소의 기원 및 성층권 기류 대기권 진입, 해양 침착
대기, 육상, 해양	탄소13, 탄소12, 질소15, 질소14	해양 기초생산, 질소화 및 탈질화, 유기물 기원, 유해화학물질의 분해, 유기휘발성물질 거동
	지방산, 탄화수소	유기물질의 기원(식물, 동물, 박테리아), 하수오니(예, 지방산) 추적

폐기물의 해양투기

해양투기가 폐기물을 육상 처리장에서 정화처리 한 후에 바다에 버리는 것이라는 생각과는 달리, 해양에 투기되는 폐기물은 정화처리 과정에서 가라앉아 걸러진 매우 농축된 하수오니이다.

정창수 한국해양과학기술원

과거에 사람들은 바다가 저승세계로 가는 길목이라고 생각했다. 사람들은 두려움의 대상이었던 바다를 신성시했으며 살아있는 생명체를 제물로 바치기도 했다. 그러나 현대에 와서는 바다를 신성시하던 풍습이 사라졌고, 바다의 자정능력이 무한하다는 잘못된 인식에 내가 사는 곳만 깨끗하면 된다는 이기적인 생각이 겹쳐 폐기물 처분장으로 전락하고 말았다. 일반인들은 해양투기가 폐기물을 육상 처리장에서 정화처리하여 중금속 등 인체에 해로운 유해물질을 제거한 후 바다에 버리는 것이라는 오해를 하고 있다. 심지어 해양투기가 영양분이 부족한 바다에 도움을 주어 오히려 어획량을 늘린다고 주장하기도 한다. 그러나 실제로 해양에 투기되는 폐기물은 정화처리 과정에서 아래로 가라앉아 걸러진 찌꺼기, 즉 하수오니라고 불리는 물질이다. 따라서 원래의 폐기물보다 난분해성 중금속이 훨씬 더 많이 농축되어 있다. 예전에는 하・폐수처리 시 발생하는 오니를 탈수시켜 육지에서 매립하였으나 오니의 육상 직매립이 금지되면서 이를 그대로 해양에 투기해 왔다. 해양에 버려진 오니는 희석되지 않은 채로 해저에 쌓이기 때문에 육상에서 매립하는 것보다 더욱 심각한 영향을 줄 수 있다. 해양에 쌓인 폐기물은 암을 유발하는 유해물질들도 상당량 함유되어 있기 때문에 결국 생태계 파괴와 수산물 오염 등을 초래하여 인간의 건강을 위협하고 있다.

● 바다는 무한대의 폐기물 투기장?

우리나라에서 폐기물을 해양에 버리기 시작한 것은 1960년대 말 동해에 방사능 폐기물을 투기하면서부터다. 1970년대에는 폐기물의 육상처리 부담을 줄이고 하천과 연안을 보호하기 위한 목적으로 1977년 해양오염방지법이 제정되면서 폐기물의 해양투기가

파란 바닷물과 뚜렷하게 대비된 해양투기 폐기물

본격화되었다. 1993년에는 연안에서 멀리 떨어진 세 곳, 즉 부산 앞바다(동해 정), 포항 앞바다(동해 병)와 군산 앞바다(서해 병)를 폐기물 투기 해역으로 지정하였으며 이러한 제도는 일부 수정되면서 현재까지 운영되고 있다.

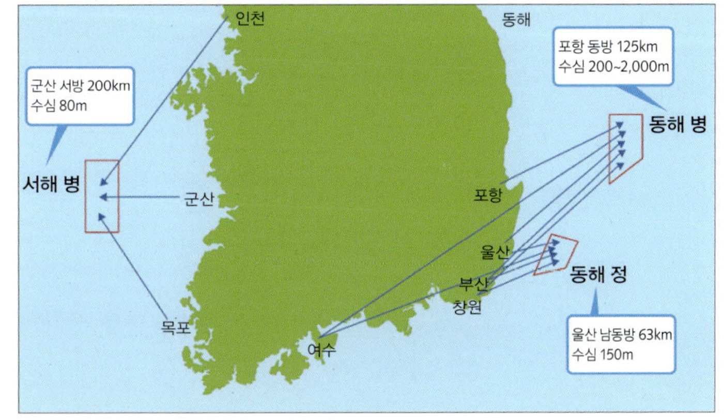

우리나라의 폐기물 투기해역

육상 환경을 보호, 개선하려는 이러한 입법 취지는 오히려 폐기물을 육지에서 직접 처리하려는 노력을 게을리하게 하였으며 유기성 오니의 직매립 금지와 육상 처리시설의 미흡 등과 같은 요인으로 인해 해양에 투기되는 폐기물의 양이 급증하였다. 하·폐수처리오니의 직매립 금지가 시행되어 해양투기가 가장 많이 이루어졌던 2005년에는 폐기물 투기량이 993만m^{3}에 달하였으며 이는 1990년(107만m^3)에 비해 무려 10배가 증가한 것이었다. 이렇게 폐기물 투기량이 증가하여 해양오염이 심화되고 심각한 사회 문제로 대두되자, 정부는 2006년부터 적극적으로 해양투기 저감정책을 시행해 왔다. 하지만 2010년까지 해양에 투기된 폐기물의 양은 무려 남산의 2.4배에 달했다.

2010년에 해양에 투기된 폐기물들을 살펴보면, 하·폐수처리장에서 나오는 하·폐수

우리나라의 연도별
폐기물 해양투기 추이

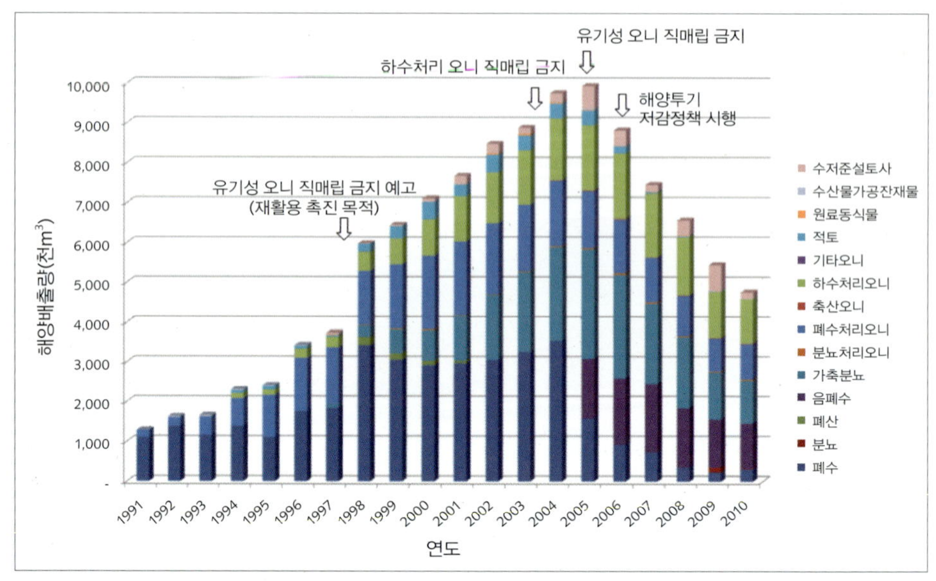

처리오니(43%), 각 가정에서 분리수거한 음식물쓰레기를 처리하는 과정에서 나오는 음폐수(25%), 그리고 양돈농가에서 발생하는 가축분뇨(23%)가 전체 폐기물의 대부분을 차지했다. 이들 폐기물은 모두 런던협약과 런던의정서에서 하수오니(sewage sludge)로 분류된 바 있다.

● 폐기물로 몸살 앓는 바다

폐기물 해양투기는 해양환경과 생태계에 악영향을 주고 먹이사슬의 최종단계인 인간의 건강을 위협한다. 특히 납과 카드뮴 등 난분해성이고 암을 일으키는 유해물질들이 상당히 함유된 하·폐수처리오니는 해양투기 후에도 희석되지 않고 대부분이 가라앉아 해저에 쌓이면서 저서생태계에 심각한 악영향을 주기도 한다. 해저퇴적물에 축적된 유기물은 분해되면서 산소 농도를 감소시킨다. 해저 생태계에서는 오염에 잘 견디는 갯지렁이 등이 우점하면서 서식지를 파괴하고 생물종다양성에 변화를 일으킨다. 지난 2005년 동해 폐기물 투기해역에서는 돼지털과 중금속 등이 검출된 홍게가 잡혀 수산물 안전성과 국민 건강에 위협을 주기도 하였으며, 우리나라는 해당 해역에서 홍게의 조업 금지 조치를 내리기도 하였다.

수심이 평균 1천 500m인 동해 병 해역은 저층 수온이 1도 이하이기 때문에 미생물들의 유기물 분해를 통한 원상회복이 상당히 어렵고 매우 오랜 시간이 소요된다. 이와 비교해 볼 때 영국의 하수오니 투기해역인 테임즈 하구역은 수심이 50m 이하로 얕아

미생물에 의한 분해가 비교적 수월하다. 그럼에도 불구하고 영국에서 해양투기가 금지된 지 10년이 지난 최근까지도 하수오니의 주요 성분이었던 중금속류와 토마토 핍(tomato pips)이 해당 해역에서 검출되는 등 여전히 완전한 원상회복이 이루어지지 않았다는 연구가 보고된 바 있으며, 이러한 사실은 상당량의 하수오니를 해양에 투기하는 우리에게 시사해 주는 바가 크다.

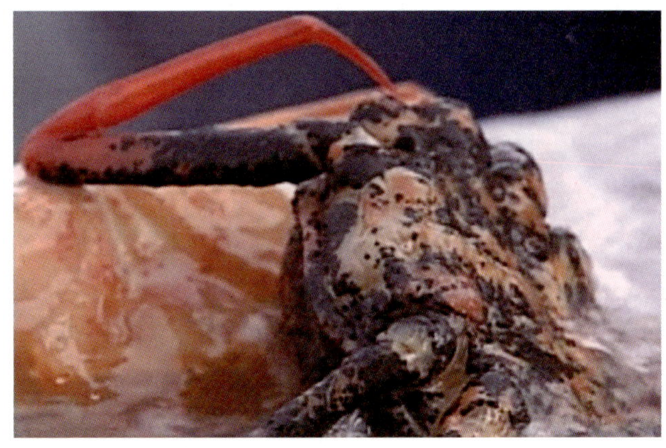

동해 병 해역에서
채취한 오염된 홍게

● 폐기물 해양투기는 국제적인 문제

폐기물 해양투기는 수산물 상품성을 떨어뜨리고 국민 건강에 위협을 줄 뿐만 아니라 폐기물이 포함된 해수와 오염된 물고기가 이동하면서 주변국과 환경 분쟁을 일으키기도 한다. 1960년대 후반 발트해에서 해양투기로 인해 고농도의 비소가 검출된 사건이 주변국 간 환경분쟁으로 비화되면서 폐기물 해양투기는 한 국가의 문제가 아니라 주변국, 더 나아가서는 전 지구상의 문제라는 인식이 확산되었으며 1972년에 '폐기물 및 기타물질의 투기에 의한 해양오염방지에 관한 협약(런던협약)'이 탄생했다. 그러나 1990년대에 이르러 여전히 해양투기 활동이 감소하지 않고 협약 이행을 위한 구체적인 규징이 마련되지 않자 런던협약의 효율성에 문제가 제기되었으며, 국제사회는 1996년 국제해사기구 본부에서 개최된 제19차 런던협약 당사국 회의에서 새로이 런던의정서를 채택하게 되었다.

2011년 현재 런던협약에는 총 87개국이 가입하였고 런던의정서에는 총 40개국이 가입하였다. 우리나라와 주변 해역을 공유하고 있는 중국과 일본은 각각 2006년, 2007년에 런던의정서에 가입하였으며, 우리나라는 2009년에 런던의정서에 가입했다. 폐기물의 투기로부터 해양환경을 보호하기 위한 런던의정서의 체제를 살펴보면, 런던의정서는 관할범위를 확대하여 내해에서의 환경보호에 관해서도 규정하고 있으며, 육상처리 원칙, 오염자 부담 원칙, 해상소각 금지 등과 같은 환경보호 원칙을 천명하고 사전예방을 강조하여 폐기물 해양투기를 더욱 강력하게 규제하고 있다. 런던의정서는 특히 폐기물 해양투기를 원칙적으로 금지하고, 예외적으로 해양에 투기할 수 있는 폐기물이라도 그 발생을 원천적으로 방지하는 방안을 최우선으로 검토하도록 규정하였다. 이러한 검토 과정을 통해 환경에 미치는 영향에 따라 폐기물 감축 → 재활용 → 소각 → 매립 → 해양투기의 순으로 폐기물의 처리 방안을 평가한다. 어떤 폐기물이 육상에서 처리 혹은 처분될 수 있다고 판단되는 경우 그러한 폐기물에 대한 해양투기 신청은 기각된다. 왜냐하면 육상에서는 폐기물 처분과 관련한 문제가 발생하더라도 국지적인 측면에서 해결할 수 있지만, 바다는 일단 오염되면 원상복구가 불가능하고 국제적인 문제로 비화될 수 있기 때문이다. 특히 우리나라의 폐기물 투기해역은 주변국들과 공동으로 어획하는 한 · 중 잠정조치수역과 한 · 일 중간공동수역에 걸쳐있기 때문에 그에 관한 문제 발생 시 외교적 문제로도 비화될 수 있다.

런던의정서는 당사국의 보고 의무를 강화하여 해양투기 허가증을 발급한 사항과 배출해역의 환경상태에 대해 보고하도록 하였으며, 협약의 이행, 준수, 집행 등에 관한 당사국들의 입법 현황 등에 대해서도 의무적으로 정보를 제공하도록 하고 있다. 이러한 국제 추세에 따라 유럽은 1980년대에, 미국은 1990년대에 하수오니의 해양투기를 중단하였으며, 일본도 2007년부터 이를 금지한 바 있다. 2011년 현재 우리나라는 런던협약과 런던의정서 당사국 중 유일한 하수오니 해양투기국가라는 불명예를 안고 있다.

● 폐기물 대량 해양투기 국가라는 불명예를 벗자

우리나라에서 해양투기 폐기물의 대부분을 차지하는 하 · 폐수처리오니, 가축분뇨, 음폐수 등은 유기물을 풍부하게 함유하고 있어 퇴비, 액비, 바이오가스 생산, 그리고 화력발전소 발전 원료 및 건설자재 원료로의 활용 등 그의 경제적 이용 가치가 상당히 크다. 수도권매립지관리공사는 2011년 7월에 음폐수 바이오가스를 생산하여 폐기물 처분 수요를 감소시켰을 뿐만 아니라 재생에너지 공급, 화석연료 대체 효과(연간 10~17억 원), 온실가스 감축(연간 33,520 CO_2/톤), 시설 운영 시 수익 창출(연간 6억 7천만 원) 등 1석 5조의 효과를 거두었으며, 매년 20억 원 이상의 경제적 효과를 창출한다고 보도한 바 있다. 만약 이러한 사례를 전국적으로 모든 폐기물에 적용한다면, 미래 성장동력 산업의 육성, 일자리 창출, 탄소 배출권 획득 및 해양환경보호 등 천문학적인 경제적 효과를 거둘 수 있을 것이다.

우리나라는 폐기물의 육상처리를 최우선 원칙으로 하는 국제사회 요구를 수용하고, 친환경산업계(감축 및 재활용업 등)의 재활 동기 부여와 폐기물 해양투기 급증에 따른 환경 악영향을 줄이기 위해 2006년에 '육상폐기물 해양투기관리 종합대책'을 수립해 현재까지 추진 중이다. 이 대책의 주요 목표는 폐기물 해양투기 허용목표량을 설정하여 2011년까지 2005년의 절반으로 줄이고, 2012년부터는 해양에 투기되는 폐기물의 90% 이상을 차지하는 하수처리오니와 가축분뇨의 투기를 금지하며 2013년부터는 음폐수의 해양투기를 단계적으로 종료하는 것이다. 이러한 노력의 결과,

연도별 폐기물 해양투기 허용 목표량 및 실제 투기량 (단위 : 만m^3)

연도	2006	2007	2008	2009	2010	2011
허용목표량	900	800	600	500	450	400
실제투기량	881	745	617	478	447	미정

2010년에 우리나라에서 해양에 투기된 폐기물의 양은 447만 톤으로 2005년에 비해 절반 이하로 감소하였다.

우리나라는 폐기물 투기해역을 지속적으로 정밀 모니터링하여 오염이 심각한 해역에서 해양투기를 금지했고, 국민 건강 안전성 확보를 위해 동해 병 해역에서의 홍게 조업을 금지하기도 하였다. 최근에는 모든 육상폐기물의 '해양투기 제로화'를 목표로 하고 있다. 이러한 노력에도 불구하고, 폐기물 해양투기 종료 시한을 앞둔 최근에도 일부에서는 재활용 기술과 육상처리시설의 부족을 이유로 해양투기를 지속할 것을 주장하기도 하였다.

그러나 선진국들이 해양투기를 종료한 시점으로부터 이미 20년 이상의 기간이 지났기 때문에 기술력이 부족하다는 명분은 국제적으로나 국내적으로 더 이상 설득력이 없다. 만약 관련 기술이 부족하더라도 이제는 적극적인 폐기물의 육상처리 우선원칙 정책을 통해 재활용 산업계가 국제 경쟁에서 이길 수 있도록 지원해야 한다. 해양투기를 지속하는 것은 산업계의 두자 의욕을 위축시킬 수 있을 뿐만 아니라 꾸준히 해양투기를 감축시켜 온 이해 당사자들 간의 갈등을 불러일으켜 다시 해양투기 급증을 초래할 수 있다.

정창수

폐기물 투기해역 환경 모니터링

투기해역에 대한 정기적인 정밀 모니터링은 해양환경 보전과 국민건강 보호에 매우 중요하다.

우리나라를 제외한 모든 국가는 육상 처리 원칙 달성을 위한 어려움을 오래전에 극복하고 재활용을 통한 미래동력 산업의 국가경쟁력 확보와 해양환경 보호라는 두 마리의 토끼를 잡았다. 궁극적인 폐기물 해양투기 제로화는 바다의 자정작용이 무한하다는 인식 버리기, 육상폐기물은 육상에서 처리한다는 단호한 정부 의지, 국민의 적극적인 동참 이 세 박자가 맞아야 성공할 수 있다.

해양생태계의 변화

생태적으로 지속가능한 해양으로 되돌리기 위해서는 어떻게 해야 할까? 모순되게도 우리는 과학과 기술을 이용하여 훼손된 생태계를 회복시키고 복원하는데 마지막 희망을 걸고 있다.

제종길 도시와자연연구소

광대한 바다를 바라보고 있으면, 바다는 무엇이든지 버려도 다 수용할 정도로 넓고, 그 자원은 아무리 활용해도 풍성하게 남아 있을 것이라는 생각이 든다. 해양에서 생명이 왕성하게 활동하기 시작한 이래, 십수 억 년 동안 이러한 기대는 어김이 없었다. 그러나 최근 수백 년 사이에 그렇지 않다는 징후가 곳곳에서 나타나기 시작했다. 어떤 곳에서는 일부 해양생물들이 멸종되거나 큰 물고기들이 사라져 더 이상 어업을 할 수 없게 되었으며, 또 어떤 곳에서는 바다가 그 아름다움을 전혀 느낄 수 없을 정도로 황폐해졌다. 물고기가 가득해야 할 그물에는 해파리가 가득하고, 적조가

낙동강 하구의 갈대밭
낙동강 하구언이 건설되기 전 철새들의 보금자리였던 무성한 갈대밭

김수만

불가사리로 덮힌 해저
오염 해역에서는 생태계가 파괴되어 생물다양성이 감소하고 몇가지 종이 우점하게 된다.

양식장을 덮쳐 키우던 생물들이 떼죽음을 당하는 일이 발생하고 있다. 독성을 가진 해파리가 출몰하고, 파래가 떠밀려 오는 해변에서는 더 이상 쾌적한 해수욕을 즐길 수 없게 되었다.

● 해양생태계의 위기

환경과 생물이 조화를 이루는 해양생태계가 유지된다고 가정할 때, 해양은 우리가 기대하는 많은 혜택, 즉 생태계 서비스를 지속적으로 제공할 수 있다. 바로 이것이 생태적으로 지속가능한 해양이다. 반대로 생태적으로 문제가 계속 발생한다면 우리가 바다에 기대하는 것들을 얻을 수 없게 된다. 현재 우리가 누리고 있거나 앞으로 기대하고 있는 수준 이상의 생태계 서비스를 받으려면 건강한 생태계와 해양생물다양성을 유지하는 것이 매우 중요하다. 지구상에서 지난 수백 년 동안 눈에 띄게 달라진 것이 있다면, 그것은 산업혁명 이후 눈부신 산업의 발달에 따른 폭발적인 인구 증가와 온실가스 배출에 따른 급격한 기후변화이다. 인간 활동은 해양생태계를 파괴하고 해양생물 서식지의 상실을 초래해 왔다. 이러한 흐름을 뒤엎고 생태적으로 지속가능한 해양으로 되돌리기 위해서는 어떻게 해야 할까? 모순되게도 우리는 산업발달과 함께 발전해 온 과학과 기술을 이용하여 훼손된 생태계를 회복시키고 복원하는데 마지막 희망을 걸고 있다.

● 남획이 초래한 자원 고갈

전 세계적인 인구 증가로 인해 단백질 요구량이 늘어남에 따라 수산물의 대량생산이 필요했고 이는 어족자원의 남획을 초래했다. 어업기술의 발달로 수산업의 대형화와 첨단화가 대량생산을 가능하게 했다. 수산업은 유용한 생물종만을 집중적으로 잡는 경향이 있으므로 남획이 이루어지면 대상 종의 생물량이 점차 감소하다가 결국 멸종하게 된다. 많은 종이 이로 인해 사라졌고, 또 다른 수많은 종이 사라질 위기에 놓여 있다. 북대서양에서는 18세기부터 대대적인 포경업이 시작되었으며, 19세기 말에는 대서양 참고래들이 사라졌고, 20세기에 들어와서는 포경업 자체가 북대서양에서 사라졌다. 많은 주요 수산어종들은 생산 가능 최대치를 초과하였거나 더 이상 어획량의 증가를 기대하기 어려운 상태에 이르렀다. 특히 대형 종의 수는 급격히 감소하고 있다. 이러한 불안한 상황에도 불구하고 수산물의 수요는 계속 늘어나 세계식량기구는 2015년에는 2000년보다 수산물의 수요가 18%나 증가할 것으로 예상하고 있다. 우리나라의 쥐치 어업과 명태 어업도 이와 유사한 경로를 거쳐 사양화되었다. 이러한 사례는 수산자원의 남획을 통해 발생하는 생태적 변화가 대상 생물체뿐만 아니라 주변 생물들에게도 엄청난 재앙을 일으킬 수 있다는 것을 보여주고 있다.

연합뉴스

그린피스 활동가들의 불법어업 감시활동

2012년 11월 인도네시아의 배타적 경제수역 부근 공해상에서 불법으로 다랑어를 포획한 중국 선박을 적발했다.

● 서식지의 변화와 파괴

연안개발을 위한 여러 가지 인간활동은 해양생태계에 피해를 주었다. 해양의 서식처를 파괴하는 주된 요인으로 매립이나 간척, 하구언이나 방조제의 건설을 예로 들 수 있다. 매립이나 연안지역의 개발에 따른 해안선과 해저지형의 변화는 해류나 조류의 흐름에 영향을 미치고 퇴적상과 수질을 변화시킨다. 이러한 해양환경의 변화는 결국 서식하는 생물군집의 종조성과 서식밀도를 바꾸어 생태계에 악영향을 미친다. 수심이 얕은 해안을 토지로 만들고자 하는 매립공사는 한꺼번에 해양생물의 서식지를 소멸시켜 공사해역의 생태계를 일시에 파괴한다. 해안 서식지의 상실은 일차적으로 해양생태계 구조를 변화시키고 자원을 감소시키는 정도에서 그치겠지만 앞으로 어떠한 문제로 발전할지 아무도 예측할 수 없다.

방조제나 인공구조물 등 인공해안의 증가는 해파리 유생이 부착하여 성장할 수 있는 기질을 제공함으로써, 연안에서 해파리가 대량 발생하는 현상을 일으킨다. 해파리의 대발생으로 연안에서 조업하는 어선들은 많은 어려움을 겪고 있다. 또한, 육상기인 물질이 바다로 직접 유입되거나, 토사가 지속적으로 유입되던 하구가 방조제로 막히면 물질의 유입이 저지되면서 생태계의 변화가 발생하기도 한다. 하구언이

연합뉴스

갯벌을 뒤덮은 죽은 조개들

서해 천수만과 가로림만의 갯벌에서는 바지락이 집단 폐사하는 사건이 발생하곤 한다.

박수현

제주도 해안의 백화현상

건설되면 육상으로부터 규소의 공급이 줄어들면서 연안의 규조류가 감소하게 되고 편모조류가 증가하는 등 식물플랑크톤 군집 조성이 변화할 수 있다.

남해안과 동해안의 바위 해안에서는 백화현상이 발생하여 수중 생태계가 황폐해지고 있다. 백화현상이란 회백색의 산호조류가 기질에 부착하여 일반 해조류를 배척하는 현상으로서 해조류를 먹이로 하는 성게나 전복 등 저서생물과 해중림을 이용하는 어류들에게 악영향을 미친다. 백화현상이 확대되면서 해저식물상의 변화가 해양생태계와 수산업에 막대한 영향을 미치고 있다.

● 해양오염

살충제나 기타 화학물질로부터 비롯된 지속성이 큰 오염물질들은 자연상태에서 분해가 잘되지 않아 극미량이라 하더라도 생물체 내에 농축되고 먹이연쇄를 통해 다른 생물들에게까지 확산된다. 특히 어린 생물이나 독성물질에 민감한 생물들에게는 치명적이어서 해당 개체군에 큰 영향을 미치게 한다.

선박의 충돌 등 해상사고에 의해 발생하는 대규모의 기름 유출은 국지적으로 해양 생태계를 파괴하고 많은 수산 피해를 초래하곤 한다. 대형 유조선이 좌초하거나 침몰하여 탱크에 저장된 기름이 유출되면 피해의 규모가 방대하고 제거되지 않고 남은 기름으로 인해 오랫동안 생태계에 영향을 미치게 된다. 유류에 오염된 해역에서는 상당기간 어업을 할 수 없으며, 유류의 잔재물이 퇴적물에 잔류하고 독성물질들이 수년간 생물체들에 다양한 형태로 영향을 미쳐 생태계가 회복되기까지는 오랜 세월이 필요하다.

인구증가와 산업의 발달은 필연적으로 많은 에너지원이 필요하다. 에너지 수요의 증가로 인해 연안에는 다수의 핵발전소와 화력발전소가 건설되었다. 특히 발전용량이 큰 핵발전소는 대량의 냉각수가 필요하고 냉각계통을 지나는 동안에 데워진 물이 바다로 유입되어 열오염을 일으킨다. 수온의 변화는 발전소 주변해역의 종 조성을 변화시킨다. 때로는 계절적으로 생물체들이 온도 내성의 상한에 머물고 있을 때 고수온이 덮쳐 치사를 유발하기도 한다. 치사 온도가 되지는 않더라도 수온이 증가하면 생물의 생리

작용이나 발생에 많은 영향을 미치게 되므로 궁극적으로 생태계의 구조와 기능에 변화를 일으킬 수 있다.

● 바다의 침입자들

일본의 류큐 열도의 여러 산호초에서는 외부에서 침입한 생물이 번성하여 불과 몇 십 년 사이에 산호초 생태계가 철저하게 파괴되었다. 이러한 현상은 류큐 열도뿐만 아니라 전 남태평양에서 확산되고 있어 그 심각성이 커지고 있다. 원인생물은 불가사리류의 일종인 왕가시불가사리이며, 성체는 직경이 무려 50cm가 넘는다. 산호가 죽고 나면 산호를 기반으로 하여 살아가던 모든 생물들이 사라지게 되고 결국 바다는 황량해지고 만다.

다른 나라나 다른 지역으로부터 유입된 외래종이 기존의 생태계를 파괴하는 예는 무수히 많다. 또한, 외래종이 유입될 때 기생하는 기생생물도 함께 유입되기 때문에 문제는 더욱 심각하다. 피뿔고둥, 굴, 아무르불가사리, 다시마 등 우리에게 익숙한 종들이 미국, 호주, 유럽에 전파되어 지역 고유 생태계를 파괴하기도 한다. 남해안에서 양식되는 진주담치는 본래 남유럽이 원산인 종으로 19세기에 일본에 들어왔고, 다시 한국으로 옮겨온 것으로 추측하고 있다. 이 종은 내만을 중심으로 우리나라 전 연안으로 서식 영역을 확대해 가고 있어 감시를 통해 생태계에 미치는 영향을 조사해 볼 필요가 있다.

외래종의 유입으로 인해 해양생태계에 우려할 정도로 심한 피해가 발생하기 시작한 것은 선박의 이동이 많아진 대체로 17세기 이후의 일이다. 최근에는 기후변화에 의한 해양생태계의 변화가 우리나라 주변에서도 눈에 띄게 나타나고 있다. 제주도를 비롯한 남해안에서는 새로운 열대, 아열대 종들이 발견되고 있다. 기후변화가 생태계에 미치는 영향을 예측하기 위해서는 해수온 상승에 따른 새로운 종의 가입과 이로 인한 생태계 영향에 대한 체계적인 모니터링이 필요하다.

명정구

노무라입깃해파리
대형 해파리는 어업활동에 막대한 지장을 초래한다.

해양환경의 보전

Conservation of Marine Environment

원래 바다가 가진 자원과 가치를 원상복구하는 것은
참으로 어려운 일이지만 우리가 반드시 이루어내야만 할 과제이다.

육상기인오염의 방지

육상에서 이루어지는 모든 인간활동은
궁극적으로 해양오염의 원인이 된다.

오재룡 · 강성현 한국해양과학기술원

해양으로 유입되는 약 80%의 오염부하는 육상에서의 인간 활동이 그 원인으로 추정되고 있다. 해양환경을 위협하는 주요 요인으로는 육상에서 미처 처리되지 못한 하수와 폐수, 분뇨, 폐기물, 그리고 강우시 빗물에 씻겨 유입되는 비점오염물질과 대기를 통한 오염물질의 유입 등을 들 수 있다. 간척 매립과 같이 육상에서의 개발 활동으로 인한 해양 서식처의 파괴도 육상기인 오염에 포함된다.

현재 전 세계의 연안 도시에는 약 10억 명이 거주하고 있다. 육상 기인 오염물질들은 해양환경에서 가장 생산성이 높은 지역인 하구와 연안지역에 주로 영향을 미친다. 현재 전 세계 연안지역의 약 50%는 각종 개발 활동에 의해 위협 받고 있는 것으로 추정되고 있다.

● 범국가적 오염방지 실천계획의 마련

바다에는 오염물질을 차단할 수 있는 담장이 없다. 바다로 유입된 오염물질은 해류와 조류를 따라 다른 해역으로 이동할 수 있으며, 국지적인 오염이 넓은 해역의 생태계에 영향을 미칠 수도 있다. 이러한 해양오염의 특성 때문에 연안 환경에 가해지고 있는 다양한 오염의 압박을 해소하기 위해서는 지방정부간, 그리고 각국 정부간의 긴밀한 협력이 필요하다.

1995년 워싱턴에서 개최된 정부간 회의에서 108개 국가 및 유럽연합(EU)은 '육상 활동으로부터 해양환경보호를 위한 범지구실천계획'(이하 범지구실천계획, Global Program of Action for the Protection of the Marine Environment from Land-based Sources of Pollution, GPA)을 채택했다. 범지구실천계획은 해양환경과 생물자원의

UNEP

에쿠아도르의
오수 해양방류구

보호와 합리적 이용이 인류사회의 지속가능한 발전에 중요하며, 육상기인오염이 해양환경과 생물자원의 훼손에 매우 큰 영향을 주고 있다는 국제사회의 인식에 기초하여 채택된 것이다. 범지구실천계획은 유엔환경계획(UNEP)에 의해 추진되고 있으며, 1999년 네덜란드 헤이그에 GPA 사무국이 설치되었다가 2008년에 케냐 나이로비로 이전되었다.

범지구실천계획은 육상기인 오염물질과 사회

미국 플로리다주의 수중 해양방류관

범지구실천계획 3차 정부간 회의 2012년 1월 필리핀 마닐라에서 열린 정부간 회의에서는 향후 5년간의 활동계획에 대해 논의되었다.

경제활동으로부터 해양환경을 보호함으로써 해양이 보유한 자원을 최적으로 이용하기 위한 것이다. 범지구실천계획은 인간의 보건과 해양생태계의 생산력 및 생물다양성에 위협이 되는 육상기인오염을 방지하고 오염부하를 저감하며, 오염원을 제어하거나 제거하기 위한 지속적인 활동을 계획함과 동시에 이를 효과적으로 이행하기 위하여 설계되었다. 범지구실천계획에서는 하수(sewage), 지속성 유기오염물질(Persistent Organic Pollutants, POPs), 방사성 물질(radioactivity), 중금속(heavy metal), 유류(oils), 영양염류(nutrients), 퇴적물(sediment mobilization), 쓰레기(litter), 물리적 변형과 서식지 파괴(physical alterations and destruction of habitats)를 주요 육상기인 오염원으로 규정하고 있다.

● 범지구실천계획의 권고 사항

범지구실천계획의 목적은 각국이 해양환경을 보전하고 보호해야 하는 의무를 깨닫게 하고, 의무 이행을 권장함으로서 육상기인 활동으로부터 해양환경이 훼손되는 것을 방지하는 것이다. 2001년 11월 캐나다에서 개최된 제1차 GPA 정부간 회의에서는 1995~2001년까지의 GPA 이행상황을 평가하고, 2002~2006년까지의 구체적인 이행계획을 마련했다. 또한, 하수처리 전략실천계획을 채택하고, 2006년까지 하수, 서식지의 물리적 변형과 훼손, 영양염류를 우선 관리대상으로 설정하였다.

2002년 UNEP는 국가차원에서 각국이 오염저감활동을 효과적으로 이행하도록 하기 위해 '육상활동으로부터 해양환경보호를 위한 국가실천계획 지침서'를 마련했다. 이 지침서는 국가실천계획의 수립 필요성, 수립 원칙, 수립절차, 이해당사자간 협력, 사례지역 운영에 관한 내용 등을 담고 있다.

이 지침서는 각국이 국가실천계획 수립을 통해 육상활동에 의한 해양환경 훼손의 원인을 규명하고 이를 해결하기 위한 관리자원과 이행조치를 설정하며, 이해당사자간 협력관계와 합의에 기초하여 관리우선순위를 설정하고 현안을 해결할 수 있는 정책구조를 제공하도록 권고하고 있다. 국가실천계획에서는 해양환경훼손 원인에 대해 정부가 효과적으로 대응할 수 있도록 관리

육상활동으로부터 해양환경을 보호하기 위한 국가실천계획(NPA)의 순환 발전 과정 모식도

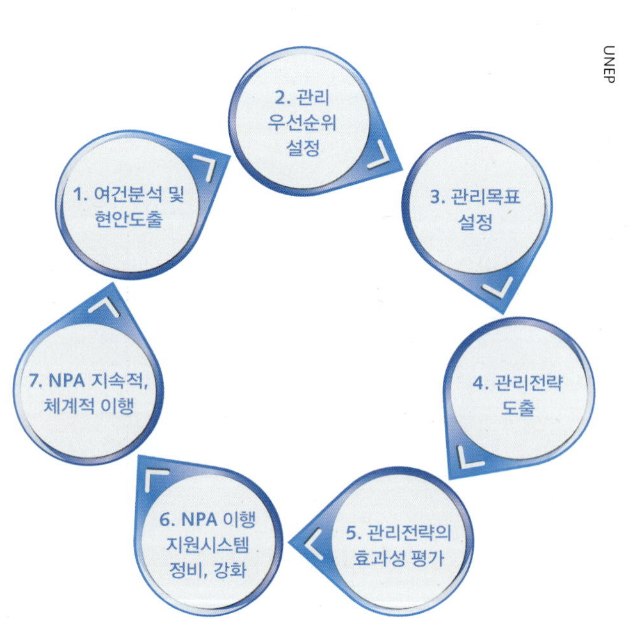

UNEP

역량을 증진시키고, 수행 중인 대책과 환경개선사업을 지속적으로 시행하는 방안을 마련해야만 한다. 환경개선사업을 이행함에 있어서 민간을 포함한 다양한 이해당사자와 협력관계를 구축해야 하며, 보호가치가 높은 연안·해양환경의 가치와 편익, 취약성에 대한 인식을 증진시키기 위한 방안을 마련해야 한다.

frankandian.com

해양쓰레기로 인한 해양오염

육상으로부터 바다로 유입되는 쓰레기는 해양오염의 주된 원인 중의 하나이다.

국가실천계획의 수립과정은 연안통합관리계획의 수립 및 시행과정과 유사한데, 각국은 관리 범위를 설정하고 관리 현안을 도출한 후, 관리우선순위를 설정해야 한다. 그리고 관리목표를 설정하고 관리전략을 도출하여 계획을 이행한 후 성과를 평가하여 목표를 수정하는 전형적인 순환관리 방식을 채택하고 있다. 해역마다 환경이 다르고, 영향을 미치는 육상활동의 중요성이 서로 다르기 때문에 해결해야 할 관리 현안을 도출하고 합리적으로 관리 우선순위를 설정하는 것이 매우 중요하다. 각 해역의 특성과 보유한 자원, 인간 건강의 보호, 해양생태계 보전의 관점에서 과학적인 조사자료에 기반하여 문제의 심각성을 파악하고 어떤 오염원을 우선적으로 관리해야 할 것인지, 영향을 저감하기 위해서는 얼마만큼의 비용이 소요되며, 그에 따른 편익과 성공 가능성 등을 종합적으로 고려하여 관리 우선순위가 결정되어야 한다.

● 범지구실천계획의 이행을 위한 재원 마련

각국 정부가 지역 공동체, 공공기관, 비정부기구(NGO), 민간 부문 등 모든 이해당사자와 밀접한 동반 관계를 유지하면서 국가실천계획을 시행하고 지역해에서 협력체계를 구축해 나가야 한다. 범지구실천계획을 이행하여 육상활동의 영향을 실질적으로 줄이기 위해서는 관리제도의 정비뿐만 아니라 재원의 확보가 매우 중요하다. 각국은 환경기초시설을 설치하거나 오염방지활동을 수행하는데 필요한 비용을 추산하고, 환경자원의 가치평가를 통해 편익을 도출하여 재원 확보의 필요성을 도출해야 한다. 설정된 투자 우선순위에 따라 연차별로 필요한 재원이 어느 정도인지 파악되면, 협의를 통해 관련 사업에 참여하는 기관별 투자를 이끌어 내고, 필요할 경우 민자사업을 추진하는 등 구체적이고 실질적인 재원 확보 방안이 마련되어야 한다.

● 범지구실천계획의 국가적 이행

각국에서 제출한 정보에 따르면 범지구실천계획이 마련된 이래로 72개국 정도가 국가행동계획의 뼈대를 확립한 것으로 보고되었다. 2006년 이후 15개국이 국가실천계획의 개발을 시작했으며, 8개국이 국가실천계획을 수정했고, 많은 나라들이 연안과 해양환경 관리와 오염 저감 방안을 국가지속가능발전계획 등에 포함시켰다. 17개국은 국가실천계획과 일치하는 육상기인 오염관리 정책이 있다고 보고하였다.

우리나라 국가실천계획(NPA)의 기본 목표와 원칙, 추진전략

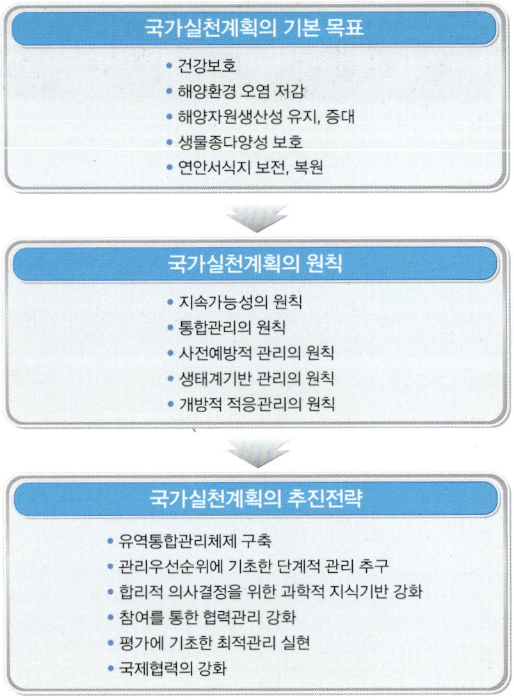

국가실천계획의 기본 목표

- 건강보호
- 해양환경 오염 저감
- 해양자원생산성 유지, 증대
- 생물종다양성 보호
- 연안서식지 보전, 복원

국가실천계획의 원칙

- 지속가능성의 원칙
- 통합관리의 원칙
- 사전예방적 관리의 원칙
- 생태계기반 관리의 원칙
- 개방적 적응관리의 원칙

국가실천계획의 추진전략

- 유역통합관리체제 구축
- 관리우선순위에 기초한 단계적 관리 추구
- 합리적 의사결정을 위한 과학적 지식기반 강화
- 참여를 통한 협력관리 강화
- 평가에 기초한 최적관리 실현
- 국제협력의 강화

우리나라는 유엔환경계획의 권고에 따라 2006년 국토해양부와 환경부 공동으로 제1차 국가실천계획이 수립되었고 정부의 제4차 해양환경종합계획안에는 제1차 국가실천계획에 대한 평가 및 제2차 국가실천계획의 수립 시행이 계획되어 있다.

우리나라에서는 1996년 3월 관계 부처 합동으로 범 정부차원의 종합적인 해양오염원 관리대책인 '해양오염방지 5개년 계획(1996~2000)'을 수립 · 시행하였는데 육상 기인오염과 관련하여 연안관리법, 해양오염방지법 등 관련 법률을 제 · 개정하는 등 해양환경 보전을 위하여 육상기인 오염원의 체계적 관리에 주력했다. 2001년에는 국무총리실이 주관하고, 해양수산부가 주무부처가 되어 '해양환경보전종합계획(2001~2005)'을 마련했으며, 2006년에는 해양수산부가 주관하여 범 부처 합동계획인 '제3차 해양환경보전종합계획(2006~2010)'을 마련하고 연안오염 총량관리 제도를 도입했다.

국토해양부는 2011년 제1차 해양수산발전위원회 심의를 거쳐 '제4차 해양환경종합계획(2011~2020)'을 수립했다. 해양환경종합계획은 해양환경 분야의 최상위 국가계획으로서 해양환경 보전 부문별 계획을 총괄 · 조정 · 통합하여 개별사업을 체계적으로 추진하기 위해 국토해양부, 환경부, 농림수산식품부, 해양경찰청이 공동으로 수립한 범정부차원의 종합정책계획이다. 제4차 해양환경종합계획의 육상기인 오염원 국가관리체계 확립 분야에는 4개 과제와 12개 세부 사업으로 구성되어 있다. 정부에서는 이 분야에 2011년~2020년간 총 9조 425억 원의 예산을 투입할 계획이며, 이는 제4차 해양환경종합계획의 총예산인 10조 9,363억 원의 약 83%에 달한다.

우리나라의 육상기인 오염원 관리 체계

<table>
<tr><th>과 제 명</th><th></th></tr>
<tr><td colspan="2">육상기인 오염원 국가 관리 체제 선진화</td></tr>
<tr><td rowspan="3">육상기인 오염원 관리를 위한 종합관리체계 구축</td><td>전국 연안 유역의 오염 배출 특성 파악을 위한 종합 실태조사 실시</td></tr>
<tr><td>미처리 오염물질의 연안유입 저감을 위한 비점오염원 관리 강화</td></tr>
<tr><td>육상기인 오염원관리 국가종합대책 수립 · 시행</td></tr>
<tr><td rowspan="4">육상기인 오염원의 유형별 관리 강화</td><td>해역오염도 평가 기준 및 관리유형별 관리 지침 마련</td></tr>
<tr><td>중점 관리해역의 오염원 현황 및 배출특성을 고려한 유형 구분</td></tr>
<tr><td>유형구분에 따른 해역별 관리대책의 수립 및 이행 강화</td></tr>
<tr><td>원인미상형 해역에 대한 종합조사 실시 후 관리유형 재분류</td></tr>
<tr><td rowspan="4">육상 폐기물 해양투기 관리 강화</td><td>육상 폐기물 해양투기 저감 지속 추진</td></tr>
<tr><td>투기해역의 최적관리체계 확립</td></tr>
<tr><td>배출해역 관리 및 지도감독 강화</td></tr>
<tr><td>런던의정서 당사국 의무사항 준수를 위한 법제도 정비 및 협력 강화</td></tr>
<tr><td rowspan="3">육상기인 오염원 관리를 위한 과학기술 기반 강화</td><td>비점오염원 배출저감 및 관리 기술 개발</td></tr>
<tr><td>육상기인 오염원의 해양환경 영향 진단 모델 개발</td></tr>
<tr><td>대기 · 지하수 기인 배출 실태에 관한 조사 실시</td></tr>
<tr><td colspan="2">해역별 특성에 맞는 맞춤형 관리 강화</td></tr>
<tr><td rowspan="3">환경관리해역 관리체제 정비</td><td>환경관리해역 기본계획 수립 · 시행</td></tr>
<tr><td>환경관리해역 제도의 실효성 증진을 위한 관리수단 강화</td></tr>
<tr><td>환경관리해역의 생태건강성 증진을 위한 환경용량 개선사업 실시</td></tr>
<tr><td rowspan="3">특별관리해역 연안오염총량관리제 확대</td><td>특별관리해역의 환경개선을 위한 연안오염 총량관리제 확대 시행</td></tr>
<tr><td>마산만 제1차 연안오염총량관리제 종합평가 및 제2차 계획 수립</td></tr>
<tr><td>특별관리해역의 연안오염총량관리제 추진을 위한 기술 · 제도 기반 강화</td></tr>
<tr><td rowspan="2">환경보전해역 보전 · 관리 강화</td><td>환경보전해역의 관리사업 추진 및 재정 지원</td></tr>
<tr><td>지역주민, 지방자치단체 담당자 등을 대상으로 한 인식 증진 및 교육 실시</td></tr>
<tr><td colspan="2">연안유입 오염물질 및 해양쓰레기 관리 강화</td></tr>
<tr><td rowspan="3">중금속과 유해화학물질 연안유입 관리 강화</td><td>연안배출 실태 점검 및 관리역량 강화 사업 추진</td></tr>
<tr><td>연안유입 유해오염물질을 사전 차단할 수 있는 시설 확충 및 개선</td></tr>
<tr><td>오염 퇴적물 정화 · 복원 사업 등 사후 관리대책 추진</td></tr>
<tr><td rowspan="2">해양쓰레기 유입 저감을 위한 관리체제 강화</td><td>'해양유입쓰레기 책임관리제' 정착</td></tr>
<tr><td>해양쓰레기 유입저감을 위한 인식제고 및 교육 지원</td></tr>
<tr><td rowspan="3">해양쓰레기 수거 · 처리 사업의 지속 추진</td><td>'제2차 해양쓰레기 관리기본계획(2014-2018)' 수립 · 시행</td></tr>
<tr><td>해양쓰레기 통합 관리 강화</td></tr>
<tr><td>조업 중 인양 폐어구 수매사업, 침체어망 인양사업의 추진</td></tr>
<tr><td colspan="2">협력관리 체제 구축 및 역량 강화</td></tr>
<tr><td rowspan="2">관리체계 선진화를 위한 협력체제 구축</td><td>육상기인 오염원 관리 관련 부처 간의 관련 정책 연계 강화</td></tr>
<tr><td>육상기인 오염원 관리 역량 제고를 위한 지역기반 강화</td></tr>
<tr><td rowspan="2">국민인식 제고 및 국제협력 증진</td><td>육상기인 오염원 관리에 관한 다양한 홍보자료 제작 · 보급</td></tr>
<tr><td>국제 환경현안 해소를 위해 국제기구 및 주변국과 협력 강화</td></tr>
</table>

국토해양부

● 범지구실천계획의 지역해별 이행 현황

UNEP는 1996년에서 1998년에 걸쳐 지역해별 관리 우선순위를 설정하고 실천계획을 개발하기 위하여 전문가 워크숍을 통해 7개 지역에서 지역해 프로그램을 토대로 오염물질과 오염원의 우선 순위를 설정한 바 있다. UNEP의 지역해 프로그램은 13개가 운영되고 있으며, 140개 이상의 연안국가가 참여하고 있다. 우리나라가 참여하고 있는 지역해프로그램은 북서태평양해양환경보전실천계획(Northwest Pacific Action Plan, NOWPAP)으로서 중국, 일본, 러시아, 북한 등 총 5개국이 협력하고 있다. UNEP의 공식적인 지역해프로그램은 아니지만 북극해프로그램, 남극해프로그램, 북동대서양프로그램(OSPAR), 발트해협력관리프로그램(HELCOM) 등이 있다.

범지구실천계획의 지역해별 이행과정과 관리 우선순위

지역	오염물질/오염원 우선 순위	
남동태평양 1차 워크숍 (페루 리마, 1996. 11. 18~21) 2차 워크숍 (칠레 비나 델 마, 1998. 10. 19~22)	1) 하수 3) 중금속	2) 유류 4) 지속성 유기오염물질 (POPs).
걸프 해역과 홍해 1차 워크숍 (바레인, 1996. 12. 2~5) 2차 워크숍 (쿠웨이트, 1997. 6. 8~9)	홍해와 아덴해 1) 물리적 변형과 서식지 파괴 2) 하수 3) 영양염과 퇴적물	걸프해 1) 유류와 소각 배출물 2) 물리적 변형과 서식지 파괴, 퇴적물 3) 하수와 영양염 4) 쓰레기 5) 대기를 통한 오염물질 유입 6) 지속성 유기오염물질 7) 중금속 8) 방사성 물질
동아시아해 (태국 방콕, 1997. 4. 30~5. 3)	1) 하수 3) 산업 5) 서식지 파괴	2) 농업 4) 도시 배출물(urban run-off)
동아프리카 (잔지바르, 1997. 10. 6~9)	1) 도시하수 3) 서식지 파괴 5) 산업 폐기물 오염	2) 고형 쓰레기 4) 농화학제품 (agrochemical) 오염
남아시아해 (콜롬보, 1997. 10. 22~25)	1) 하수	2) 쓰레기
서아프리카와 중앙 아프리카 (아비장, 1997. 11. 25~28)	1) 하수 3) 영양염류 5) 산업 7) 유류 9) 중금속	2) 물리적 변형과 서식지 파괴 4) 농업 6) 쓰레기 8) 퇴적물
남서 대서양 상부 (브라질리아, 1998. 9. 30~10. 2)	1) 도시하수 3) 물리적 변형과 서식지 파괴	2) 산업 하수 4) 유류

안산시

산업폐수와 하수를 처리하는 종말처리장
시설 용량이 53만 톤/일인 안산하수처리장에서는 안산시 관내의 하수와 반월공단의 폐수를 처리하고 있다.

그동안 지역해 차원에서 육상기인 오염 방지에 많은 진전이 있었으며, 그 좋은 예 중의 하나가 최근에 설립된 오수처리 카리브 지역 기금(Caribbean Regional Fund for Wastewater management, CREW)과 지구환경기금(Global Environment Facility, GEF)의 지원을 받는 카르타고나 컨벤션(Cartagona Convention)을 위해 발표된 육상기인 오염원 프로토콜(Land Based Sources of Pollution Protocol)이다. 나이로비 컨벤션(Nairobi Convention)도 비슷한 프로토콜에 서명을 했고 바르셀로나 컨벤션(Barcelona Convention)도 2010년 연안역통합관리 프로토콜을 비준했다.

환경부

도시지역 비점오염을 처리하는 생태유수지
남양주시 가운 유수지에 4만7천m^2 크기의 다목적 생태습지가 조성될 예정이다.

범지구실천계획의 또 다른 성과는 북서태평양해양환경보전실천계획(NOWPAP)이 유해조류 대번성(harmful algal bloom)에 관한 가이드라인을 만든 것이다. 동아프리카 지역에서는 쓰레기 관리 능력이 향상되었고 카리브해 지역 국가들은 농약의 연안 유입을 감소시키는 등 연안과 유역 통합관리 능력을 향상시켜 왔다.

해양보호구역

해양보호구역은 해양생물들과 그들의 서식지를 보호하여 자원을 안정적으로 유지하는데 기여할 뿐만 아니라 생태관광과 환경교육의 장을 제공한다.

제종길 도시와자연연구소

지금 해양과 연안 생태계는 심각한 위기에 봉착해 있다. 남획과 서식지 파괴, 해양 오염과 외래종 유입으로 생태계에는 여러 가지 변화가 일어나고 있으며, 생물다양성은 빠르게 감소하고 있다. 기후변화에 따른 해수면의 변화, 해양 산성화 등은 생태계와 수산자원에 영향을 미칠 것으로 예상되고 있다. 세계자연보전연맹(IUCN)의 자료에 의하면 해양의 52% 이상이 개발되었고, 25%는 자원이 완전히 고갈되었다. 서식지는 파괴되고, 대형 친어들의 수가 줄어들고 있어 자원이 급감하고 있지만, 첨단기술로 무장한 어선들은 오히려 새로운 어장을 찾아 진출하고 있다. 연안 개발에 따른 독성 조류의 대번식과 산소 고갈 등으로 생물이 살기 어려운 해역도 늘어나고 있다. 오염된 해역은 늘어나고 있으며, 일부 화학물질은 생태계 먹이망을 통해서 축적되어 사람들의 건강을 위협하고 있다.

명정구

해양에서 제기되고 있는 여러 가지 문제들을 예방하고 해양생태계와 생물다양성을 건강하게 유지하는 가장 현실적인 방법은 해역 일부를 보호구역으로 지정하여 관리하는 것이다. 해양보호구역(Marine Protected Area, MPA)은 '법적 혹은 다른 효율적인 수단으로 생태계 서비스와 문화적 가치를 가지고 있는 자연을 장기간 보전하기 위해 지정하여 관리하는 구획된 공간'을 말한다. 주변 해역에서 계속 어업이 이루어진다고 하더라도 잘 보호된 해양생물들은 보호구역

명정구

제주도의 아름다운 연산호 군락과 청줄돔

에서 성장하고 산란을 하여 바깥 바다에 새로운 자원으로 가입된다. 보호지역 중 일부 지역은 어업이나 채취가 금지되는데 이 경우 보호구역의 효과는 더 커지게 된다.

● 해양보호구역 설정의 장점

해양에서 보호구역을 지정하게 되면 일차적으로 보호구역 내의 해양생물들과 그들의 서식지를 보호할 수 있으며, 해양생물의 산란지를 보호하고 생물자원 가입량을 안정적으로 유지할 수 있다. 또한, 자연경관을 유지하여 관광지로 활용할 수 있으며, 유전자원 등 잠재적으로 이용 가능성이 높은 생물자원을 보존하는데도 크게 기여할 수 있다.

그러나 보호구역을 지정하려고 하면, 대체로 지역사회나 어민들의 강한 반대에 직면한다. 어업이 제한되거나 관광시설이 들어오는 등 대체 산업의 효과에 대한 우려가 있기 때문이다. 어민들이 보호구역 지정을 반대하는 것은 어쩌면 당연한 일일지도 모른다. 보호구역이 지정되면 주민들은 단기적으로 어업 활동에 지장을 받을 수도 있다. 하지만 전략적이고 장기적인 차원에서 보호구역의 지정이 지역 경제를 살리고 환경을 보전하는 길이라는 것을 설득하는 노력이 필요하다.

해양보호구역의 지정은 연안 이용을 극대화하는데 기여할 수 있다. 지속적으로 어업 강도를 높여 온 미국 서해안이나 캐나다 동해안의 일부 해역에서는 어족이 고갈되고 지역 경제가 어려워진 반면, 보호구역을 효과적으로 지정 · 관리한 호주의 대보초(Great Barrier Reef) 해역이나 유럽의 와덴해에서는 생태계를 효과적으로 보전하는 동시에 지역 경제도 활성화되었다. 덴마크, 독일, 네덜란드의 해안의 와덴해 갯벌 지역은 국립공원으로 지정된 후 연간 1,000만 명이 방문하여, 관광 수익이 8조 4천억 원이나 되었다. 와덴해 해안지역은 관광산업이 지역의 주요 산업으로 성장하였으며, 어떤 지방에서는 전체 수익의 50% 이상이 관광수입인 곳도 있다. 2009년 와덴해 지역이 세계자연유산으로 지정되면서 관광객은 더 증가하고 있다.

● 우리나라 해양보호구역의 현황

해양에서의 보호구역은 법이나 효과적인 수단으로 지정된 일정한 구역이나 환경, 즉 조간대 또는 조하대 해역을 말한다. 해양보호구역은 해양생태계를 보전하기 위한 아주 중요한 수단이며, 특히 생물다양성을 유지하거나 해양자원의 지속적인 이용을 위해서는 필수적이다. 현재 전 세계에는 5,000개 이상의 해양 보호구역이 있으나, 이는 전 세계 바다의 1% 정도에 불과하다. 2010년 일본 나고야에서 개최된 제10차 생물다양성협약(CBD) 당사국회의에서 채택된 아이치 목표(Aichi Targets)에서는 당사국들에 2020년까지 각각 육지 17%, 해역 10%를 보호구역으로 지정할 것을 권고하고 있다.

어업이 왕성하게 이루어지는 곳에서는 어업대상 종이 선택적으로 어획되기 때문에 자원양이 지속적으로 감소할 수밖에 없으며 궁극적으로 생태계의 균형이 깨지게 된다. 보호구역 내에 어업이나 어떠한 생물의 채취도 허락

우리나라의 생태계보호구역과 습지보호지역

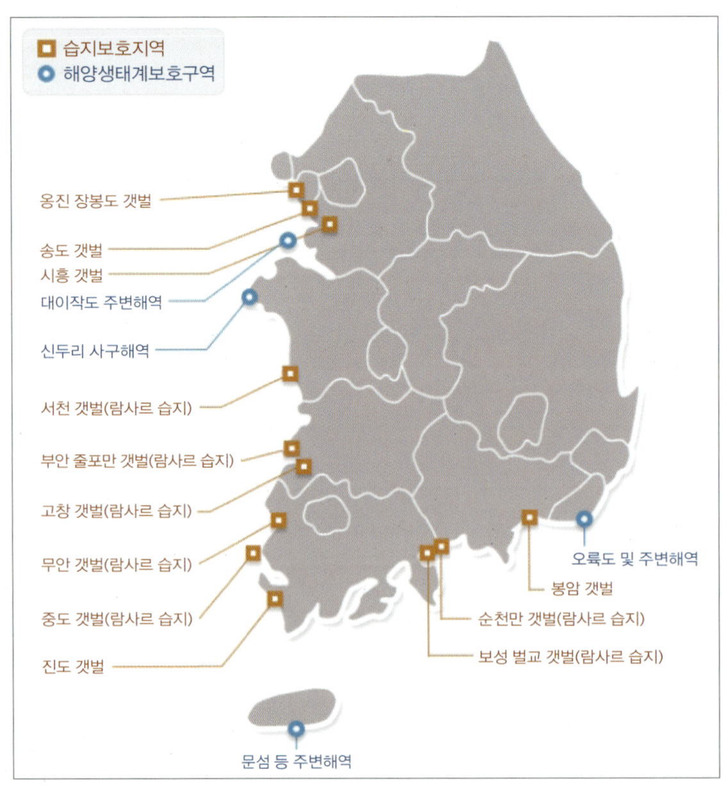

연합뉴스

염전 체험학습
충남 서산의 염전에서 여름방학을 맞은 초등 학생들이 소금 만들기 체험을 하고 있다.

되지 않는 금어구역(no-take area)이 있다면, 생물들은 그곳을 도피처로 이용하게 된다. 이곳에서 자란 친어들은 새로운 자원을 생산하고 이 자원은 지속적으로 주변 바다로 넘쳐 나가게 된다. 따라서 어민들은 해양보호구역 주변 해역에서 일정량을 지속적으로 어획할 수 있다. 금어구역은 뉴질랜드에서 최초로 시작되었고, 그 효과가 입증된 바 있어 현재 여러 나라에서 적용되고 있다.

보호구역은 크면 클수록 좋으며, 서로 단절되지 않아야 실효성이 있다. 하지만 전 해역을 보호지역으로 지정하는 것은 현실적으로 불가능하다. 따라서 중요한 서식지부터 우선 지정하고 각 보호구역을 네트워크로 연계하여 보전 효과를 높이는 방안이 실행되고 있다.

우리 바다에는 300개가 넘는 해양보호구역 대상 해역이 있으나 직접적인 보호와 관리가 이루어지고 있는 곳은 12개의 습지보호지역, 4개의 해양생태계보전구역, 4개의 국립공원 등 30곳이 채 되지 않는다. 습지보호지역은 모두 연안습지 - 갯벌을 보전하기 위한 보호구역들이다. 해양에서는 '습지보전법'과 '해양생태계 보전 및 관리에 관한 법률'에 따라 보호구역이 지정된다. 습지보호지역으로 지정된 순천만이나 증도의 습지보호지역과 해상 국립공원 주변의 일부 지역사회에서는 생태계 보전은 물론 생태관광으로 지역 경제가 활성화되는 효과도 거두었다. 그러나 국내에는 아직 금어구역이 없으며,

이선명

김웅서

해양 레저로 각광받는 요트

매립이나 간척이 계속되고 있어 보호구역의 엄격한 관리와 확대가 매우 시급한 실정이다.

김웅서

관광용 잠수정

● 해양보호구역에서의 해양환경교육

해양보호구역에서는 관광객들로 하여금 방문한 지역의 생태계나 문화를 이해하고 아낄 수 있도록 책임 관광을 유도할 필요가 있다. 환경교육은 해양생태계 보전을 위해 지역 주민들을 설득하고, 해양보호구역을 방문하는 사람들을 해설하는 중요한 수단이 된다.

해양생태계를 보전하고 건강하게 유지하려면 관련 지역의 주민들을 비롯한 이해 당사자들뿐 아니라 일반인들의 이해와 참여도 반드시 필요하다. 해양환경교육 프로그램은 해양보호구역을 산업적으로 이용하는 일반 기업이나 관광 단체들과도 밀접한 연관을 맺고 있다. 왜냐하면, 보호구역 내에서 산업 행위를 하려면 생태계나 생물의 피해가 없어야 하고 방문객들에게도 이를 잘 인식시켜야 하기 때문이다. 환경단체는 자발적으로 보호구역 주변 주민들과 방문객들을 위해 흥미 있는 교육프로그램과 지침을 만들어 참가자들이 자연을 지키도록 유도해 왔다. 이러한 일련의 과정은 해양보호구역 지정에 지역주민들의 지지를 이끌어 내는데 기여하였다. 또한, 관리에 있어서 발생하는 난해한 문제점들을 해결하는 데 필요한 지역 주민들의 참여 폭을 넓히는

해양환경관리공단

해양보호구역대회 홍보포스터

해양보호구역별 관리 · 이용 사례에 대한 정보공유를 통해 효과적인 관리방안을 도출하고 이해당사자간 협력의 장을 마련하기 위해 매년 해양보호구역 대회가 열린다.

데에도 도움이 되었다.

우리나라에서도 연령과 지식수준에 맞추어 캠핑, 스쿠버다이빙, 낚시, 수중레저 활동, 바닷새 관찰, 그리고 쓰레기 수거 등 활동분야별로 지침을 만들고, 어린이와 학생, 일반 이용자들뿐 아니라 어민, 지역 주민, 정책 결정자, 개발업자, 기업 경영자, 전문가들에게도 환경교육을 시행하고 상호 간 소통할 기회가 제공되어야 한다.

● 해양환경 보전을 위한 장기 투자

해양보호구역의 보전 활동에서 교육은 가장 효과적이고 경제적인 수단이며, 미래를 위한 가장 확실한 투자이다. 바다에 대한 교육은 우선 바다에 대한 정확하고 풍부한 지식을 전달하는 것에서부터 시작된다. 지식의 제공에 목적을 둔 보편적인 학습 과정에서는 어려운 과학적 사실을 어떻게 재미있게 전달하여 쉽게 이해시킬 수 있느냐를 중시한다. 그러나 단순히 바다에 관한 지식의 전달과 이해만으로는 바다를 보전해야 한다는 적극적인 동기를 부여하기 어렵다. 지식 그 자체는 변화를 유도하기에 충분치 못하기 때문이다. 해양환경교육은 바다에서 행하는 교육이어야만 효과가 배가될 수 있다. 현장실습은 직접자료를 수집하는 것 이상의 가치가 있으며, 전하고자 하는 메시지를 즐거운 경험을 통해 전달하는 효과를 거둘 수 있는 장점이 있다. 바닷가에서 직접 말미잘의 생태를 관찰하거나, 수족관의 접촉어항(touch-tank)에서 말미잘을 실제로 만져보는 등 오감으로 체득한 경험은 완전히 다른 감정을 가지게 한다. 역할 바꾸기 놀이도 이러한 효과를 나타낼 수 있다.

현장실습을 통해 경험하고 느낀 것들은 바다를 보존하고자 하는 열정으로 발전되어야만 결실을 볼 수 있다. 이를 위해서 해양환경교육은 바다에서의 교육에서 한 걸음 나아가 바다를 위한 교육이 되어야 한다. 그래서 현장에서 얻은 바다와의 일체감을 바다의 보전을 위한 책임감과 열정으로 바꾸어 주는 것이 교육의 목표가 된다. 해양환경교육에서는 문제의 해결을 위해 할 수 있는 일에 동참하는 계기도 제공한다. 해양환경 보전에 열정을 가진 사람들을 조직화하고, 그들이 가진 열정을 현실 속에서 능동적인 활동으로 발전시킬 수 있도록 지속적인 연대를 만드는 일도 교육이 기대하는 효과이다.

선진국의 해양환경교육은 학교나 대학과 같은 정규 교육 과정에서뿐 아니라 지역 사회, 연구소, 박물관이나 수족관 등의 사회 환경교육 기관을 통해 모든 연령층에서 접할 수 있게 되어 있다. 이해당사자들, 특히 정책결정자들에 대한 환경교육은 해양의 자연환경과 지역 사회의 문화를 이해하고 환경보호 활동에 적극 참여하게 하는 계기를 마련하거나 직접적인 정책 실행으로 이어지기도 한다.

그러므로 해양환경교육은 환경을 보전하는 가장 강력한 수단이 될 수 있다. 우리나라에서도 해양보호구역 지정에 대한 이해당사자들의 관심이 높아지고 생태관광의 필요성이 확산됨에 따라 해양환경교육의 중요성이 더욱 주목받고 있다. 앞으로 해양보호구역에서 다양한 교육과 해설 프로그램이 마련되고, 현재 여러 곳에서 건립되고 있는 수족관이나 박물관 등에서 체계적인 사회 환경교육을 실행한다면 해양환경교육의 기회가 크게 늘어날 것으로 전망된다.

이선명

바닷가에 모인 관광객

SCANCOLOR Australia

호주의 해양생태 관광

해양환경 조사와 예측

향후 해양환경 예보가 기상예보의 수준으로 정확성과 시의성을 갖추게 된다면, 실생활과 경제활동에 엄청난 혜택을 제공할 수 있게 될 것이다.

강성현 한국해양과학기술원

우리는 몸이 아프면 병원에 가서 검사하고 의사의 진단에 따라 치료를 받는다. 이처럼 환경도 이상 징후가 발견되면 현재 상태와 변화 추세에 대해 정확한 평가를 하고 이를 통한 해결방안을 찾아내게 된다. 과거와 현재의 상태를 파악하고, 향후 어떻게 변해갈 것인지를 예측하는 것은 문제 해결의 출발점이다. 현장에서 조사한 자료를 바탕으로 변화의 원인을 밝혀내야만 다가올 위험을 줄이기 위한 대응책을 마련할 수 있으며, 자연환경의 변화를 최소화하거나 원상태로 복구하는 방안을 찾아낼 수 있다. 또한, 훼손된 환경을 복원하는 과정에서 성과를 분석하여 계획을 수정함으로써 적응관리를 시행할 수 있다.

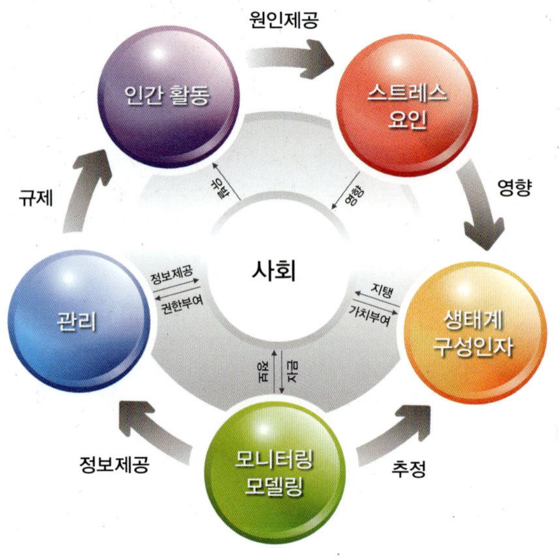

환경 모니터링과 모델링의 개념

● 해양환경 조사와 예측의 중요성

바다를 어떻게 효율적으로 이용하고 관리할 것인가는 미래의 인류가 당면한 가장 중요한 과제 중의 하나이다. 이제까지의 해양학은 과학조사와 연구가 주를 이루었다. 기존의 해양관측 프로그램들은 대상지역이나 관측 기간, 연구 목표 등이 제한적이고 산발적이었으며 전 지구의 환경변화에 기여하는 해양의 역할을 이해하는데 충분한 정보를 제공하지 못했다.

21세기의 해양학은 인류가 필요로 하는 사회 · 경제적인 요구에 부합하는 실용적 해양학으로

강동진

해양관측장비
동해에서 CTD를 이용하여 해양관측을 수행하고 있다.

변해가고 있다. 운용해양학(operational oceanography)이라고 일컬어지는 실용적 해양학은 바다의 효율적인 이용을 통해 사회적 필요와 경제적 이득을 도모할 수 있는 자료와 정보를 제공하는 것을 목표로 하고 있다.

기상 분야에서는 전 세계 곳곳에서 몇 시간 이내에 수집된 엄청난 양의 관측 자료를 바탕으로 앞으로 몇 시간에서 몇 일의 기상을 상당히 정확하게 예측할 수 있다. 기상 예보는 항공, 해운, 건설, 농업, 관광, 수산 등 산업 전반에 막대한 경제적 이익을 제공하며, 안전과 환경 문제에도 기여하고 있다. 그러나 해양 분야에서는 지진이나 해일, 태풍, 적조, 수질과 해양생태계의 변화 등 대부분 분야에서 몇 시간에서 며칠 앞을 예견하기 어렵다. 향후 해양예보가 기상예보의 수준으로 정확성과 시의성을 갖추게 된다면, 전 분야의 경제활동에 엄청난 혜택을 제공할 수 있게 될 것이다. 운용 해양학의 목표가 달성되면 수질오염 감시와 변화 예측, 적조 예보, 유출사고 방제, 육상기인 오염부하의 추정 및 관리, 유역 관리, 해역의 자정능력 평가 등에 획기적인 전기가 마련될 것이며, 어업, 양식, 해운, 건설, 관광, 정유, 농업, 보건, 안전, 보험, 연안개발 등 여러 산업 분야에서 경제적으로 막대한 파급 효과를 거두게 될 것이다.

● 상시적이고 장기적인 관측 조사 · 예보 시스템의 필요성

해양관측과 예보 시스템을 통해 이러한 이득을 얻기 위해서는 바다 위와 바다 속, 바다 밑에서 현재 벌어지고 있는 일들을 관측한 자료가 반드시 있어야 한다. 현재의

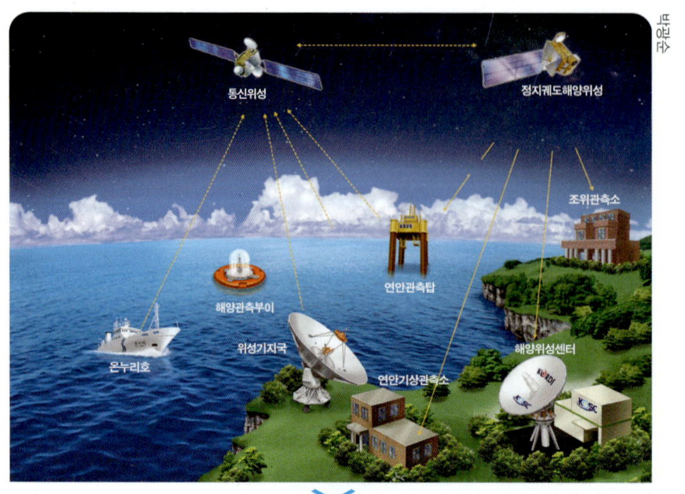

해양예보 시스템의 모식도

해양 관련 국가기관, 산업체, 민간이 각종 해양활동 및 현안문제 해결을 위해 필요로 하는 해양환경 변화 현황과 수치모델을 통한 예측 정보를 생산·제공하는 시스템

관측 시스템은 해양환경과 생태계에서 일어나고 있는 변화를 파악하기에 너무 미흡하다. 정선 관측이나 간헐적인 연구조사를 통해 생산되는 자료와 정보를 통해서는 지금 해양에서 어떤 일이 일어나고 있는지를 정확히 알 수 없다. 상시적이고 지속적인 관측 없이는 계속 변화하는 해양의 상태를 파악할 수 없으므로, 변화를 감지하고 예측하는 능력은 매우 제한될 수밖에 없다. 이러한 상태에서 모델링을 통해 미래의 상태를 정확히 예측하고 검증하는 것은 불가능한 일이다. 자연의 변화를 정확히 예측하려면 현재의 상태를 정확히 파악하는 것만으로는 부족하다. 미래를 예측하려면 자연적으로 나타나는 변화와 인간 활동으로 인한 변화 간의 상호작용을 이해해야 하며, 국지적으로 나타나는 매우 복잡하고 다양한 변화를 예측할 수 있어야 한다.

또한, 모든 측정과 예측 행위는 자료나 정보의 이용자가 필요로 할 때 적시에 제공되어야 한다. 이를 위해서는 통합적인 해양관측 시스템으로부터 자료를 지속적으로 획득하고, 얻어진 자료를 유용한 정보로 가공하여 이용자들에게 원활하게 전달할 수 있는 연결 시스템이 갖추어져야 한다. 그러나 관측과 자료 수집, 자료 관리와 가공, 서비스에 이르는 이러한 통합적인 시스템을 전 지구 또는 지역해 규모로 구축하는 것은 몇 나라의 능력으로는 불가능한 일이다. 연안역에서 나타나는 여러 변화는 국지적이거나 지역적이지만, 그 경계는 정치적인 국경을 초월해서 나타난다. 지역해 또는 전 지구적인 규모에서 문제를 해결하기 위한 기술을 개발하고 시스템을 구축하려면, 국가 간에 지식과 자료, 인프라, 전문성을 공유해야 하며, 모든 국가가 참여하고 혜택을 입을 수 있도록 하는 구조가 필요하다.

● 자료와 정보 이용자 중심의 관측 조사 체계

해양환경을 조사한 자료와 정보를 누가, 어떠한 목적으로 이용하려고 하는지를 파악하는 것은 모니터링 체계를 구축할 때 가장 중요한 부분이다. 이용자 그룹에 따라 요구하는 정보의 내용과 수준은 크게 다르기 마련이다. 수질 환경기준 달성에 관심이 있는 이용자는 주로 해수 속 오염물질의 농도에 대한 자료가 필요하지만, 해양환경을 전체적으로 유지·관리하는 책임자의 경우, 해저 퇴적물 속 오염물질, 해양생물 조직 내에 축적된 오염물질의 농도, 해양생물에 대한 유해 영향 여부, 해양생태계의 변화 등에 관한 자료를 요구할 것이다. 여행사에서는 생태관광 코스를 만들기 위한 생물 자료를, 환경복원시설을 설치하는 기업은 해양생태계의 구조와 복원에 필요한 정보가 필요할 것이다.

관측·조사된 자료를 활용하여 정책결정에 도움을 주는 유용한 정보를 제공하려면, 사전에 사용자의 요구사항을 충분히 고려해야 한다. 모니터링 체계는 향후 각종 예측모델의 입력, 보정, 검증자료를 제공할 수 있도록 설계되어야만 한다. 지속적인 환경모니터링을 통해 해역 관리계획에서 시행하는 세부 사업의 효과와 계획의 이행 정도를 평가하고 투자 우선순위를 변경하는 등 정책결정 지원의 근거를 제공해야 한다.

● 조사 자료와 정보의 정확도

해양관측·조사를 통해 생산되는 자료는 과학적인 연구, 정책 의사결정, 해양예보 등 다양한 분야에 사용되므로, 불량 자료의 생산은 막대한 비용과 노력의 손실을 초래하며, 잘못된 의사결정을 유발한다. 일반적으로 불량이거나 신뢰성에 문제가 있는 상품의 경우 환불, 교환, 변상, A/S가 되며, 생산자의 자발적인 품질관리가 이루어지지만, 관측·조사 결과 불량 자료가 생산될 경우 검정이나 보정과 같은 사후처리가 불가능하며 연구 조사자들의 자발적인 품질관리만으로는 품질 수준을 유지할 수 없으므로 반드시 일정 수준의 규제가 필요하다.

불량 자료가 생산·유통될 경우 해양관측·조사에 소요되는 직접 비용의 손실도 막대하지만, 불량 자료의 활용에 따른 경제·사회적 간접 피해는 훨씬 막대하다. 부정확한 자료는 해양현상의 규명을 어렵게 하거나 현황과 추세에 대한 왜곡을 초래할 수 있으며, 궁극적으로 잘못된 정책결정을 유발할 수 있다. 자료와 정보는 정확도가 생명이다.

CTD의 교정

해양관측 시 가장 많이 사용되고 있는 CTD는 관측 전후에 교정되어야만 정확한 자료를 생산할 수 있다.

신뢰도가 높은 해양자료와 정보가 확보되어야만 기후변화 예측과 대응, 연안 이용계획 수립, 해양오염 저감대책 마련, 생태계 복원계획 수립, 수산식품 안전성 평가, 생태계 위해도 평가 등 각 분야에서 정확한 예측을 통해 합리적인 의사결정과 정보제공이 가능해 진다.

선진 외국에서는 시험이나 분석 과정에서 발생하는 오차를 최소화하여 고품질의 자료를 생산하기 위하여 현장 관측뿐만 아니라, 자료의 관리, 검증, 배포에 이르는 전 과정을 사전에 예방하는 품질 시스템을 구축하여 관리하고 있다. 정도관리(QA/QC)라 불리는 이러한 품질관리 시스템은 측정 자료의 품질을 보증하기 위한 것으로, 표준을 만족시키기 위한 전반적 활동과 품질 관리가 효과적으로 수행되고 있음을 보증하는 전반적인 활동이 모두 포함된다. 정도관리 시스템은 단순히 장비의 교정과 검정이 아니라, 측정 분석방법과 장치, 조사 · 분석자에 의해서 발생할 수 있는 불확실성을 최소화하기 위한 운영체제, 자료의 품질목표, 표준 운영지침(SOP), 교육 · 훈련, 인증, 감사, 상호검정 등 총체적인 관리체제를 의미하는 것이다. 미국은 각 조사 사업마다 품질관리사업계획(QAPP)을 수립하여 시행 및 평가하는 체계를 구축하였다. 품질관리사업계획은 수집, 분석한 시료와 저장, 관리하는 자료 및 보고서가 모니터링 프로그램이 요구하는 품질을 획득하는 것을 목표로 한다. 자료의 품질관리를 통해 신뢰도가 향상되면 국가기관, 기업, 연구자, 일반 시민 등 자료 이용자의 요구를 충족시킬 수 있으며, 수집된 자료 간의 비교와 공유가 가능해지고 다른 자료들과 통합되어 사용될 수 있다.

● 환경 평가 지표의 개발

독성오염물질, 부영향화, 병원성 물질에 의한 보건문제, 생물 서식처 감소, 외래종의 유입, 어족자원의 감소 등 다양한 환경 문제를 해결하기 위해 해역별로 관리계획이 수립되고 장기적인 모니터링이 수행되고 있다. 이러한 관리계획의 이행 성과를 평가하려면 환경관리의 효과를 측정하고 보여줄 수 있도록 자료와 정보를 단순하고 이해 가능한 형태로 요약할 수 있는 지표가 필요하다. 상당한 수준의 전문가가 아니면 관측 · 조사된 자료의 수치를 이해하기 어렵고 여러 가지 항목을 통합적으로 분석할 수 없다. 실제 현장에서 조사되는 물리, 화학, 생물, 지질 항목은 수백 가지에 이르며, 이를 이용한 많은 2차 정보가 축적되고 있다.

환경 평가지표는 특정한 해역의 특성과 여건에 따라 결정된다. 물리, 화학, 생물, 사회, 경제적인 지표가 많이 있지만, 그 합당성, 가용성, 이해 가능성 등을 해역의 특성에 따라 검토하고 결정해야 한다. 지표가 잘 설정된다면 변화과정이나 추세, 영향 등에 대해 매우 가치 있는 통찰력을 제공할 수 있다.

환경 평가 지표는 특정 현상이나 공간의 시계열적 변화에 대해 단순하면서도 요약된 정보를 제공한다. 지표를 통해 복잡하게 얽혀 있는 시스템을 계량화하여 쉽게 이해할

미국 체사피크만의 하구 지표 체계

	구분	지표
체사피크만의 건강도	• 수질	용존산소, 투명도, 엽록소a, 유해화학물질
	• 서식처 및 먹이사슬	SAV(Submerged Aquatic Vegetation), 조간대, 식물플랑크톤, 저서생물
	• 동물	게, 굴, 농어, 청어
하천의 건강도	• 하천수질	영양염류, 유해화학물질, 하천에 미치는 영향, 하천 훼손구간
	• 서식처	녹지 완충지대, 육상습지, 산림
	• 수서동물	IBIs(Index of Biological Integrity)
체사피크만과 유역의 건강도에 영향을 미치는 요인	• 자연적 요인	기상, 하천유량
	• 토지이용	불투수도, 토지이용, 인구
	• 오염물질	질소, 인, 퇴적물중 오염물질
	• 어획강도	게, 굴, 농어, 청어
복원 및 보전 노력	• 오염부하 및 토지이용 관리	농촌 및 도시지역의 최적관리기법(BMPs), 하폐수처리장, 대기오염 저감 최적관리기법(BMPs)
	• 서식처 관리	SAV, 녹지완충지역, 복원된 습지 면적, 어도, 굴 서식처 조성
	• 수산업 관리	게, 굴, 농어, 청어
	• 시민의식	자료공유, 소통, 교육, 시민활동

미국 바라타리아 - 테레본 국가 하구 프로그램의 환경평가 지표의 시간적 변화

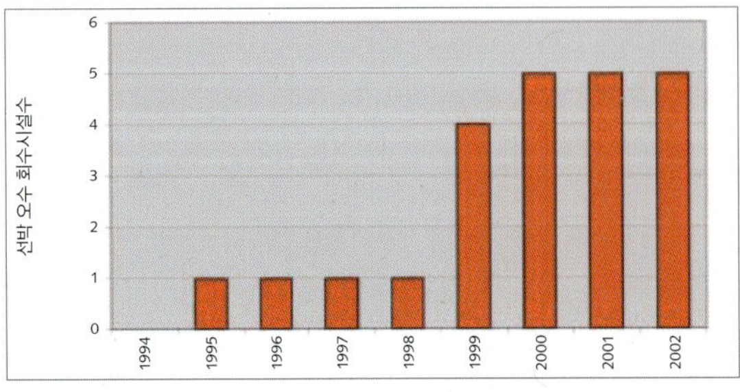

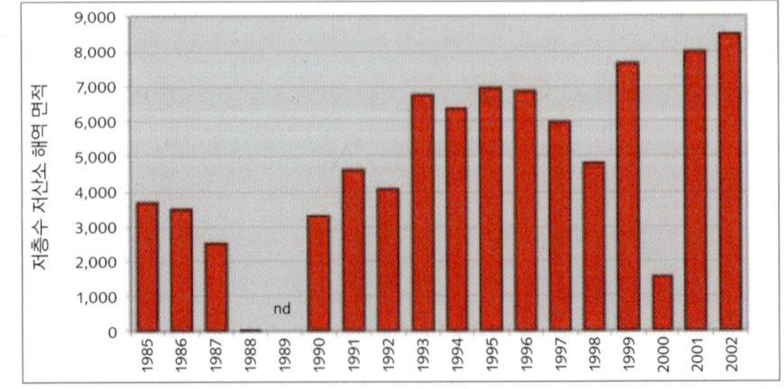

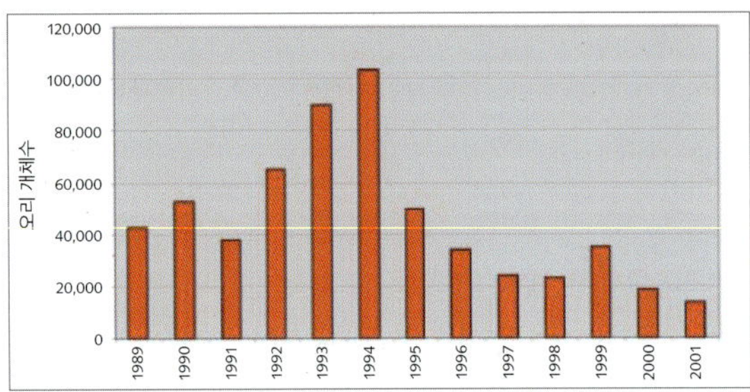

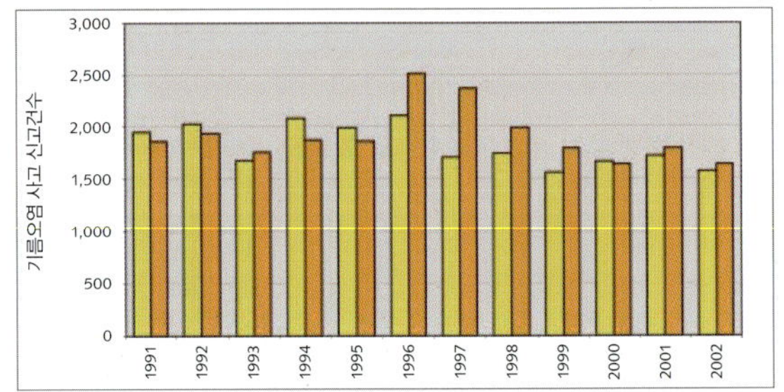

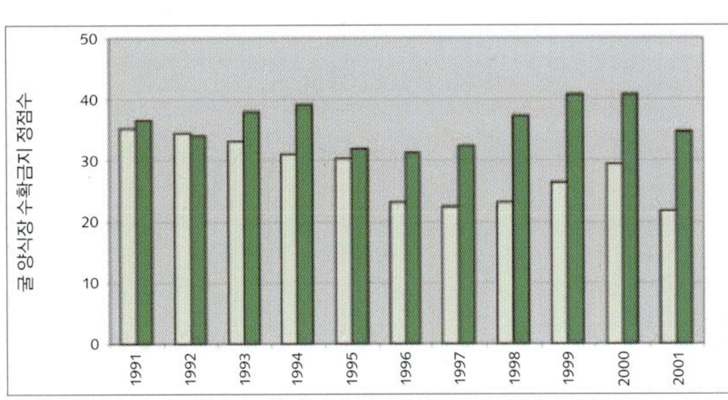

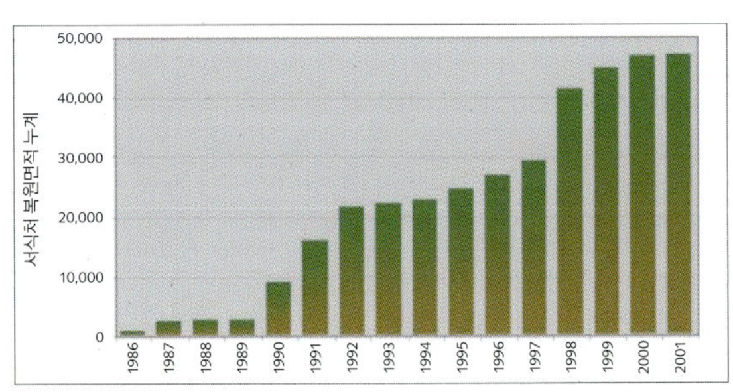

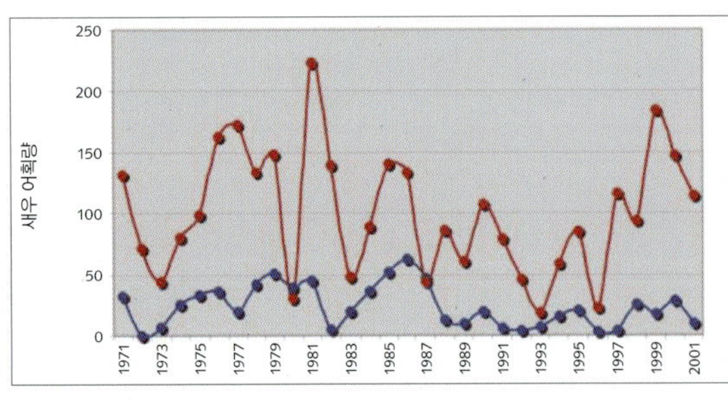

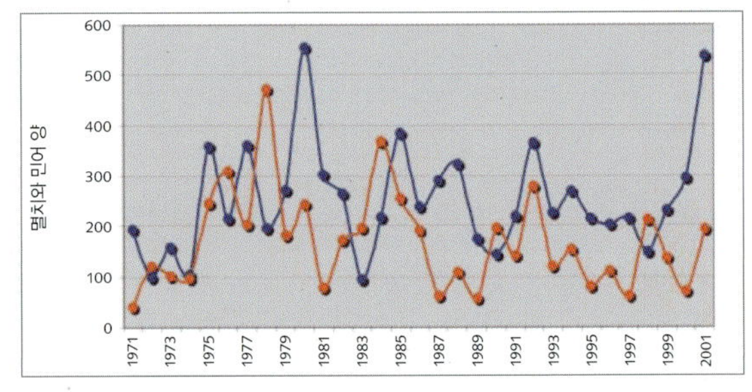

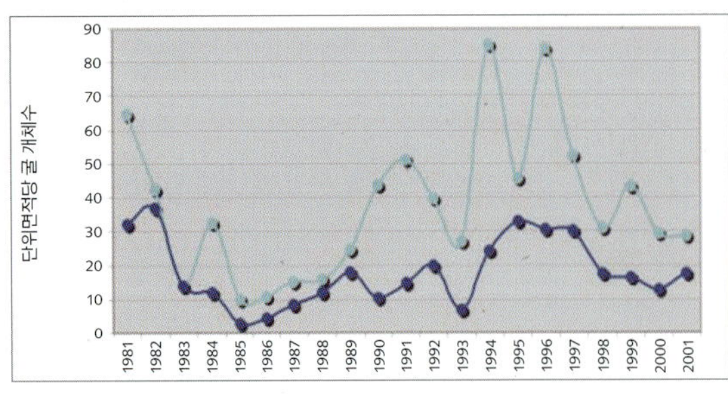

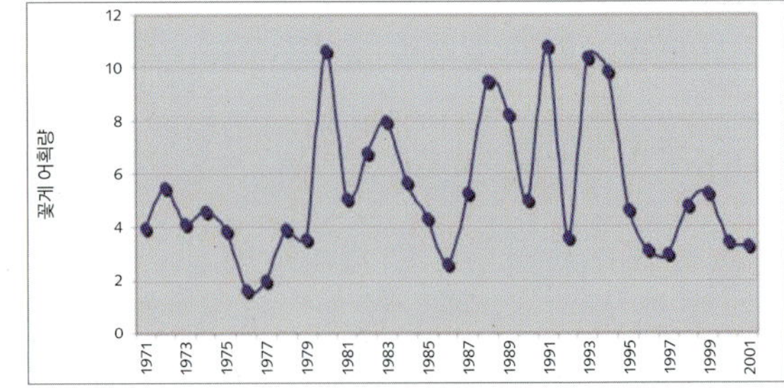

수 있다. 지표는 잘 선택되면 정량적일 수도 있고 정성적일 수도 있으며, 시간에 따른 변화와 공간적 변화도 파악할 수 있다. OECD는 1993년 압력-상태-대응(pressure-state-response, PSR) 구조에 근거한 지표를 제시한 바 있으며, 이후 유역, 연안, 해양의 지속가능성에 관한 많은 지표가 개발되었다. 미국에서는 농림부, 환경청, 해양대기청 등 9개 연방기관이 수질보전을 위한 111개의 실천계획을 수립하였으며, 전국 연안의 수질에 대한 종합적인 평가보고서를 정기적으로 발간하고 있다. 연안 환경평가에 사용된 지표는 투명도, 용존산소, 연안습지 감소, 부영양상태, 퇴적물 오염, 저서생태계, 어류 조직 내 오염물질 농도 등 7가지이다. 각 지수는 양호(5점), 보통(3점), 불량(1점)으로 평가한 후 평균점수를 산정하는 방식을 사용한다. 해역별로 최소 20개 정점 이상, 일반적으로 35~50개의 정점에서 측정한 자료를 사용한다.

2005년 미국의 국가 하구 프로그램 중 22개의 하구를 분석한 결과 총 327개의 지표가 사용되고 있었으며, 각 하구에서 최소 3개 내지 최대 62개의 지표가 사용되고 있었다. 국가 하구 프로그램의 평균 지표수는 15개였다. 각 하구는 지역의 특성과 관리여건에 따라 서로 다른 지표를 사용하고 있었지만, 보전 또는 복원된 서식처의 면적, 저산소 수역의 면적, 미생물 수질지표, 패류 양식장 해변 폐쇄, 수중 식물, 어패류 어획량, 퇴적물 독성, 생물체 내 축적된 독성물질농도 등의 항목을 가장 많이 사용하고 있었다.

● 통합 모니터링을 위한 기관 간 협력 필요

우리나라에서도 선진국의 사례를 바탕으로 최근 해양환경기준을 개정하고 지표를 이용한 해역 평가체계를 도입한 바 있다. 하지만 여전히 개별 기관에서 각자의 목적에 따라 수행하는 환경조사 프로그램은 기관 간 측정 항목이 중복되거나 기관별 조사 지점, 항목, 빈도 등이 서로 상이하여 자료의 활용도가 저하되는 등의 문제가 남아 있다. 개별 관리 목적에 따라 분산 수행되고 있는 현재의 모니터링 시스템으로는 환경 개선 효과의 평가, 연안 개발에 따른 오염부하의 예측, 환경용량 평가, 생태계 모델링, 생태계 위해도 평가 등에 필요한 핵심 정보를 제공할 수 없다. 우리나라에서도 유역을 포함한 연안과 해양의 관리라는 통합적인 목적을 고려하여 모니터링 시스템을 개편해 나갈 필요가 있다.

연안 생태계가 인류에게 주는 이득은 전 지구적으로 30조 달러에 달하는 것으로 추정되고 있다. 해양 관측 · 조사 및 예측 시스템은 해양 생태계를 건강하게 보호하고 복원하며 자원을 지속 가능하게 이용하기 위한 핵심적인 정보를 제공하게 될 것이다. 이러한 정보는 기후 변화가 생태계와 인간에게 미치는 영향을 예측하고, 연안 재해를 예보하고 영향을 경감할 수 있게 해줌으로써 해양에서 얻을 수 있는 이득을 극대화해 줄 것이다.

해양환경과 위해성 평가

위해성 평가는 인체 위해성 평가와 생태 위해성 평가로 구분되는데 환경영향평가, 환경정책 결정, 생태계 피해 예측 등에 널리 활용되고 있다.

이정석 네오엔비즈 환경안전연구소

해마다 수없이 많은 종류의 화학물질이 새롭게 만들어지고 환경으로 배출되어 궁극적으로 해양에 유입되고 있다. 하지만 모든 화학물질이 생태계나 인간에게 해를 끼치는 것은 아니다. 화학물질 중에서 상대적으로 독성이 강하거나, 환경 잔류성이 크면서 생물축적이 쉽게 일어나는 화학물질들이 주로 문제가 되는 유해물질로 분류된다. 대중에게 잘 알려진 유해물질로는 수은, 납, 카드뮴과 같은 중금속류나 다환방향성탄화수소(PAHs), 폴리클로리네이티드비페닐(PCBs), 다이옥신류, 페놀류 등의 유기화학물질류가 있다.

이러한 유해물질들은 일단 생물에 노출되면 체내 조직에 축적되고, 해수에 비해 많게는 수만 배 이상 농축되면서 생명활동에 심각한 피해를 입힐 수 있다. 메틸수은이나 PCBs와 같은 물질의 경우, 먹이생물의 체내에 농축된 다음, 상위 영양단계의 생물들에게 전달되면서 그 농도가 급격히 증가하는 생물확대 현상도 일어난다. 최근 북극과 같이 청정한 해역에 서식하는 고래나 물개, 북극곰의 체내에 믿을 수 없을 만큼 높은 농도의 수은이나 PCBs가 축적되어 있다는 사실이 알려지면서 이들 유해물질의 영향이 전 지구적으로 심각하게 진행되고 있다는 경각심이 더욱 커지고 있다. 물론 모든 유해물질이 심각하게 축적되어야만 문제가 발생하는 것은 아니다. 유기주석화합물(TBT)과 같은 내분비계교란물질(endocrine disrupting chemicals)은 수조 분의 1 수준의 낮은 수준으로 노출되어도 성장이나 생식에 심각한 영향을 미칠 수 있다.

하지만 우리는 아직 수없이 많은 유해물질들이 해양환경으로 배출되면서 나타난 문제에 대해서 충분히 알지 못한다. 알려진 몇몇 사례는 수십 년에 걸쳐 수많은 연구자들의 노력에 의해 규명된 극히 예외적인 경우에 지나지 않는다. 이처럼 인간의 활동에 기인한 유해물질의 환경과 생태계에 대한 영향은 많은 부분이 아직도 불확실하지만,

해양 다큐멘터리 영화 '오션스'

그럼에도 인간의 해양 이용과 개발, 유해화학물질의 환경 배출 역시 멈출 수 없는 것이 현실이다.

먹이사슬을 통한 유해물질의 생물농축

청정지역인 북극에 서식하는 포유류의 체내에는 높은 농도의 수은이나 유기염소계 화합물이 농축되어 있다는 것이 밝혀졌다.

● 위해성 평가란?

위해성 평가(risk assessment)는 환경평가 분야뿐만 아니라 경제, 사회, 산업 등 다양한 분야에서 이용되는 단계적인 평가방법으로, 불확실성(uncertainty)이 존재하는 상황에서 결정이나 판단을 내려야 할 경우에 주로 사용된다. 인간과 환경의 관계 속에서 발생하는 수많은 문제는 상당한 수준의 불확실성을 갖는 특성이 있으므로, 위해성 평가는 최근 개발에 대한 환경영향평가, 환경정책의 결정, 유해물질이나 유해인자에 의한 생태계 피해 예측과 방지 등을 위해 널리 활용되고 있다.

위해성(risk)은 보통의 경우 유해성(hazard)과 동일한 것으로 생각하기 쉽다. 하지만, 유해성은 어떤 물질이 갖는 고유한 속성으로서 일정한 노출 조건에서 생물체에 입힐 수 있는 유해한 영향의 정도를 말한다. 예를 들어 소금의 주성분인 염화나트륨과 유기수은의 하나인 디메틸수은(dimethyl mercury)을 비교해보자. 만 4일 동안에 실험용

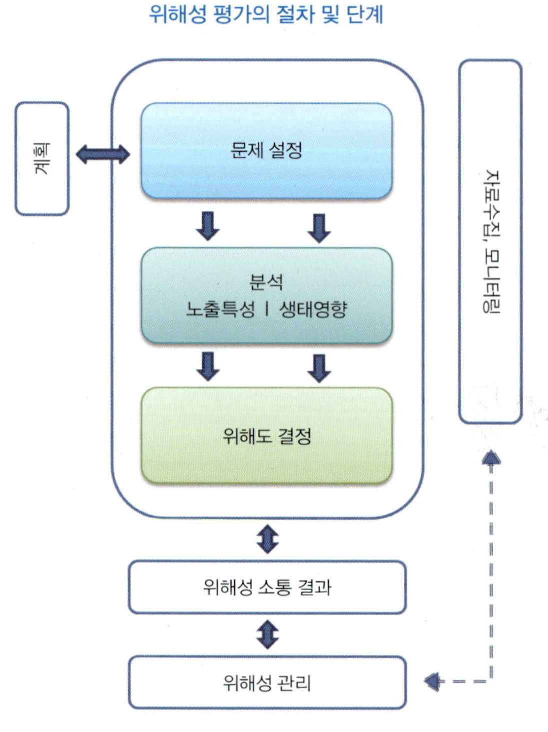

위해성 평가의 절차 및 단계

쥐의 절반을 죽일 수 있는 섭취량(96h-LD50)이 염화나트륨은 3,000mg/kg이지만 디메틸수은은 약 0.05mg/kg로 소금보다 약 60,000배나 더 적어 매우 유해성이 큰 것을 알 수 있다. 하지만 실생활에서 디메틸수은의 위해성이 항상 소금보다 크다고는 이야기할 수 없는데, 그것은 소금에 노출될 확률이 디메틸수은에 노출될 확률보다 매우 크기 때문이다. 실제로 우리는 소금의 과다섭취로 인한 건강 피해 사례를 훨씬 자주 볼 수 있다. 소금과 디메틸수은의 위해성은 각 물질의 유해성과 함께 일정 시간 동안의 노출량에 의해 결정된다고 생각하면 이해하기 쉽다.

위해성은 유해성과 노출량의 함수로서 특정 유해물질(인자)에 노출된 수용체가 입을 수 있는 피해의 정도와 확률로 정의할 수 있다. 통상 위해성 평가는 유해물질의 농도에 대한 생물반응에 대한 정량적 분석(영향평가)과 수용체의 노출량에 대한 분석(노출평가)을 통해 불확실한 미래에 발생할 잠재적 피해 영향의 확률을 결정(위해도 결정)하는 단계적인 절차라고 할 수 있다. 생태위해성 평가에서 영향평가는 주로 생태독성평가 결과를 활용하고, 노출평가는 해수, 퇴적물, 생물 등에 축적된 유해물질의 농도분석 결과를 활용하는 것이 일반적이다. 이러한 평가 기법은 1970년대 이후 미국 환경보호국을 중심으로 발전하기 시작하여 지금은 거의 모든 기관의 다양한 환경평가 분야에서 활용되고 있다.

● 해양환경과 위해성 평가

환경분야에서 수행되는 위해성 평가는 크게 유해물질(혹은 유해인자)의 인간에 대한 피해를 평가하기 위한 인체 위해성 평가(human health risk assessment)와 인간 이외의 생물과 생태계에 대한 피해를 평가하기 위한 생태 위해성 평가(ecological risk assessment)로 구분된다.

해양환경에서의 인체 위해성 평가는 수영, 작업을 통한 해수의 피부 접촉이나 오염된 수산물 섭취 등의 과정에서 유해물질 노출이 일어나는 경우에 수행된다. 우리나라 국민은 보통 수산물 섭취를 통한 유해물질 노출이 다른 경로에 비해 매우 크다고 볼 수 있다. 이때 섭취하는 수산물의 특성과 서식환경에 따라서 노출될 수 있는 유해물질의 종류나 농도는 크게 달라질 수 있다. 따라서 오염 수산물 섭취에 따른 위해성은 평가 대상 집단이 섭취하는 수산물들의 유해물질 축적농도와 종류별 섭취량을 파악하여 평가하게 된다. 더불어 위해성 평가에서는 평가 대상 집단의 민감성도 매우 중요한데 통상 어린이나 가임여성은 유해물질에 매우 취약한 특성이 있어 이들에 대해서는 건강한 성인 남자에 대한 평가보다 엄격한 평가 기준을 적용하는 것이 보통이다. 미국에서는 이러한 위해성 평가 결과를 활용하여 국민의 안전한 수산물 섭취를 위한 수산물 소비 권고안(fish consumption advisory)을 만들어 보건정책에 이용하고 있다. 또한, 안전한 수산물 섭취를 위한 생물 기준 설정에도 위해성 평가 기법을 활용하고 있다.

생태 위해성 평가는 준설, 폐기물 투기, 오폐수 방류, 온배수, 유류오염, 방오도료, 선박평형수 배출, 이산화탄소 해양 지중 저장, 양식장 오염 등 해양을 매개로 일어나는 수많은 인간활동에 의한 생태계 피해를 평가하기 위해 수행되고 있다. 생태 위해성 평가는 기본적으로 해양환경 내 유해인자의 시공간적인 농도 혹은 수준을 예측하고, 이에 서식하는 생물들의 민감도를 파악하여 유해인자에 노출된 생물들의 피해 영향을 사전 예측하거나 사후에 평가하는 과정을 포함한다. 이때 위해성 평가의 대상이 되는 환경 유해인자는 생태계의 생물에 노출되어 악영향을 미칠 수 있는 모든 요인을 포함하며 주로 인간의 활동에 의해 직접 혹은 간접적으로 그 수준이 잠재적으로 영향을 받게 된다. 해양에서 환경 유해인자는

KIOST

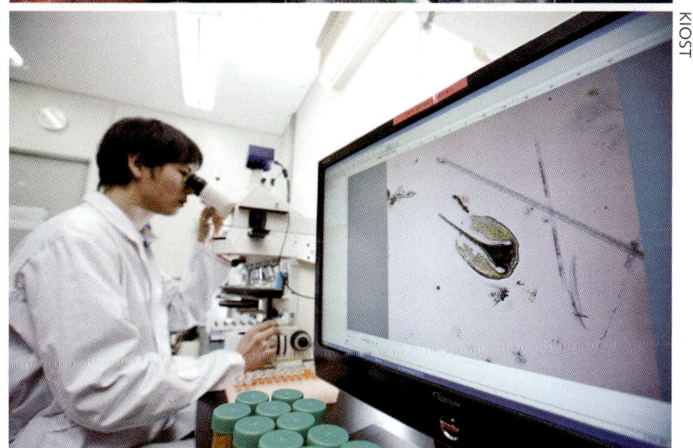
KIOST

생태 위해성 평가를 위한 현장조사와 실험실 분석

대부분 금속이나 유류, 농약 등 유해화학물질이지만 온배수의 열에너지나 생활하수에 포함된 병원균, 또는 발파작업의 소음진동 등이 유해인자인 경우도 있다. 생태 위해성 평가의 사례에 대해서는 이후 좀 더 자세하게 살펴보도록 한다.

● 생태독성시험과 영향평가

해양환경의 생태독성평가에 활용되는 다양한 생물들과 실험 장면
① 발광미생물
② 윤충류
③ 단각류
④ 어류
⑤ 이매패류
⑥ 미세조류배양
⑦ 미세조류
⑧ 미세조류형광측정
⑨ 윤충류 현미경관찰
⑩ 성게실험

해양생태계의 주요 생물군에 대한 유해물질의 독성 영향을 정량적으로 규명한 자료는 생태 위해성 평가에서 매우 중요하다. 일반적으로 유해물질의 노출량이 증가함에 따라 대상 생물의 피해 영향이 증가하는 관계를 용량-반응 관계라 하는데 이를 통해 위해성 산정에 있어서 매우 중요한 정보를 얻을 수 있다. 해양환경에서는 노출량 대신 해수에 함유된 유해물질의 농도를 적용하여 농도-반응(영향) 관계를 도출하는 것이 일반적인데 이를 통해 반수치사 농도(LC50), 반수영향 농도(EC50), 무영향최대 농도(NOEC) 등 중요한 독성정보를 파악할 수 있고, 과학적인 실험을 통해 도출된 정확한 독성 정보는 생태 위해성 평가 수행에서 매우 중요하게 활용된다.

생태독성시험에 활용할 수 있는 생물로 가장 일반적인 종류로는 어류를 들 수 있다.

이정석

어류는 해양생물 중에서 비교적 복잡한 구조를 갖는 척추동물로서 생태학적으로뿐 아니라 경제적으로도 매우 중요한 생물군이다. 특히 생태독성시험에는 유생이나 부화 후 일주일 이내의 치어를 많이 이용하는데, 이는 이 시기가 생활사에서 가장 민감한 단계이기 때문이기도 하지만 크기가 작고, 변이성이 적어 실험실에서 운용하기 용이한 점도 있기 때문이다.

어류 이외에도 다양한 무척추동물, 미생물과 식물들이 생태독성시험에 활용되고 있다. 대표적인 무척추동물로는 단각류, 요각류와 같은 갑각류 종류와 성게류, 갯지렁이류, 조개나 굴과 같은 이매패류 등이 시험생물로 개발되어 이용되고 있고, 식물 중에서는 식물플랑크톤과 같은 미세조류나 암반 등에 서식하는 해조류 등이 이용되고 있다. 특징적으로 해양미생물 중에는 자연적으로 빛을 내는 발광미생물 종류가 있어 생태독성시험에 널리 활용되고 있다. 이처럼 다양한 종류의 생물들을 독성시험에 이용하는 것은 해양환경에 매우 다양한 종류의 생물들이 함께 서식하고 있고, 각각의 독성학적 특성이나 민감도가 매우 다양하기 때문이다. 한 생물종에 대한 시험으로 생태계 전체에 대한 영향을 예측한다는 것은 매우 어렵기 때문에 통상 생태 위해성 평가를 수행하는 경우에는 최소 3개 이상의 서로 다른 생물군(예를 들면, 어류, 무척추동물, 미세조류, 미생물 등)에 관한 시험결과를 활용하도록 하고 있다.

일반 수생환경에서 생태독성시험의 대상은 주로 물 자체였지만, 해양환경은 해수뿐만 아니라 바닥의 퇴적물에 함유된 유해물질에 대한 평가 역시 매우 빈번하게 수행되고 있다. 해수에 유입된 유해물질이 입자와 반응하여 침적되어 바닥에 쌓인 것이 바로 퇴적물이다. 따라서 오염된 해양환경의 퇴적물에는 수많은 종류의 유해화학물질과 유기물질이 농축되어 있어, 생태계를 위협하는 중요한 요인이 된다. 퇴적물은 물과는 달리 함유된 유해물질의 농도와 노출된 생물의 피해영향 관계가 일정하지 않은 특징이 있다. 이는 퇴적물 입자의 특성이 매우 다양하고, 함수율이나 유기물 함량, 산화환원 정도의 지역에 따른 변이가 매우 심하기 때문이다. 따라서 퇴적물에 함유된 유해물질에 대한 위해성 평가에서는 오염 퇴적물을 직접 생물에 노출하여 독성 영향이나 축적 정도를 평가한 실험 자료를 많이 활용하게 된다.

● 위해성 평가와 정책 결정

현실적으로 모든 환경적인 정책 결정이 위해성 평가 결과를 근거로 이루어지는 것은 가능하지도 않고 바람직한 것도 아니다. 위해성 평가는 정해진 절차에 의해 가용한 자료를 최대한 정책 결정에 활용할 수 있도록 도와주고, 동시에 불확실성을 최소화하는데 필요한 자료가 무엇인지 정보를 제시하는 역할을 할 수 있다. 반복적인 위해성 평가

수중 생태계 조사
동해 왕돌초 암반에서 수중 생태계 조사를 실시하고 있다.

박찬홍

과정을 통해 불확실성은 감소하게 되고 정책 결정자는 보다 객관적인 결과에 근거하여 결정을 내릴 수 있는 조건을 마련할 수 있게 된다. 하지만 경우에 따라서는 위해성 평가 결과와 무관하게 사전 예방 원칙(precautionary principle)에 따라서 엄격하게 환경 보전적인 정책을 추진하는 경우도 쉽게 찾아볼 수 있다. 이와 같은 정책이 추진되는 경우는 여러 가지다. 예를 들면 현재의 독성학적 정보가 신뢰성이 매우 부족하다고 판단되거나, 알려진 독성은 적지만 인간이나 생물에 대한 축적이 심각하게 일어나는 경우, 충분히 안전한 물질로 쉽게 대체가 되는 경우, 그리고 결과적으로 국민적인 우려가 심각하여 심리적인 저항감이 큰 경우에는 예방적 차원에서 특정 물질이나 유해요인의 환경 노출을 제한하는 정책을 펴기도 한다. 환경관리를 위한 정책적인 결정이 늘 인과관계의 명확한 규명이나 위해성 평가 결과 등에 의해 이루어지는 것은 아니며 사회적 요구나 소통의 결과로 이루어지는 경우도 많다. 그런 경우라 하더라도 가용한 자료를 근거로 하여 불확실성을 충분히 반영한 위해성 평가는 향후 정책 결정의 과정에서 매우 유용한 방법으로 점점 활용도를 높일 것으로 예상된다.

위해성 평가 결과는 반드시 위해성의 저감, 방지를 위한 관리와 위해도 소통을 위한 목적으로 활용되어야 한다. 위해성 관리의 핵심 요소 중의 하나는 생태계 보호를 위한 기준과 규격을 도출하는 것과 주변 환경에 대한 지속적인 모니터링을 수행하여 위해성의 저감을 확인하는 것이라 할 수 있다. 또한, 교육과 홍보를 통해 환경보호에 대한 국민의 인식을 높여 위해성 관리의 효과를 지속시키는 기반을 마련하는 것도 중요하다.

● 위해성 평가와 환경기준

위해성 평가의 가장 대표적인 결과물은 환경기준의 도출이라고 할 수 있다. 위해성 평가에 근거한 환경기준의 설정을 위해서는 특정 유해물질에 대한 해양생물들의 민감도 결과가 매우 중요한 자료로 이용된다. 민감도는 급성독성과 만성독성에 대한 결과가 각각 필요한데 미세조류, 해조류, 갑각류, 연체동물, 극피동물, 어류 등 다양한 생물종을 포함해야한다. 각각의 생물 종에 관한 독성시험결과를 데이타베이스화 하여 기준을 도출하는 방법은 다양하다. 그중에는 축적된 자료로부터 예측 무영향 농도(PNEC)를 산출하는 방법과 전체 종에서 상위 5%에 해당하는 영향농도(HC5)를 산출하는 방법 등이 있다. 이들 모두 해양생물의 민감도에 근거해 불확실성을 충분히 반영하여 기준을 도출한다는 점에서 공통점이 있다.

현행 해양환경 수질기준은 과거 유기물과 영양염 오염이 심각하던 시기에 만들어져 COD, N, P 등이 수질의 가장 중요한 항목으로 자리 잡았다. 최근 오폐수 처리시설의 확대와 하수관거 개선으로 해양으로 유입되는 유기물이나 영양염의 양은 크게 감소하여 해역 대부분이 1등급의 수질을 보이고 있다. 하지만 산업시설의 확대와 연안 지역의 개발, 물동량의 증가 등으로 인해 중금속, PAHs 등 유해물질의 해양 유입은 줄지 않고 있는데 이를 반영한 수질기준의 마련이 시급하다. 이에 따라 정부에서는 2008년부터 장기간에 걸쳐 해양환경기준 선진화 사업을 추진하고 있다. 새로운 해양 환경 기준의 가장 중요한 특징은 해수와 퇴적물에 대하여 위해성에 근거한 유해물질 환경기준을 설정하는 데 있다. 또한, 일반 수질기준 역시 생태계 영향에 기반을 두고 해역의 특성을 고려한 설정은 기존의 수치 중심의 기준과 차이가 있다. 현재 해양환경 기준의 작성을 위하여 산학연의 많은 연구진과 관계부처가 노력하고 있어, 빠른 시일 내에 새로운 해양환경기준의 등장이 기대된다.

위해성 평가는 해양환경과 생태계 그리고 인간의 건강성을 지키기 위한 수단이다. 위해성 평가를 통해 지난 시간의 축적된 오염 피해를 규명하기도 하고, 앞으로 있을 여러 활동의 잠재적인 피해 영향을 예측할 수도 있다. 이러한 평가는 환경 정화나 복원, 그리고 피해의 최소화를 위한 관리나 기준 마련에 두루 이용되며, 위해성 평가의 궁극적인 목적 역시 위해성을 사전에 방지하거나 사후에라도 피해가 더욱 확산되지 않도록 막는 데 있다고 할 수 있다. 특히 복잡한 변수가 많은 환경문제에서 어떠한 정책적 결정이 상당한 불확실성을 내포하고 있을 때, 위해성 평가의 진가가 발휘될 수 있다. 반대로 인과관계가 명확하고 불확실성이 적은 문제에 대해서는 위해성 평가를 적용할 필요가 크지 않다. 최근 위해성 평가는 환경의 여러 문제를 해결하기 위한 과정에서 필수적인 요소로 자리 잡아가고 있다.

연안통합관리

연안통합관리란 바다와 땅을 하나로 가꾸는 것이다.
생태계 기반의 관리방식을 이용하여 연안과 하천유역을
통합적으로 관리한다.

남정호 한국해양수산개발원

연안(沿岸)은 바다와 육지가 만나 형성되는 공간이다. 연안에서는 육상 활동과 해양 활동이 복합적으로 이루어지며, 바다의 영향과 육상의 영향이 어우러져 독특한 자연환경을 구성한다. 과거에는 국경을 넘어 다른 나라와 교역을 하거나 사회 문화적 교류를 하려면 바닷가인 연안으로 이동해야 했다. 현대사회에서 연안은 전통 산업인 항만, 물류, 관광뿐만 아니라 산업단지, 발전소, 주거, 요양, 수산물 공급, 과학연구와 같은 새로운 수요가 급격하게 확대되었다. 더불어 생태계의 기능과 가치가 인류의 복리에 밀접한 관련이 있다는 사실이 확인되면서 연안생태계를 보전해야 할 필요성도 매우 커졌다.

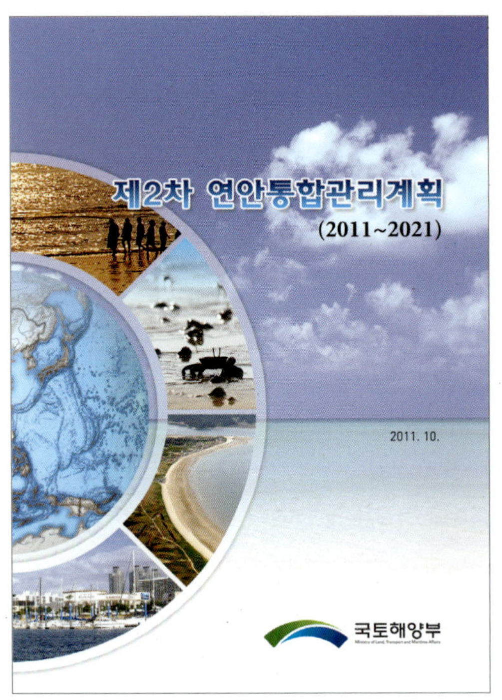

● 연안의 생태적, 사회 · 경제적 중요성

연안지역의 자연환경은 인간의 사회 · 경제활동을 유지하는 데 필요한 서비스 공급 측면에서 매우 중요한 공간이다. 과학잡지 네이처(Nature)의 연구논문에 따르면 연안지역은 지구 표면적의 6.3%에 불과하지만 전 지구 생태계 서비스의 43%를 제공한다. 2005년 유엔(UN)은 전 세계 전문가 2천여 명이 3년 이상 생태계의 중요성과 기능을 연구하고 수행한 결과를 발표하였다. 새천년생태계평가(Millenium Ecosystem Assessment, MEA)라고 불리는 이 작업을 통해 요약된 지구 생태계의

부산항만공사

천마산에서 바라본 부산항 전경

네 가지 기능은 인류 복지와 관련한 자원 공급, 기후 조절, 환경 유지, 문화 요소 제공이다.

한편, 연안은 지난 50여 년 동안 이용과 개발의 대상이 되어 사회 · 경제활동이 집중된 공간이다. 산업시설, 에너지 시설 등 국가 기간 산업이 연안에 집중되어 있고, 세계 무역의 75%가 해상 교역을 통해 이루어지고 있다. 또한, 세계 어업생산량의 90%, 전 세계 13,200종의 어류 중 80%가 연안에 서식하고 있어 수산자원이 풍부하고 생산성이 높다. 이에 따라 전 세계 인구의 60%가 해안선에서 100km 이내의 육지에 거주하고 있고, 연안은 인구 천만 명 이상의 대도시 2/3가 분포하는 고밀도 지역이 되었다. 유엔(UN)의 통계자료에 따르면 연안의 평균 인구밀도는 80명/km^2로 지구 평균의 2배에 달하고 있으며, 연안으로 인구 유입은 계속 가속화될 것으로 예상된다. 우리나라의 연안 인구는 전체 인구의 27%를 차지하고 있고, 국가 산업단지의 면적을 기준으로 78.6%가 연안에 입지하고 있다. 또한, 국가 경제와 밀접한 관련이 있는 수출입 화물의 99%가 바다를 통해 운송되고 있다.

● 연안통합관리의 중요성 및 개념

연안의 생태적, 경제적 중요성과 가치에 대한 국제사회의 인식이 높아졌음에도 항만 개발과 선박 운항에 따른 연안오염, 산호초 등 주요 연안 생태계의 훼손, 해일과

순천시

우리바다

박흥식

침식에 의한 연안재해 발생, 수산자원의 지속적인 감소, 해양과 연안생태계를 구성하는 생물종의 급격한 감소, 개발 위주의 정책으로 인한 연안지역 주민의 삶의 질 저하와 지역문화 유실 등 여러 가지 문제들을 안고 있다.

이에 따라 해양생태계 및 생물다양성의 보호, 자연재해 피해 저감, 연안오염관리, 지역 주민의 삶의 질 향상, 자원개발, 지역발전은 각국 연안통합관리의 목표가 되었다. 그러나 다양한 영역에서 발생하는 보전, 이용, 개발 수요 간 갈등과 이해 상충은 연안통합관리를 구현하는 데 해결해야 할 중요한 과제이다. 연안통합관리는 1960년대 후반 미국 샌프란시스코 만 등 하구 관리에서 시작되었으나, 공간, 관리 주체, 제도, 과학과 정책, 미래 세대의 자원 이용 보장 등 다양한 분야를 통합하는 연안통합관리의 필요성이 국제사회로 확산된 것은 1980년대 이후이다. 연안통합관리는 1992년 유엔 환경개발회의에서 채택한 의제 21(Agenda 21)에 해양의 지속가능한 발전을 위한 핵심 정책으로 채택되었다.

현재 연안통합관리에 대한 개념은 연안관리를 담당하는 기관의 기능, 전문가의 학문적 배경, 연안관리 경험 수준에 따라 다르게 정의된다. 연안통합관리는 일반적으로 연안환경과 자원의 지속가능한 발전을 실현하기 위해 통합된 정책과 계획을 수립하고, 이를 실행하는 지속적이고 역동적인 과정(process)으로 정의된다. 연안통합관리는 공간(육지-해양), 시간(현세대-미래세대), 정책-과학, 법제도-법제도, 행정(중앙-지방), 국가-국가 등의 통합을 추구한다.

● 우리나라의 연안통합관리 발전 과정

우리나라는 1980년대 중반, 해양을 연구하는 정부기관을 중심으로 연안관리에 관한 외국 사례가 소개되었고, 1992년 리우회의를 거치면서 연안통합관리에 대한 정책개발의 필요성이 제기되었다. 1992년 제3차 국토종합개발계획에서 처음으로 '연안역관리법'을 제정하겠다는 내용을 명시하였다. 이후 1995년부터 1996년까지 진해만을 시범 연안으로 연안관리 제도 도입의 타당성을 검토하는 연구가 수행되었고, 1996년부터 연안통합관리 제도 도입을 위한 실태조사가 이루어졌다. 또한, 이 시기에 종합해양행정을 담당하는 해양수산부가 설치되어 연안관리법 및 습지보전법 제정(1999년), 해양오염방지법 개정(1999), 연안통합관리계획 수립(2000) 등이 이루어졌다. 이후 연안관리지역계획 수립, 연안정비사업 시행뿐만 아니라 연안통합관리와 밀접한 관련이 있는 법률의 제정과 개정이 진행되었다.

한편 2000년대 중반부터 연안통합관리를 위한 법률인 연안관리법의 집행 수단을 강화하려는 움직임이 있었고, 다양한 연구와 검토, 협의를 거쳐 2009년에 법률이 개정

우리나라 연안통합 관리의 발전단계

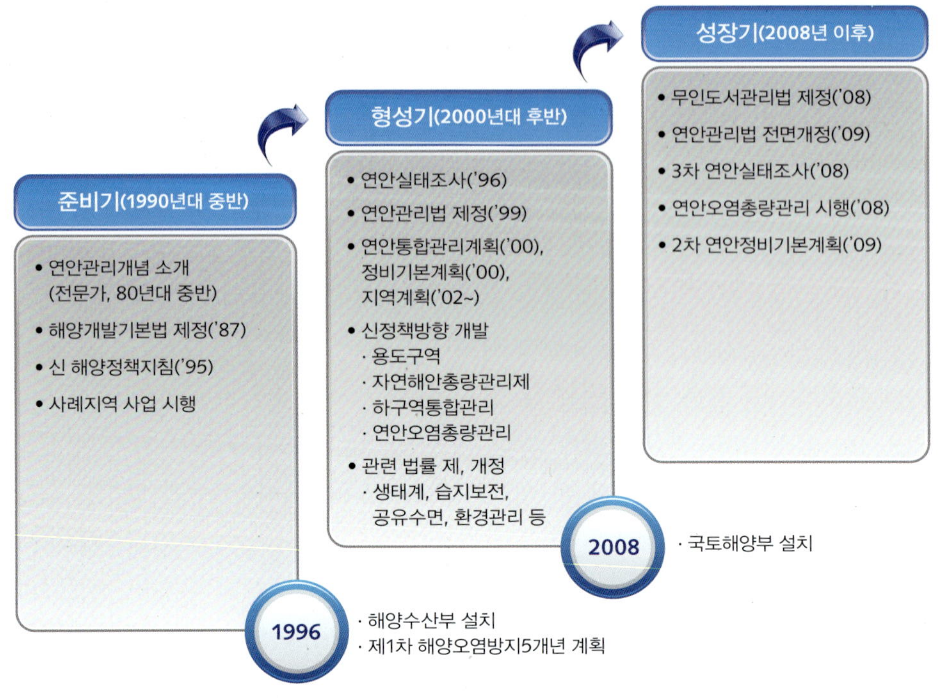

되었다. 연안관리법 개정으로 연안해역을 4개의 용도와 19개의 기능구로 구분하는 연안해역용도제, 자연해안을 보호하기 위해 해안의 이용·개발을 계획적으로 통제하는 자연해안관리목표제가 도입되었다. 현재 새로운 연안관리제도에 기초하여 2011년 제2차 연안통합관리계획이 수립되어 시행되고 있다.

● 제3세대 성장기의 연안통합관리 방향

연안통합관리가 본격적으로 도입되어 시행된 지난 10여 년 동안 우리나라 연안관리에는 많은 변화와 발전이 있었다. 제2차 연안통합관리계획은 지난 기간의 성과와 변화된 상황을 반영하여 수립되었다. 이 중 가장 큰 변화는 연안관리의 핵심 과제가 확대되었다는 점이다. 제1차 연안통합관리계획을 수립할 때의 핵심 과제는 육상중심의 무분별한 개발을 완화하고, 해양생태계와 환경을 보전하여 '개발과 보전의 균형', '해양의 관점에서 연안관리'를 실현하는 것이었다. 그러나 2000년대 이후 전 세계적으로 기후변화의 영향이 커지고 있고, 자연재해가 빈발하면서 연안지역을 안전하게 보호하는 것이 핵심과제로 등장하였다. 그리고 새로 도입한 자연해안의 인공화를 최소화하는 자연해안관리목표제, 연안에서의 갈등을 현명하게 해결하기 위해 용도별로 공간을 구분하는 용도제를 성공적으로 실현하는 것도 중요한 정책이 되었다.

우리나라의
연안통합관리 방향

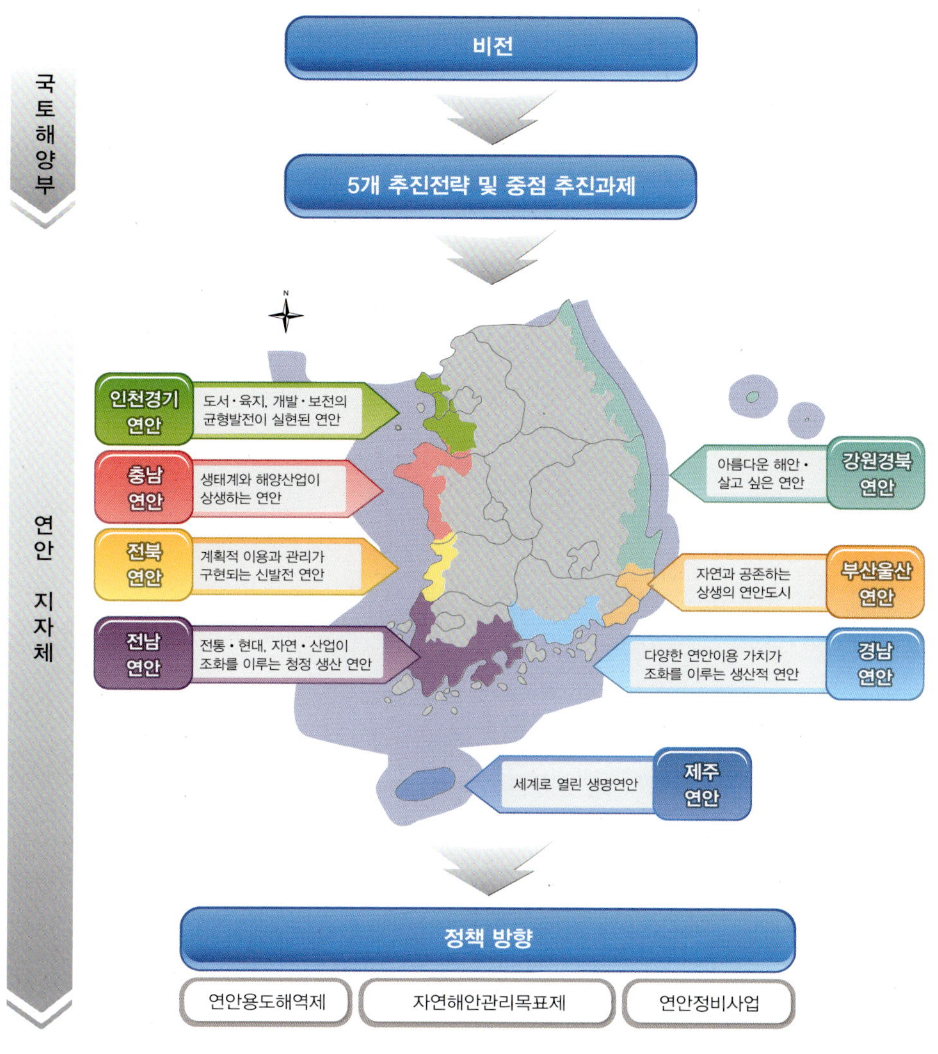

반면, 제1차 연안통합관리계획 당시의 문제도 여전히 남아 있어서 연안관리를 통해 해결해야 할 문제점은 더욱 복잡하고 다양해졌다. 이에 따라 계획을 수립할 때 '생태계 가치의 보호, 기후변화 대응, 공유재로서 연안관리, 정책의 투명성, 정책 실행의 효과성'을 우선 고려하였다.

향후 10년 동안 우리나라 연안을 보호하고 현명하게 이용하기 위한 정책 방향으로 '신연안관리제도 적용, 생태계 건강성 및 경관 증진, 기후변화 및 재해대응 강화, 연안 거버넌스 구축, 연안관리 실행력 강화' 등의 전략이 수립되었다. 전국의 지방자치단체들은 자연해안관리목표, 연안해역용도제를 포함한 연안관리지역계획을 수립하여 시행할 것이다.

해양환경교육과 시민참여

환경 보전은 머리나 가슴으로 하는 것이 아니라 손과 발로 하는 것이다.
큰 목소리의 구호보다는 조그마한 실천이 더욱 필요하다.

강성현 한국해양과학기술원

태안 기름 오염사고, 남해안 적조와 양식 어류의 폐사, 해파리의 대량 출현 등 해양 오염과 환경변화를 보여주는 언론 보도는 많은 사람의 마음속에 바다를 가꾸고 보전해야 한다는 생각을 심어 주었다. 또한, 일반인들의 갯벌 생태계에 대한 관심이 높아지고 간척 매립으로 인한 부정적 결과를 인식하게 되면서 갯벌은 그냥 놓아두는 편이 농지로 전환하는 것보다 훨씬 생산성이 높다는 것이 상식이 되었다.

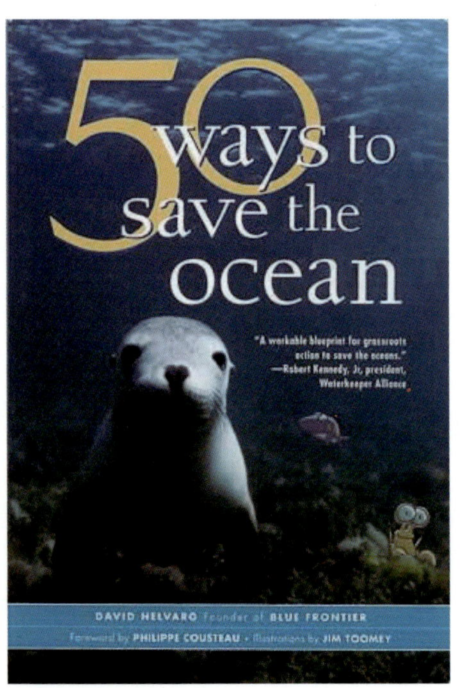

바다를 살리는 50가지 방법

환경교육, 그 절반의 성공

1990년대 이후 우리나라에서도 환경 보전 의식이 급성장하면서 일반 국민의 환경문제에 대한 관심의 수준은 매우 높아졌다. 환경을 전공하지 않은 사람도 전문가 못지않은 지식을 갖게 되었으며, 환경 관련 시민 단체는 그 수를 헤아리기 어려울 정도로 늘어났다.

하지만 조금 더 자세히 들여다보면 그 실상은 그리 만족스럽지 않다. 현존하는 환경단체의 숫자에 비해 그 성과는 상당히 미흡하다. 일반인들의 직접 참여로 인해 활발한 운동이 진행되고 있는 곳은 그리 많지 않거니와, 처음에는 아주 열성적으로 시작했지만 열기가 식거나 지쳐서 중도에 하차한 경우도 쉽게 찾아볼 수 있다. 시민단체의 경우, 환경운동은 환경운동가들만 하는 것이 아니라 일반인들의 참여와 실천으로 확산되어야 한다고 역설하고 있으면서도

이계숙

2010년 열린 시화호 대회

시화호 대회는 지역주민과 환경단체, 공무원 등 이해당사자들의 환경인식을 높이고 개방적이고 민주적인 논의를 활성화하는데 목적이 있다.

목표를 향해 꾸준히 활동을 해 나가는 곳은 그리 많지 않다. 환경문제의 심각성에 대해 인식하고 환경 보전에 동의하고 있음에도 정작 이러한 실천에 적극 참여하는 사람은 소수에 불과하다.

환경문제에 대해 더 많이 알고 환경의 중요성을 더 잘 인식하게 되면, 환경 보전을 위한 행동을 이끌어 낼 수 있을 것이라는 전통적인 환경교육 이론이 현실에서는 그렇게 성공을 거두지 못한 것이다. 지난 30년 이상 계속되어 온 환경교육을 통해 개개인의 인식 수준이 크게 높아졌음에도, 근본적인 행동의 변화를 이끌어 내지 못하였으며, 사회를 지배하는 행태와 의사결정 구조또한 크게 변하지 않았다. 다양한 교육과정의 개발과 정보의 제공, 환경교육 투자의 확대를 통해 지난 수십 년간 이루어진 환경교육의 성과를 폄하할 수는 없지만, 여전히 전 세계가 오염과 지구환경변화의 문제를 해결하지 못한 것은 사실이다.

범국민적인 캠페인 활동이나 각종 홍보, 이벤트, TV 프로그램을 통한 계몽 활동은 환경문제에 대한 인식 수준을 높이는 데는 기여했다. 하지만 지속적인 활동을 통해 근본적인 태도의 변화를 이끌어내고, 일상생활에서의 환경 친화적인 실천 운동으로 발전시키는 데는 근본적인 한계를 드러냈다. 학교와 많은 민간

2009년 영국에서 제작된 해양다큐멘터리인 Ocean World 3D

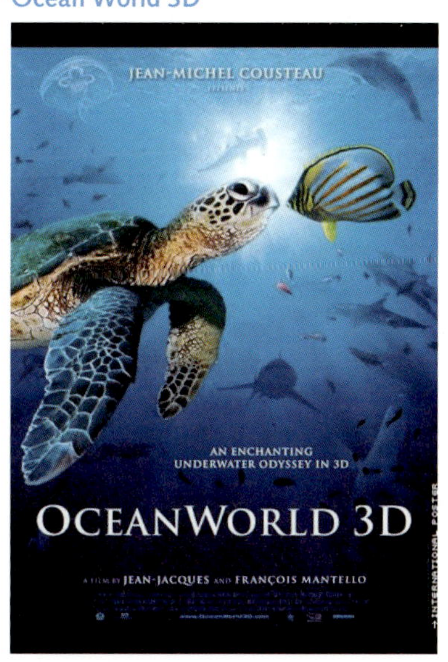

김웅서

세계 최대 규모의 오키나와 츄라우미 수족관
수족관은 시민들에게 해양환경교육을 할 수 있는 가장 좋은 장소이다.

시민단체들은 환경교육 강좌를 개설하고 시설 견학, 현장답사 등 다양한 체험활동의 기회를 마련하는 등 환경교육에 힘써 왔으나, 인력과 자원의 부족으로 장기적인 실천 활동을 병행해 나가는 데는 미흡한 점이 많았다.

● 학교 환경교육과 사회 환경교육

환경교육은 환경에 관해 알고, 느끼게 하며, 행동을 통하여 실천하게 하는 교육이다. 따라서 지식이나 개념의 습득에서 한 걸음 더 나아가 환경에 대한 인식과 태도를 변화시키고 이를 생활 속에서 실천하게 하기 위한 활동(activity) 중심의 환경교육이 중시되었다. 학교에서 체계적인 교과 과정에 의해 이루어지는 환경교육은 가치관이 정립되는 시기에 환경문제에 대한 올바른 인식과 윤리의식을 갖게 할 수 있다는 큰 장점을 가지고 있다. 하지만 학교 환경교육은 미래에 대한 장기적인 투자이기 때문에 현재 당면한 문제를 해결하거나 단기간 내의 효과를 기대하기는 어렵다.

일반인을 대상으로 하는 사회 환경교육은 다양하고 유연한 활동을 통해 현안들을 해결해 나갈 수 있으나, 지속적으로 흥미를 유지하고 실천적인 변화를 이끌어 내는

시화호 생명지킴이

데는 많은 어려움이 있다. 지속적이고 체계적인 교육을 할 수 있는 학교 환경교육에 비해 이미 가치관이 굳어져 버린 일반 시민을 대상으로 하는 사회 환경교육은 활동 중심의 교육을 하기 어렵다. 일반 시민에게는 일회적인 강좌나 견학, 캠페인 등을 통한 충격요법식 환경교육은 효과적이지 못한 경우가 많다. 특히 해양환경교육은 현장에서의 체험과 활동을 통해 더욱 효과를 높일 수 있으나, 지리적, 시간적 한계 때문에 현장 교육을 활성화하는 데는 많은 어려움이 있다. 이러한 문제점을 해결하기 위해서는 지역별로 수족관이나 박물관, 생태관광, 축제 등을 활용하여 비공식적인 해양환경교육 프로그램을 더욱 활성화할 필요가 있다.

공룡알 화석지의 생태관광

시화호 남측 간석지에 있는 공룡알 화석지에서는 시민과 학생을 대상으로 상시적인 환경교육 활동이 수행되고 있다.

● 민간 환경감시 활동을 통한 해양환경교육

사회환경교육을 보다 활성화하기 위해서는 시민의 자발적인 참여를 통해 환경문제의 해결에 동참하고, 스스로 만들어 낸 성과를 통해 계속 동기를 부여받을 수 있는 자체동력을 가질 수 있도록 발전시켜야 한다. 사회 환경교육이 갖고 있는 여러 가지 제약들을 극복하려는 노력의 일환으로 외국에서는 1980년대 중반부터 민간 환경감시

강성현

송명섭

활동(volunteer environmental monitoring)이 활발히 전개되기 시작했다. 민간 환경감시 활동이란 환경의 현 상태와 변화 추세를 파악하기 위한 민간 차원의 조사 활동을 말한다. 민간 환경감시 프로그램의 목적은 환경교육의 기회를 지속적으로 제공하고, 환경 조사 자료를 생산하며, 환경 보전 활동의 참여기반을 확대하고자 하는 데 있다. 이러한 활동이 기존의 환경교육 프로그램과 구별되는 점은 일반인들을 철저히 교육하고 훈련시켜 환경에 관한 자료를 생산하게 함으로써 환경전문가로 양성하는 것이다. 민간 환경감시 활동이 추구하는 전략은 환경전문가나 공무원, 기업인들에게 환경문제를 해결하는 책임을 떠맡기지 않고, 직접 문제 해결에 일조함으로써 보람과 성취감을 나눌 수 있게 하자는 것이다. 민간 환경감시 활동에 참여하는 사람들은 환경교육을 받아야 할 수동적 대상에서 벗어나서 환경을 지키는 능동적 주체로 변모하는 기회를 갖게 된다.

학생들이 참여하는 유역 불투수도 조사
불투수도 조사는 연안비점오염 관리를 위한 기초자료를 제공된다.

환경 감시 프로그램에 참여하는 시민들은 이러한 활동을 통해 환경문제에 대한 전문적인 지식을 넓힘과 동시에 자연스럽게 환경 친화적인 시민으로 변화할 수 있는 동기를 부여받게 된다. 또한, 시민들이 참여하는 환경감시 프로그램을 통해 산출되는 자료들은 환경관리나 환경정책 수립에 도움을 주는 귀중한 자료로써 사용될 수 있다. 국가가 실시하는 정기적인 환경 감시망이나 학자들의 연구 조사는 어차피 한계가 있기 마련이다. 전문가들의 힘이 미치지 못하는 곳에서 지속적으로 보충 자료가 수집된다면 지역 환경의 현황과 변화 추세를 보다 정밀하게 파악할 수 있게 된다. 민간 환경감시망은 일회적인 행사로 끝나지 않고 장기간에 걸쳐 수행되므로 이를 통해 지역 단위에서 후원자 집단이 늘어나고 다양한 계층의 참여 지지 기반이 마련될 수 있다.

연안 쓰레기 정화 프로그램(coastal cleanup program)은 지역에서 성공을 거둔 후 국가적인 사업으로 확대되고 국제적인 환경감시 프로그램으로 발전한 가장 대표적인 사례라고 할 수 있다. 연안 정화의 날은 1986년 가을, 민간 환경단체인 해양보전센터

홍선욱

해양쓰레기 오염을 줄이기 위한 현장조사활동

(Center for Marine Conservation)의 주관으로 텍사스 주에서 처음으로 시작되었으나, 지금은 매년 전 세계 각국이 참여하는 국제 연안 정화의 날(International Coastal Clean-up Day) 행사로 발전했다.

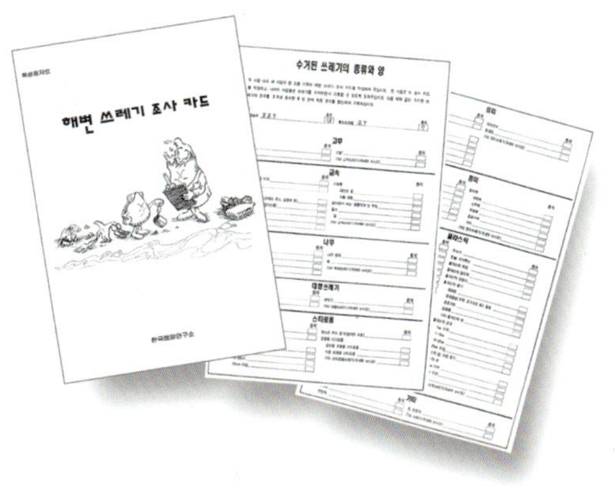

해양쓰레기 조사 카드

연안 정화작업에 참여한 학생들이 직접 작성한 조사 카드로부터 얻어진 자료는 쓰레기의 기원과 양을 밝히는데 중요한 정보가 된다.

연안 정화 프로그램은 지역별로 매달 정화 작업을 주관할 책임자들을 선정하고 연초에 월별 정화의 날을 정하여 누구든지 참여할 수 있도록 배려하고 있다. 홍보자료에는 몇 월 며칠 몇 시에 어느 해안에서 바다를 깨끗이 하는 일에 참여할 수 있다는 정보와 자원봉사자인 책임자의 연락처를 친절하게 안내한다. 연안 정화 행사에 참여한 사람들은 미리 전문가로부터 바다의 쓰레기 오염에 대한 환경교육을 받게 되고, 쓰레기 자료카드의 작성 요령도 배우게 된다. 이들이 작성하는 쓰레기 자료카드는 해변 정화 작업의 핵심이라고 할 수 있다. 이 카드는 수거하는 쓰레기의 종류와 양을 약 90여 가지로 세분하여 기록하게 되어 있는데, 이를 통해 얻어진 자료는 해양 쓰레기의 종류별 기원과 양을 밝혀 오염의 근원을 줄이는데 핵심적인 정보를 제공한다. 또한, 쓰레기에 대한 정량적인 자료는 전국 연안의 쓰레기 감시망으로 사용되어 오염의 추세를 파악하는 데 큰 도움이 된다.

해양오염방지를 위한 AMETEC 교육훈련
APEC 해양환경 교육훈련센터에서는 개발도상국의 공무원과 전문가를 대상으로 해양환경 보전을 위한 기술교육을 실시하고 있다.

임은혁

● 바다에 녹색 바람을 일으키자

우리나라에서도 해양환경 보전을 위한 민간 환경감시 활동을 활성화하기 위해서는 중앙정부나 지방정부가 시민 참여의 장점과 파급효과를 인식하고, 장기적인 감시 활동이 원만히 수행될 수 있도록 최소한의 재정 지원을 해야 한다. 민간 환경감시 프로그램의 영역은 무궁무진한 잠재력이 있으므로, 해양 쓰레기 정화활동 이외에도 수질조사, 생태계 조사 등으로 범위를 확대하여 다양한 시민 참여 프로그램들을 개발해 나가야 한다.

시민 참여활동은 처음부터 많은 사람들이 참여하는 것보다는 소규모의 지역 활동을 기반으로 시작해야 한다. 가까운 주변의 지역사회에서 공동의 관심사를 가지고 있는 사람들과 함께 풀뿌리 활동을 해야만 유대관계를 지속시킬 수 있다. 장기간에 걸쳐 활동하다 보면 예기치 않은 이유로 중도에 활동을 중단하는 사람들이 늘어나게 된다. 주기적인 만남의 기회를 마련하고 활동의 성과를 알려줌으로써 끊임없이 참여자들을 격려하고 긴장을 잃지 않도록 해야 한다. 그동안 우리나라에서 시작되었던 시민 참여 활동들이 지속적으로 이루어지지 못했던 이유는 참여자들이 지니고 있었던 열정을

KIOST

초등학생들이 참여하는 환경교육

한국해양과학기술원 홍보관에서는 학생과 시민을 대상으로 해양환경교육을 실시하고 있다.

계속 유지시키지 못했기 때문이다. 열의를 가지고 있는 참여자들도 단순 반복 작업에는 쉽게 싫증을 느끼게 되므로 새로운 정보를 계속 제공하고 활동을 통해 역량이 강화될 수 있도록 배려해야 한다.

시민 참여활동을 통해 생산되는 자료의 품질은 시민 환경감시 활동의 생명과도 같다. 과학자나 기술자 집단에서는 시민들이 산출하는 자료에 대해 부정적이거나 회의적인 의견을 가지고 있는 경우가 대부분이다. 이러한 부정적인 시각을 극복하는 유일한 방법은 민간 환경감시 활동을 통해 믿을 수 있는 자료를 산출하고 있다는 것을 증명하는 것뿐이다.

환경 보전은 머리나 가슴으로 하는 것이 아니라 손과 발로 하는 것이다. 풀뿌리 환경 보전을 위해서는 큰 목소리의 구호보다는 조그마한 실천이 더욱 필요하다. 환경교육은 시민참여를 기반으로 한 새로운 방향으로 모색되어야 하며, 이는 곧 현실 문제 해결에 기여해야 한다. 바다를 지키고 보전하기 위해서는 지역차원에서 공무원, 시민과 교사, 학생, 전문가들이 주도적으로 참여하여 감시활동을 수행하고, 지속적인 교육활동을 시행해야 하며, 자체 동력을 갖고 시민 참여 활동을 전파해 갈 수 있도록 역량을 강화하는 것이 필요하다.

해양환경 보전을 위한 국제협약과 국내법

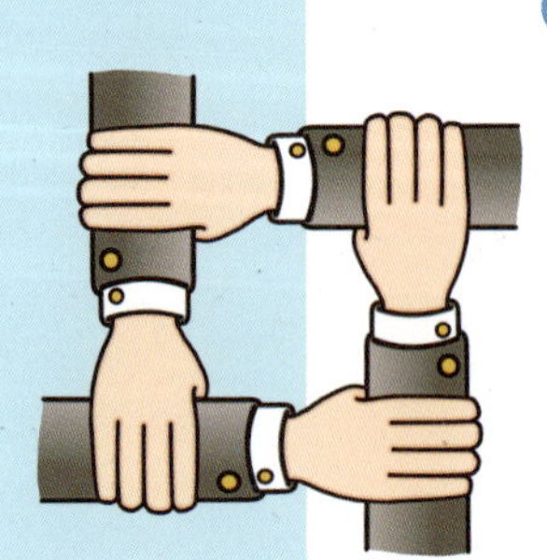

바다에는 오염물질의 이동을 막을 수 있는 담장이 없다.
국제협력은 해양오염을 줄이는데 필수적이다.

이용희 한국해양대학교

유엔해양법협약에서는 해양환경 오염을 '인간에 의해 직접 또는 간접적으로 생물자원 및 해양생태계에 유해하며, 또한 인간의 건강에도 위험하고 어업 및 해양의 합법적 이용을 포함한 해양활동을 방해하며, 해수이용에 필요한 수질의 악화 및 쾌적도의 손상 등 유해한 영향을 초래하거나 초래할 수 있는 물질 또는 에너지가 해양환경(강하구를 포함)으로 반입되는 것'이라고 정의하고 있다.

해양오염은 오염원에 따라 육상으로부터의 오염, 국가 관할권 내 해저(대륙붕) 활동에 의한 오염, 해양투기에 의한 오염, 선박에 의한 오염, 대기에 의한 오염, 국가 관할권 외측의 해저 개발에 따른 오염 등 6가지로 나누어진다. 이들 해양오염원은 매우 복잡하고 다양한 형태를 띠고 있어 해양오염 방지를 위한 입법 노력도 오염원의 성질, 문제가 되는 해역의 특성에 따라 국가 차원, 지역 차원, 전 지구적 차원에서 이루어지고 있다.

● 해양환경 보전을 위한 국제법의 발전

해양오염을 막기 위한 전 지구 차원의 노력은 통상적으로 선박을 운영하는 과정에서 발생하는 기름 찌꺼기와 선박평형수에 의한 오염을 방지하는데서 부터 시작되어 선박 사고로 인한 오염과 해양투기까지 그 범위가 확대되었다. 1982년 제정되어 1994년 발효된 유엔해양법협약에서는 종래의 오염원별 접근 방법을 지양하고 해양환경보호 및 보전을 위한 종합적이며 일반적인 성격 규정을 마련하였다. 유엔해양법협약 채택 이후에도 사전 예방의 원칙, 오염자 비용부담의 원칙 등 새롭게 등장한 국제 환경법의 원칙을 수용한 새로운 국제협약들이 채택되거나 기존 협약의 개정 작업이 지속적으로

국제해사기구(IMO)의 해양환경 보전 노력
2012년 63차 해양환경보호위원회(MEPC)회의에서는 녹색 해운을 위한 국제적 협력 기반을 구축했다.

진행되어 왔다. 이러한 국제법의 발전에 따라 우리나라도 해양환경 분야의 법률을 개정하거나 제정하면서 해양오염 방지를 위하여 노력해 왔으며, 선언과 같은 비구속적 국제 문서에 대하여도 유엔환경계획(United Nations Environment Programme, UNEP)이나 국제해사기구(International Maritime Organization, IMO)등 관련 국제기구와의 협력을 통하여 적극 대응하고 있다.

● 국제법적 규제가 어려운 육상으로부터의 해양오염

육상으로부터의 해양오염은 육지로부터 유입되는 가정 하수, 산업폐수, 농약, 제초제 등에 의해 발생하는 오염을 말한다. 육상으로부터의 해양오염은 전체 해양오염의 80% 이상을 차지함에도 불구하고 그 오염의 발생이 각국의 주권이 미치는 영토에서 발생하고, 오염원에 대한 규제조치가 직접 국가 경제활동에 큰 영향을 미친다는 점에서 국제법적 규제가 가장 어려운 대상이기도 하다.

이러한 이유로 육상으로부터의 해양오염에 대한 구속력 있는 전 지구적 국제협약은 아직 존재하지 않으며, 다만 유엔해양법협약 같은 보편적 협약에서 선언적 의미의 조항을 찾을 수 있고 지역해 단위의 지역 협정을 통하여 구속력 있는 협약 또는 의정서가 채택되어 오고 있는 실정이다. 그러나 비록 강제력 있는 국제규범에는 이르지 못했지만 1985년 UNEP 주도로 '육상기인 해양오염 방지에 관한 몬트리올 지침'이 채택된 바 있으며, 1995년에는 1992년 리우환경회의의 후속 조치로서 UNEP 주도로 정부 간 회의를 개최하여 '육상기인 해양오염 방지를 위한 전 지구적 실천계획'과 '워싱턴 선언'을 채택한 바 있다. 2001년에는 잔류성 유기오염물질(POPs) 규제를 위한 스톡홀름협약이 채택되어 육상기인 해양오염물질에 대한 규제 기반이 마련되었다.

● 선박에 의한 오염을 막기 위한 국제협약들

선박에 의한 해양오염은 통상적인 선박의 운영과정에서 발생하는 오염과 선박의 사고로 인한 오염으로 구분된다. 선박기인 오염 방지 협약으로는 오염 행위를 대상으로 하는 협약과 오염으로 인하여 발생한 손해 배상에 관한 협약이 있다. 전자의 예로는 1954년 '유류에 의한 해양오염방지협약', '1973년/1978년 선박기인 해양오염 방지 협약(1973/1978 MARPOL)', '1982년 유엔해양법협약'과 '1990년 유류오염의 예방, 대응 및 협력에 관한 협약', '2001년 선박 유해 방오 시스템 규제에 관한 국제 협약', '2004년 선박 평형수와 침전물 규제 및 관리에 관한 국제 협약' 등이 있다.

후자의 예로는 '1969년 유류오염 손해에 대한 민사책임에 관한 협약', '1971년 유류오염 손해보상 기금 설립에 관한 국제 협약' 및 '1996년 유해, 위험물질 해상운송 책임 협약' 등이 있으며, 주로 오염사고로 인하여 발생하는 손해 보상을 위한 책임한도의 설정 및 기금 설치 등에 관한 사항을 담고 있다.

연합뉴스

태풍으로 좌초된 석탄운반선
2012년 8월 태풍 볼라벤의 영향으로 경남 사천시 신수도에 석탄운반선이 좌초했다.

● 해양투기와 해저개발에 관한 협약

해양투기로 인한 오염을 방지하기 위한 대표적 국제 협약으로는 1972년 11월 3일 런던에서 체결된 '폐기물 및 기타 물질의 투기에 의한 해양오염 방지 협약'이 있다. 이 협약은 '런던협약'으로 불리기도 하는데 물질의 위해성 여부에 따라 블랙 리스트(Black List)와 그레이 리스트(Gray List)로 분류하고 있다. 블랙 리스트에 속하는 물질은 투기를 금지하고, 그레이 리스트에 속하는 물질은 투기 시 사전 허가를 받도록 규정하고 있다. 런던협약은 1996년 전면 개정된 의정서가 채택되었는데, 해상소각이 금지되었으며, 사전예방적 접근과 오염자 비용 부담의 원칙을 일반적 의무로 규정하였을 뿐 아니라 부속서에서 투기 허용 가능한 물질을 지정하고 그 이외의 것에 대해서는 투기를 금지하는 조치를 신설하였다. 2006년에는 의정서 개정을 통하여 이산화탄소의 해중저장이 허용되었다.

대륙붕 및 심해저 개발로 인한 오염은 연안국 자체만의 문제일 뿐 아니라 지역해 또는 전 지구적 해역에 대한 위협이 되고 있기 때문에 연안국의 권리에 대한 침해가 없는 범위에서 해양오염의 방지에 관한 국제적인 법적 기준이 설정되어야 한다는 필요성이 제기되고 있다.

해저 망간단괴 채굴 모식도

1977년 4월 노르웨이 해상 유전의 대폭발로 인해 22,500톤의 원유가 바다에 방출되었고, 멕시코 만에서는 이스톡 유전(IXTOC I)으로부터 1979년 6월부터 1980년 3월까지 약 500만 톤의 기름이 누출되었다. 최근에도 2010년 4월 멕시코만에서 석유 시추시설 폭발사고로 인명사고와 더불어 막대한 양의 기름이 유출되었으며, 중국 발해만에서도 2011년 6월 원유 유출사고가 발생하여 피해가 발생하였다. 그러나 최근까지 이러한 사건을 해결하기 위한 일반적인 국제법은 존재하지 않으며, 단지 1958년 제네바 해양법협약 및 1982년 유엔해양법협약에서 일반적인 내용을 규정하고 있을 뿐이다.

심해저 개발로 인한 오염에 관해서는 아직 심해저 개발이 본격적으로 이루어지지 않고 있기 때문에 실질적인 위해 요소로 간주하지 않으나 그 잠재적 위험성을 고려하여 국제해저기구를 중심으로 세부적인 입법 작업이 추진되어 왔다. 2000년에 망간단괴 광상의 개괄탐사 및 탐사에 관한 규칙이 제정되었고, 2010년에는 해저열수광상의 개괄탐사 및 탐사에 대한 규칙이 마련되었다.

● 지역해 차원의 협력

해양환경의 취약성은 각 지역해의 지리적 특성, 수심, 수온, 염분, 해류에 따라 다르다. 연안지역은 각국의 경제적, 정치적 발전 정도와 교통량 등에 따라 크게 영향을 받기 때문에 각 지역의 특성을 고려하여 기준을 설정해야 한다. 특히 폐쇄해 또는 반폐쇄 해역은 해역의 특성상 환경오염 가능성이 다른 지역보다 높은 곳으로 지역 차원의 해양환경 보전 대책이 더욱 요구된다.

해양오염 방지를 위한 지역 차원의 노력이 이루어진 것은 1970년대부터인데 이러한 노력은 현재까지도 활발히 진행되고 있다. 지역 차원의 해양오염 방지 형태를 분류하면 사안별 접근 방법, 기존 조약 체결을 통한 접근 방법, 종합적인 접근 방법 등으로 구분할 수 있다.

사안별 접근 방법은 오염원별로 문제가 발생하면 관련 국가가 모여 이것에 대처하기 위한 지역 협정을 체결하여 해결하는 형태를 말한다. 이러한 접근 방법을 채택한 지역은 북해를 포함하는 북동대서양 지역이다.

북동대서양지역의 경우 선박기인 오염에 관해서는 1969년 북해 기름오염 처리 협력협정을 맺었으며, 해양투기에 관해서는 1972년 오슬로 해양투기 방지 협약, 육상기인 오염에 관해서는 1974년 파리 육상기인 해양오염 방지 협약, 대기에 의한 오염에 관해서는 1979년 대기에 의한 오염 방지 협약을 채택하여 지역 차원의 노력을 기울여 왔다. 특히, 이 지역은 1992년에 해양투기에 관한 오슬로협약과 육상기인 오염에 관한 파리협약을 개정하여, 육상기인

북동대서양 해양환경 보호협약 적용 해역

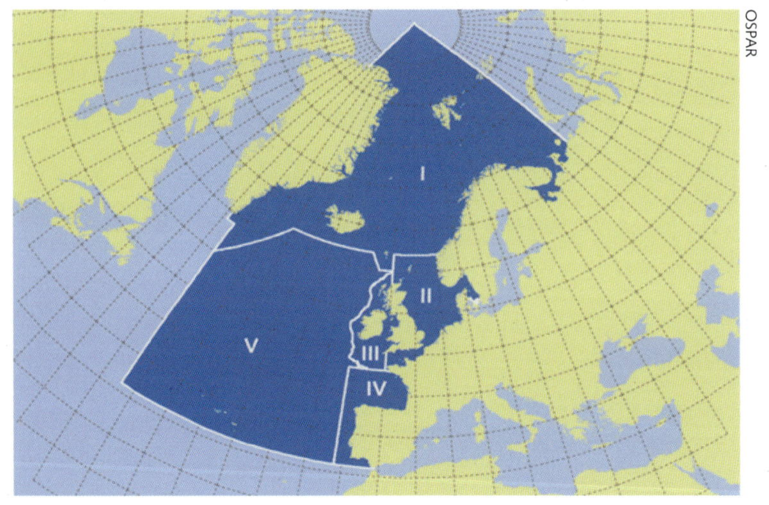

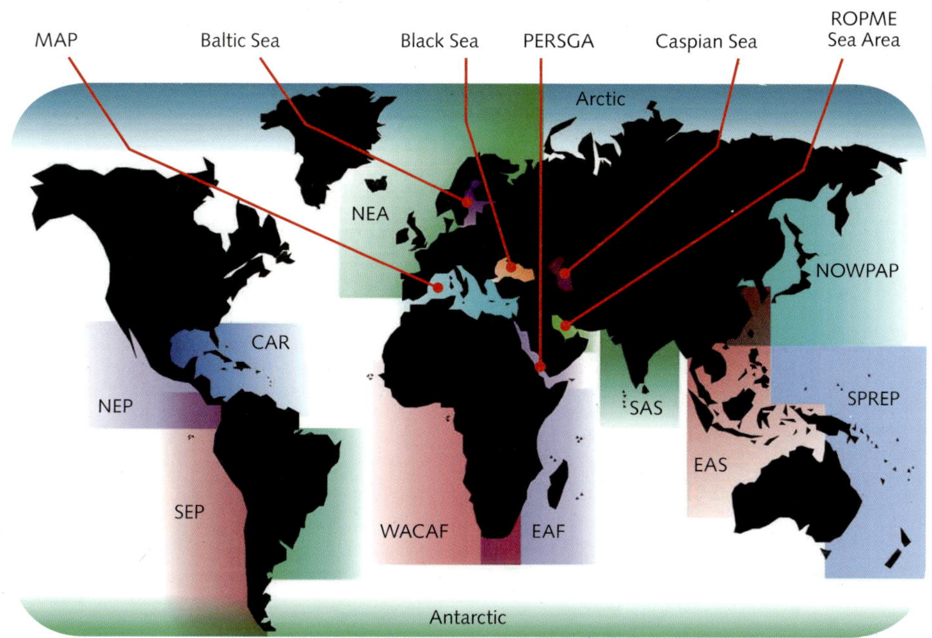

UNEP

UNEP 주도의 지역해 해양환경 보호 프로그램

오염, 해양투기, 대륙붕 개발 오염을 포괄하고 사전예방의 원칙, 오염자 부담의 원칙 등을 수용한 북동대서양 해양환경 보호 협약을 채택하였다.

기본 조약 체결을 통한 접근 방법은 지역해 연안국들이 해양오염 방지를 위한 기본조약을 체결하고, 이를 모체로 하여 해양오염 방지에 관한 지역 체제를 갖추는 방법을 말한다. 이와 같은 접근 방법의 특징은 기본 협약이 각종 오염원 형태를 통제하는 기본 원칙과 지역기구 설립에 관한 규정을 주요 내용으로 하고, 부분별 오염에 관한 세부규정은 특별 의정서와 기술적인 부속서를 체결하여 문제를 해결하는 방식을 취한다는 점이다.

해양과학연구는 지속가능한 바다의 실현을 위한 기반이다.

이와 같은 접근 방법은 1972년 스톡홀름에서 개최된 유엔환경 회의에서 채택된 환경 선언에 기초하여 유엔환경계획이 진행하는 지역해 환경보전계획에서 사용하고 있다. 현재 유엔환경계획이 13개 지역해에서 추진하고 있는 지역해 환경 보전 프로그램은 143개 연안국이 참여하고 있다. 1994년에는 우리나라의 황해와 동중국해 및 동해를 포함하는 북서태평양에 대한 지역 협정 체결을 위한 준비 위원회가 개최되어 실천계획(action plan)이 채택되었다. 북서태평양 지역해 프로그램에서는 2003년에

2012년 7월 창원시에서 열린 EAS Congress

동아시아 해양환경관리협력기구(PEMSEA)는 연안통합관리의 원칙에 기반하여 해역의 생태계 보호와 연안·해양자원의 지속가능한 이용을 도모하기 위하여 국가 간 협력체계를 구축해왔다.

창원시

지역 유류오염 긴급계획이 마련되었으며, 2007년에는 해양쓰레기 실천계획이 채택되었다.

종합적인 접근 방법이란 지역해의 해양오염 방지를 위한 모든 조치를 하나의 종합적인 협약에 규정하여 처리하는 형태를 말하는데, 이와 같은 방법이 최초로 적용된 지역은 발틱해였다. 덴마크, 핀란드, 동독, 서독, 폴란드, 스웨덴, 소련 등 7개 발트해 연안국들은 1974년 발틱해 해양환경보호에 관한 협약을 체결하여 각종 형태의 오염 방지 활동을 수행해 왔다. 이 협약에는 육상으로부터의 오염, 선박에 의한 오염, 투기에 의한 오염, 연근해 해저 탐사 개발에 의한 오염 등의 방지에 관한 규정이 있으며, 이와 같은 오염방지 업무를 원활히 하기 위한 발틱해 해양오염방지위원회의 설립에 관한 사항을 담고 있다. 이 협약은 1992년에 개정되었는데, 개정된 협약에는 오염자 비용부담의 원칙, 사전예방의 원칙 등 새로운 환경보호 이론이 포함되어 있으며, 환경보호의 수준도 보다 강화되었다.

● 우리나라의 해양환경법 입법 현황

우리나라는 해양오염 방지에 직·간접적으로 관련된 국내법이 18개 있으며 국토해양부와 환경부가 그 중추적 역할을 수행하고 있다. 해양환경관리법은 선박 및 해양시설로부터의 해양오염과 폐기물의 해양투기 규제를 목적으로 하는 법으로 선박 및 해양시설로부터의 기름, 유해액체물질, 폐기물의 배출규제, 폐선의 폐기규제, 오염방지설비의 설치·운영 및 오염발생 시의 방제 절차를 규정하고 있다.

수질오염 방지를 위한 수질 및 수생태계 보전에 관한 법률은 배출 허용 기준을 통한 폐수 배출 규제와 폐수 종말처리시설의 설치에 근거를 두고 있다. 가축 분뇨의 관리 및 이용에 관한 법률은 육상 오염원 중 큰 비중을 차지하는 축산폐수에 의한 오염 방지를 대상으로 하는 것으로, 크고 작은 배출원이 전국적으로 분포되어 있는 것에 따른 환경오염을 효과적으로 방지하기 위해 만든 법이다. 이밖에도 대기환경보전법, 토양환경보전법, 환경정책기본법, 환경영향평가법, 폐기물관리법, 유해화학물질관리법, 잔류성 유기오염물질관리법, 하수도법, 유류오염 손해배상보장법, 습지보전법, 연안관리법 등이 직·간접적으로 해양환경 보호에 관련되어 있다.

우리나라의 육상기인오염 관련 업무 분장 및 관련법률 현황

구분	업무현황	관련 법률
환경부	• 환경기준 설정 • 하천, 호소의 수질관리, 유해화학물질 관리 • 오수 및 폐수배출기준의 설정 • 4대강의 오염총량 관리 시행 등 물관리대책 시행 • 하수종말처리시설, 폐수종말처리시설 등 설치 및 운영 • 연안지역 생태계보전지역, 조수보호구, 국립공원의 지정 및 관리 • 육상발생 폐기물 발생저감 및 수거·처리 • 국가 환경관리 및 생태계 보전에 관한 계획의 수립·시행 • 수질측정망 운영 등 연구 조사 수행	환경정책기본법 수질환경보전법 하수도법, 오분법 4대강특별법 폐기물관리법 유해화학물질관리법 자연환경보전법 자연공원법 조수법
국토해양부	• 해안폐기물 수거처리 • 환경기준 및 해역별 환경기준의 설정 • 연안해역으로 폐기물 및 오염물질 투기 관리 • 공해상의 해양투기 관리 • 공유수면의 매립과 관리 • 습지보호구역, 환경보전해역 지정 및 관리, 해양지역 생태계보전지역 관리 • 특별관리해역에 영향을 미치는 오염원 관리 • 연안침식 방지 • 해양환경 보전을 위한 종합대책 수립·시행(해양분야) • 해양환경측정망 운영 등 연구조사 수행	해양환경관리법 공유수면 매립 및 관리에 관한 법률 습지보전법 자연환경보전법
문화관광부	• 연안지역 천연기념물 보호구역 지정 및 관리	문화재보호법
교육과학기술부	• 방사성 물질 관리	원자력법 등
국토해양부 농림수산식품부	• 수산자원보전지구 지정, 관리	국토계획이용법

찾아보기(가~바)

찾아보기(바~아)

사

아

찾아보기(아~파)

자

차

카

타

파

찾아보기(파~Z)

A~Z